G 工程施工必备用书

Shuinuan Gongcheng Jichu Zhishi Yu Shigongjishu

水暖工程基础知识与施工技术

李继业　张峰　张旭◎编著

U0309819

知识产权出版社

全国百佳图书出版单位

内容提要

本书根据国家和行业最新发布的《建筑给水排水制图标准》（GB/T 50106—2010）、《给水排水管道工程施工及验收规范》（GB 50268— 2008）、《建筑给水排水及采暖工程施工质量验收规范》（GB 50242—2002）、《建筑给水排水设计规范》（GB 50015—2003）（2009 年版）、《辐射供暖供冷技术规程》（JGJ 142—2012）等标准和规范进行编写，主要内容包括水暖工程基础知识、水暖工程施工常用机具、水暖工程常用管材和管件、水暖工程基本操作工艺、室内外给水管道安装工艺、室内外排水管道安装工艺、卫生洁具安装工艺、室内采暖系统安装工艺、室外供热管网安装工艺和水暖工程施工方案实例等。

本书在注重先进性、针对性和实用性的同时做到理论与实践相结合，具有应用性突出、可操作性强、通俗易懂等显著特点。本书既可作为水暖工程施工技术人员的工具书，也可作为高职高专暖通和给水排水专业的辅助教材和参考书。

责任编辑：段红梅　祝元志　　　　责任校对：韩秀天
封面设计：刘　伟　　　　　　　　责任出版：卢运霞

图书在版编目（CIP）数据

水暖工程基础知识与施工技术/李继业编著.

—北京：知识产权出版社，2014.4

ISBN 978-7-5130-2559-1

Ⅰ．①水…　Ⅱ．①李…　Ⅲ．①给水排水系统—建筑安装—工程施工　②采暖设备—建筑安装—工程施工
Ⅳ．①TU8

中国版本图书馆 CIP 数据核字(2014)第 014081 号

水暖工程基础知识与施工技术

李继业　张峰　张旭　编著

出版发行：	知识产权出版社 有限责任公司		
社　　址：北京市海淀区马甸南村 1 号		邮　　编：100088	
网　　址：http://www.ipph.cn		邮　　箱：bjb@cnipr.com	
发行电话：010－82000860 转 8101/8102		传　　真：010－82005070/82000893	
责编电话：010－82000733		责编邮箱：duanhongmei@cnipr.com	
印　　刷：北京科信印刷有限公司		经　　销：新华书店及相关销售网点	
开　　本：720mm×960mm　1/16		印　　张：22.5	
版　　次：2014 年 4 月第 1 版		印　　次：2014 年 4 月第 1 次印刷	
字　　数：350 千字		定　　价：58.00 元	

ISBN 978-7-5130-2559-1

前　言

　　水暖工程是民用与工业建筑的重要组成部分，与城市建设、工农业生产及人们的生活密不可分。随着我国国民经济的蓬勃发展，建筑给水排水、采暖等在建筑工程中占有十分重要的地位。特别是近年来，在水暖工程领域中出现了许多新技术、新设备、新材料和新工艺，国家和有关部门也专门颁布了一系列新标准和新规范，水暖工程安装施工技术要求越来越高，对从事安装施工人员的要求也相应提高。为满足施工人员和行业最新需要，特组织有关专业人员编写此书。

　　作者在编写过程中，根据目前我国水暖工程施工人员应当掌握的基本知识和技能要求，广泛收集最新的资料。本书采用国家现行的标准和规范，比较详细地介绍了水暖基础知识与施工技术，主要包括水暖工识图基础知识、水暖工常用工具和机械、水暖工常用管材和管件、水暖工的基本操作工艺、室内外给水管道安装工艺、室内外排水管道安装工艺、室内采暖系统安装工艺、室外供热管网安装工艺等内容，并以工程实例介绍了水暖工程施工方案编制的主要内容。

　　本书以图表与文字相结合的编写形式，参考有关施工企业的施工经验，突出理论与实践结合、实用与实效并重、文字与图表并茂，内容先进、全面、简洁、实用，完全满足水暖工程技术人员和农民建筑工的实际需要，是一本实用性极强的工具书、参考书。

　　中国对外建设海南有限公司和山东农业大学建筑勘察设计研究院的工程技术人员对本书的编写工作给予了很大的支持和帮助，在此表示衷心的感谢！

　　本书由李继业、张峰、张旭编著，李海燕、李海豹、李漪轩参加了编写。李继业负责全书的统稿。具体分工：李继业撰写第三章；张峰撰写第一章、第二章、第五章；张旭撰写第四章、第九章；李海燕撰写第六章、第十章；李海豹撰写第七章；李漪轩撰写第八章。

由于编者水平有限，加之编写时间比较仓促，错误和遗漏在所难免，恳请广大读者批评指正。

编　者

2013 年 6 月于泰山

目 录

第一章　水暖工程基础知识

建筑水暖工程是建筑工程中不可缺少的重要组成部分，尤其是严寒和寒冷地区，对建筑水暖工程的要求越来越高。建筑水暖工程如何按照设计图纸的要求进行高质量的施工，确保其发挥正常的功能，是一个值得高度重视的问题。

第一节　管道、设备符号及图例

建筑工程的结构实体多采用三面投影图形式表达一个空间形体，即对建筑工程从正面、侧面和上面进行投影，反映建筑形体的长度、宽度和高度；而水暖工程设计和施工图中，常采用立体感较强的轴测投影图，结合平面图和详图来表达工程设计效果，一般是用线条、符号、图例等，标注工程的组成和概况。因此，掌握水暖工程识图的基础知识，对于搞好设计与施工具有很大作用。

一、常用图线及其应用范围

在水暖工程管道安装中，常用安装施工图来表达设计的意图，在图中各种不同的线型有着不同的含义和作用。给水排水工程中的制图线型，在我国现行标准《建筑给水排水制图标准》（GB/T 50106—2010）中有具体的规定。给水排水工程图中的线型及用途如表 1-1 所示。

表 1-1　给水排水工程图中的线型及用途

名　称	线　型	线宽	用　途
粗实线	———————	b	新设计的各种排水和其他重力流管线
粗虚线	— — — —	b	新设计的各种排水和其他重力流管线的不可见轮廓线
中粗实线	———————	$0.70\,b$	新设计的各种排水和其他压力流管线；原有的各种排水和其他重力流管线
中粗虚线	— — — —	$0.70\,b$	新设计的各种给水和其他压力流管线及原有的各种排水和其他重力流管线的不可见轮廓线

续表

名　称	线　型	线宽	用　途
中实线	———————	0.50 *b*	给水排水设备、零（附）件的可见轮廓线；总图中新建的建筑物和构筑物的可见轮廓线；原有的各种给水和其他压力流管线
中虚线	— — — — —	0.50 *b*	给水排水设备、零（附）件的不可见轮廓线；总图中新建的建筑物和构筑物的不可见轮廓线；原有的各种给水和其他压力流管线的不可见轮廓线
细实线	———————	0.25 *b*	建筑的可见轮廓线；总图中新建的建筑物和构筑物的可见轮廓线；制图中的各种标注线
细虚线	— — — — —	0.25 *b*	建筑的不可见轮廓线；总图中新建的建筑物和构筑物的不可见轮廓线
单点长画线	—— · —— · ——	0.25 *b*	中心线、定位轴线
折断线	——／\——	0.25 *b*	断开界线
波浪线	～～～～	0.25 *b*	平面图中水面线；局部构造层次范围线；保温范围示意线

二、常用的绘图比例与标高

（一）绘图比例

建筑给水排水专业制图常用的比例，应当符合表 1-2 中的要求。

表 1-2　建筑给水排水专业制图常用的比例

名　称	比　例	备　注
区域规划图、区域位置图	1：50000、1：25000、1：10000、 1：5000、1：2000	宜与总图专业一致
总平面图	1：1000、1：500、1：300	宜与总图专业一致
管道纵断面图	纵向：1：200、1：100、1：50 竖向：1：1000、1：500、1：300	—
水处理厂（站）平面图	1：500、1：200、1：100	—
水处理构筑物、设备间、卫生间、泵房平面及剖面图	1：100、1：50、1：40、1：30	—
建筑给水排水平面图	1：200、1：150、1：100	宜与总图专业一致
建筑给水排水轴测图	1：2150、1：100、1：50	宜与总图专业一致
详图	1：50、1：30、1：20、1：10、1：5、 1：2、1：2、1：1、2：1	—

（二）标高绘制

（1）标高符号及一般标注方法应符合现行国家标准《房屋建筑制图统一标准》（GB/T 50001—2010）中的规定。

（2）室内工程应标注相对标高；室外工程宜标注绝对标高，当无绝对标高资料时，可标注相对标高，但应与总图专业一致。

（3）压力管道应标注管中心标高；重力流管道和沟渠宜标注管（沟）内底标高。标高单位以 m 计时，可注写到小数点后第二位。

（4）在下列部位应标注标高：①沟渠和重力流管道；②压力流管道中的标高控制点；③管道穿外墙、剪力墙和构筑物的壁及底板等处；④不同水位线；⑤建（构）筑物中土建部分的相关标高。

（5）标高的标注方法应符合下列规定：

1）在平面图中，管道标高应按图 1-1 的方式标注；沟渠标高应按图 1-2 的方式标注。

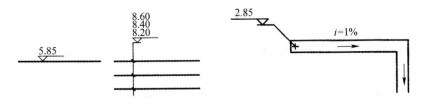

图 1-1　平面图中管道标高标注法　　　　图 1-2　平面图中沟渠标高标注法

2）在剖面图中，管道及水位的标高应按图 1-3 的方式标注。

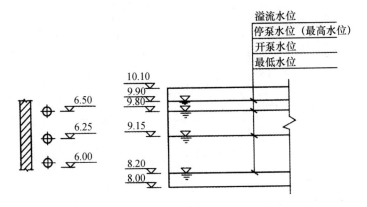

图 1-3　剖面图中管道及水位标高标注法

3）在轴测图中，管道标高应按图 1-4 的方式标注。

（6）建筑物内的管道也可按本层建筑地面的标高加管道安装高度的方式

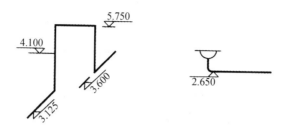

图 1-4　轴测图中管道标高标注法

标注管道标高，标注方法应为 $H+\times.\times\times$，H 表示本层建筑地面标高。

三、常用设备代号与图例

设备在水暖工程管道图上一般是按比例用细实线画出能够反映设备形状特征的主要轮廓，有时也画出具有设备特征的内件示意结构，常用设备代号与图例见表 1-3。

表 1-3　常用设备代号与图例

序号	设备类别	代号	图　例		
1	泵	B	（电动）离心泵	（汽轮机）离心泵	往复泵
2	反应器和转化器	F	固定床反应器	管式反应器	聚合釜
3	换热器	H	列管式换热器	带蒸发空间换热器	
			预热器(加热器) 热水器(热交换器)	套管式换热器	喷淋式冷却器

序号	设备类别	代号	图 例
4	压缩机、鼓风机、驱动机	J	离心式鼓风机　罗茨鼓风机　轴流式通风机 多级往复式压缩机　汽轮机传动离心式压缩机
5	工业炉	L	箱式炉　圆筒炉
6	储槽和分离器	R	卧式槽　立式槽　除尘器　油分离器　滤尘器 锥顶罐　浮顶罐　湿式气柜　球罐
7	起重设备运输设备	Q	螺旋输送机　皮带输送机　斗式提升机　桥式吊车
8	塔	T	精馏塔　填料吸收塔　合成塔

5

四、管径与管架的表示方法

（一）管径与管架的表示

管道直径的表示方法很简单，一般是用一条细实线表示管道，在管道的上方标注上管道的直径数值。根据设置的管道不同，分为单管管径表示法和多管管径表示法，如图1-5所示。

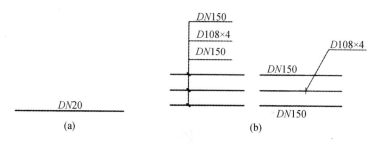

图1-5 管径的表示方法

（a）单管管径表示法；（b）多管管径表示法

管道有的埋入地下，有的是用各种形式的管架安装固定在建筑物或构筑物上，这些管架的位置和形式均应在管道布置图上表示出来。管架的位置一般在平面图上用符号表示，在管架符号的边上应注明管架代号，标明管架形式。管架的表示方法如图1-6所示。

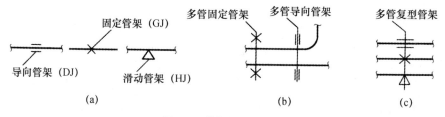

图1-6 管架的表示方法

管架用符号"J"表示，"J"是"架"字的汉语拼音首位字母。管架的形式和种类很多，其中我国化工行业制定了《管架标准图》（HG/T 21629—1999），包括的管架分A、B、C、D、E、F、G、J、K、L、M 11大类，对管架的结构形式、规格、尺寸、符号、代号，以及制作、安装方法与要求等都做了明确规定。管架类别代号见表1-4。

（二）管道的编号

（1）当建筑物的给水引入管或排水管的数量超过一根时，应当进行编号，编号宜按图 1-7 方法表示。

表 1-4　管架类别代号

序号	管架名称	代号	图号	序号	管架名称	代号	图号
1	管架标准零部件	A 类	A1～A40	7	支架	G 类	G1～G20
2	管吊与吊架	B 类	B1～B29	8	管托（座）	J 类	J1～J14
3	弹簧支吊架	C 类	C1～C18	9	挡块	K 类	K1～K6
4	托架	D 类	D1～D38	10	滚动支吊架	L 类	L1～L9
5	导向架	E 类	E1～E24	11	非金属（塑料）管道支架及零部件	M 类	M1－1～M1－7
6	支腿（耳）	F 类	F1～F16				

（2）建筑物内穿越楼层的立管，当其数量超过一根时，应当进行编号，编号宜按图 1-8 方法表示。

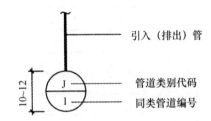

图 1-7　给水引入（或排出）管编号方法

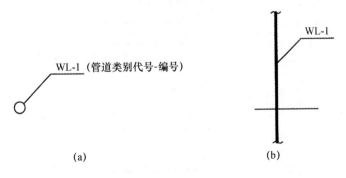

图 1-8　立管编号方法
（a）平面图；（b）剖面图、系统图、轴测图

（3）在总图中，当同种给水排水附属构筑物的数量超过一根时，应当进行编号，并应符合下列规定：①编号方法应采用构筑物代号加编号表示；②给水构筑物的编号顺序宜为从水源到干管，再从干管到支管，最后到用户；③排水构筑物的编号顺序宜为从上游到下游，先干管后支管。

五、管道工程常用图例符号

图例是在设计和施工图中，用示意性的简单图形表示具体的设备、管道等的象形符号，是在水暖工程工艺图中常用的图例符号。下列所列出的图例是根据国家标准《建筑给水排水制图标准》（GB/T 50106—2010）中的规定编制的。

管道的图例见表 1-5，管道附件的图例见表 1-6，管道连接的图例见表 1-7，管件的图例见表 1-8，阀门的图例见表 1-9，给水配件的图例见表 1-10。

表 1-5　管道的图例

序号	名　称	图　例	备　注
1	生活给水管	—— J ——	
2	热水给水管	—— RJ ——	
3	热水回水管	—— RH ——	
4	中水给水管	—— ZJ ——	
5	循环给水管	—— XJ ——	
6	循环回水管	—— XH ——	
7	热媒给水管	—— RM ——	
8	热媒回水管	—— RMH ——	
9	蒸汽管	—— Z ——	
10	凝结水管	—— N ——	
11	废水管	—— F ——	可与中水源水管合同
12	压力废水管	—— YF ——	
13	通气管	—— T ——	
14	污水管	—— W ——	
15	压力污水管	—— YW ——	
16	雨水管	—— Y ——	
17	压力雨水管	—— YY ——	
18	膨胀管	—— PZ ——	
19	保温管	〜〜〜〜	
20	多孔管	—┼—┼—┼—	
21	地沟管	══════	
22	防护套管	—[▭]—	

序号	名　称	图　例	备　注
23	管道立管	XL-1　　　XL-1 平面　　　系统	X：管道类别 L：主管 I：编号
24	伴热管		
25	空调凝结水管	——KN——	
26	排水明沟	坡向　———→	
27	排水暗沟	坡向　———→	

表 1-6　管道附件的图例

序　号	名　称	图　例	备　注
1	套管伸缩器		
2	方形伸缩器		
3	刚性防水套管		
4	柔性防水套管		
5	波纹管		
6	可曲挠橡胶接头		
7	管道固定支架		
8	管道滑动支架		
9	立管检查口		
10	清扫口	平面　　　系统	
11	通气帽	成品　　钢丝球	
12	雨水斗	YD-　　　YD- 平面　　　系统	

续表

序 号	名 称	图 例	备 注
13	排水漏斗	 平面　　　系统	
14	圆形地漏		通用。如为无水封，地漏应加存水弯
15	方形地漏		
16	自动冲洗水箱		
17	挡墩	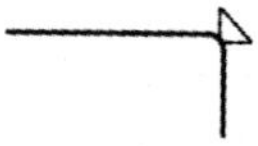	
18	减压孔板		
19	Y形除污器	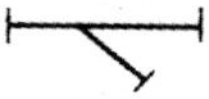	
20	毛发聚集器	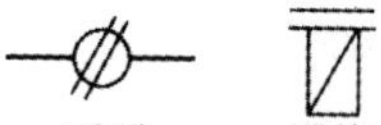 平面　　　系统	
21	防回流污染止回阀		
22	吸气阀		

表 1-7　管道连接的图例

序 号	名 称	图 例	备 注
1	法兰连接	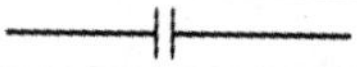	
2	承插连接		
3	活接头		
4	管堵		
5	法兰堵盖		
6	弯折管	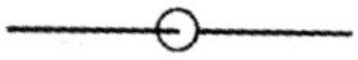	表示管道向后及向下弯转 90°

序　号	名　　称	图　例	备　注
7	三通连接		
8	四通连接		
9	盲板		
10	管道丁字上接		
11	管道丁字下接		
12	管道交叉		在下方和后面的管道应断开

表 1-8　管件的图例

序　号	名　　称	图　例	备　注
1	偏心异径管		
2	异径管		
3	乙字管		
4	喇叭口		
5	转动接头		
6	短管		
7	存水弯		
8	弯头		
9	正三通		
10	斜三通		
11	正四通		

续表

序　号	名　　称	图　例	备　注
12	斜四通	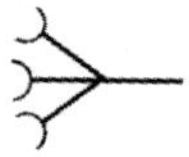	
13	浴盆排水件	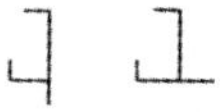	

表 1-9　阀门的图例 (1)

序　号	名　　称	图　例	备　注
1	闸阀		
2	角阀		
3	三通阀		
4	四通阀	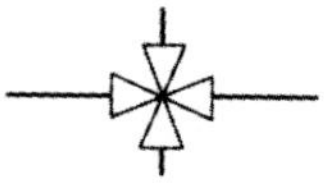	
5	截止阀	 *DN*≥50　　*DN*<50	
6	电动阀		
7	液动阀	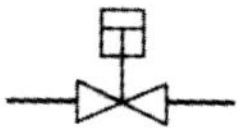	
8	气动阀	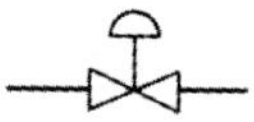	
9	减压阀	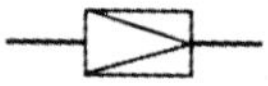	左侧为高压端
10	旋塞阀	 平面　　系统	
11	底阀		
12	球阀		
13	隔膜阀		
14	气开隔膜阀	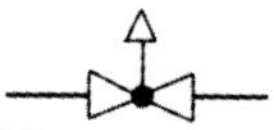	

续表

序　号	名　　称	图　例	备　注
15	气闭隔膜阀		
16	温度调节阀		
17	压力调节阀		
18	电磁阀		
19	止回阀		
20	消声止回阀		
21	蝶阀		
22	弹簧安全阀		左为通用
23	平衡锤安全阀		
24	自动排气阀	平面　　系统	
25	浮球阀	平面　　系统	
26	延时自闭冲洗阀		
27	吸水喇叭口	平面　　系统	
28	疏水器		

表 1-10　给水配件的图例

序号	名　　称	图　　例	备　　注
1	放水龙头		左侧为平面，右侧为系统
2	皮带龙头		左侧为平面，右侧为系统
3	洒水（栓）龙头		
4	化验龙头		
5	肘式龙头		
6	脚踏开关		
7	混合水龙头		
8	旋转水龙头		
9	浴盆带喷头混合水龙头		

六、管道的坡度及坡向

水暖管道在设计和安装中，大多数有一定的坡度和坡向。表示管道坡度和坡向的方法，一般有平、立面图上表示法和空视图上表示法，如图 1-9所示。

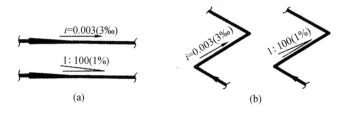

(a)　　　　　　　　　　　　(b)

图 1-9　管道坡度和坡向表示方法

（a）平、立面图上表示法；（b）空视图上表示法

图 1-9 中的"i"为管道坡度的代号，0.003 表示该管道的坡度为 3‰；箭头所指的方向为管道的坡向，符号＞也是表示管道的坡向。1：100 表示坡度为百分之一，有时也可写成 1%。

第二节　水暖管道施工图的识读要领

水暖管道施工图属于建筑工程图的范畴，它的显著特点是具有示意性和附属性。管道作为建筑物的一部分，在图纸上是示意性画出来的，图纸中以不同的线型来表示不同介质或不同材质的管道，图样上的管件、附件器具设备等都用图例符号表示。

但是，这些图纸和图例只能表示管道及其附件的安装位置，而不能反映安装的具体尺寸和要求。因此，在识读水暖管道施工图之前，必须已经具备管道安装的工艺知识，了解管道安装的基本操作方法，明白各种管道的特点和安装要求，熟悉各类管道的施工规范和质量标准，这样才具备水暖管道工程识图的能力。

多数水暖管道属于建筑范畴，如给水排水管道、采暖与制冷管道、动力站管道等，其多数都布置在建筑物或构筑物上。管道对建（构）筑物有很强的依附性。在识读这类管道施工图时，必须对建（构）筑物的构造及建（构）筑施工图的表示方法有所了解，这样才能看懂图纸，弄清管道与建（构）筑物之间的关系。

一、水暖管道识图的方法

不管何种管道工程的施工图，在进行识图时均应遵循"从整体到局部、从大到小、从粗到细"的原则，将图样与文字对照，各种图样对照，以便逐步深入和细化，弄清所有的表达意图。识图的过程是一个从平面到空间的过程，必须利用投影还原的方法，再现图纸上的各种线条、符号所代表的附件、器具、设备的空间位置及走向。

水暖管道工程施工图的识图顺序是：首先，阅览图纸的目录，了解工程性质、设计单位、管道种类、主要组成，搞清楚这套图纸一共多少张图纸，包括哪几类图纸，以及图纸编号；其次，阅读施工说明书、材料表、设备表等一系列文字说明，然后按照流程图、平面图、立面图、系统轴测图及详图的顺序，逐个进行详细阅读。由于各种图纸的复杂性和表示方法的不同，各种图纸之间应当相互补充、相互说明。

对于每一张图纸，识图时首先看图的标题栏，了解图纸名称、比例、图号、图例，以及设计人员，其次看图纸上所画的图样、文字记明和各种数据，弄清管线编号、走向、介质流向、坡度坡向、管径大小、连接方法、尺寸标高、施工要求；对于图中的管材、管件、附件、支架、器具、设备等，应弄清楚材质、名称、种类、规格、型号、数量、参数等；同时还要弄清楚建（构）筑物、设备之间相互依存的关系和定位尺寸。

二、水暖管道识图的内容

水暖管道工程识图主要包括工程流程图、平面图、立面图和系统图中的有关内容。

（一）流程图的内容

（1）掌握水暖管道系统中所用设备的种类、名称、生产厂家、规格、性能、数量、编号和型号等。

（2）了解物料介质的流向以及由原料转变为半成品或成品的来龙去脉，也就是物料的工艺流程的全过程。

（3）掌握所安装管子、管件、阀门的规格、型号、数量、厂家、编号及安装质量要求等。

（4）对于配有自动控制仪表装置的系统，还要掌握自动控制点的分布状况。

（二）平面图的内容

（1）了解水暖管道工程中建筑物的朝向、具体位置、基本构造、结构特征、轴线分布及有关尺寸。

（2）了解所用水暖管道设备的编号（位号）、名称代号、平面定位尺寸、具体位置、接管方向及其标高。

（3）掌握各条管线的编号、平面位置、介质名称，管子及附件的规格、型号、种类、性能和数量等。

（4）了解管道支架的设计情况，主要弄清支架的构造、设置位置、支架形式、数量及固定方法。

（三）立面图的内容

（1）主要了解建筑物竖向的构造、层次分布、尺寸及标高。

（2）了解设备的立面布置情况，查明设备的编号（位号）、型号、位置、数量、接管要求及标高尺寸。

（3）掌握各条管线在立面布置的状况，特别要掌握管线的坡度坡向、标高尺寸等情况，也要掌握管子、附件的各类参数。

（四）系统图的内容

（1）首先掌握整个系统的空间立体走向，弄清楚各组成部分的标高、坡度坡向、出口和入口的组成。

（2）了解整个系统干管、立管和支管的连接方式，掌握管件、阀门、器具设备的规格、型号、数量和要求。

（3）了解整个系统中的设备连接方式、连接方向及连接质量要求等，以便在连接的施工中按一定顺序、快速、准确连接。

第三节 锅炉管道施工图识读

锅炉管道是建筑水暖工程中的重要组成部分，其施工质量如何对整个水暖工程有很大的影响。因此，在正式施工之前，要认真地进行锅炉管道施工图的识读，以便在施工中达到快速、准确、高质的要求。

一、锅炉管道流程图的识读

锅炉管道流程图是反映管道工程工艺流程的图纸，主要包括水管道和汽管道系统、除灰系统、上煤炭系统、通风除尘系统等。它不同于平面图和剖面图，可以不按照比例和标高，也不考虑设备大小、安装位置，但尽量接近设备实际外形，并有相对大小的区别，管道和管道附件必须按统一规定表示。标准中不足的部分，应由设计人员按类似方法给出，同时在图例中加以说明。

在一般情况下，锅炉的水汽管道系统与其他系统是分开绘制的，水汽管道系统是锅炉房的主要系统，它不仅连接着锅炉房中的全部热力设备，而且连接着管道、阀门及附件。在管道系统图中标注着管径和设备编号，并都附有图例，用不同线型或代号把各种管道区分开来，并标有自动仪表的安装位置。在断开处或流向不易判明的管段，一般还标有介质流动的方向。如果锅炉房的锅炉型号相同，一般只绘制一台锅炉管道连接系统图。

二、平面图和剖面图的识读

锅炉房是指锅炉以及保证锅炉正常运行的辅助设备和设施的综合体。根据锅炉房的种类不同，可分为工业锅炉房、民用锅炉房、区域锅炉房、独立锅炉房、非独立锅炉房等。工业锅炉房是指企业所附属的自备锅炉房，它的任务是满足本企业供热（蒸汽、热水）需要；民用锅炉房是指用于供应人们生活用热（汽）的锅炉房；区域锅炉房是指为某个区域服务的锅炉房，在这个区域内，可以有数个企业、数个民用建筑和公共建筑等建筑设施；独立锅炉房是指四周与其他建筑没有任何结构联系的锅炉房；非独立锅炉房是指与其他建筑物毗邻或设在其他建筑物内的锅炉房。

锅炉房的平面图反映了锅炉房的面积大小、房间配置组成、设备平面布置、管道安装位置等。锅炉房平面图和剖面图识读顺序如下：

（1）首先要看清有几层平面，每层都用标高及文字表示出来，标高的单位是米（m），其他尺寸的单位是毫米（mm）。

（2）看锅炉房的大小，在锅炉房建筑施工图外框上注有柱网线，柱网编号及间距应与土建图一致。

（3）看各设备的名称及相互安装位置。平面图上往往不把定型设备的外形全部准确地画在图上，而只画出其基本外形以及与它相连管道的位置，标注出设备间的距离、外形尺寸，设备型号及详细情况应见明细表。

（4）看不同管道的平面位置、坡度、标高，以及固定支座、滑动支座的位置。管道一般用单实线画，为了区分蒸汽、给水、排污等管道，可用不同线型表示并用图例注明。滑动支座等结构见大样图（即施工详图），大样图可采用通用标准图，或附有大样图纸。

（5）看剖面所在位置及剖视的方向。剖面图、断面图是用来表明设备及管道在垂直方向上的安装位置及其相互关系的。

（6）为了看懂各种管道的安装位置，可以对照管道系统图。在看懂锅炉房平面图、断面图、剖面图和管道系统图后，应当基本上形成一个完整的锅炉房概念，弄清了锅炉房有几层，平面布置如何，其中锅炉的型号、台数、各种管道的位置走向及布置方法，上煤与除灰机械，以及水处理工艺、设备等其他辅助设备的型号与布置方法。

（7）以上各种图识读后，还要弄清锅炉房如何进行施工，锅炉怎样进行安装，锅炉与各管道如何进行连接，也就是了解有关锅炉的所有工程的施工安装顺序。

三、锅炉管道工程图识读实例

KZL4-13-AⅡ型锅炉房设计的热力系统如图 1-10 所示；其平面布置图如图 1-11 所示；其剖面图及区域布置图如图 1-12 所示；其设备配制见表 1-11。识读的顺序如下：

该锅炉工程装有 KZL4‐13‐AⅡ型卧式快装锅炉两台。这组锅炉生产饱和蒸汽，总蒸发量为 8t/h，以满足供应厂区生产、采暖和生活的用汽需要。

锅炉燃烧用Ⅱ类烟煤，根据锅炉房的周围环境情况，煤场布置在锅炉房后端的北侧。煤用铲车送至锅炉房墙外的受煤斗中，由倾斜式螺旋输送机运入锅炉房内，并提升到一定高度后，再由水平螺旋输送机运至每台锅炉的炉前煤斗。两台锅炉燃烧产生的灰渣，翻落于灰槽，一并由刮板出渣机运到室外，然后定期运至煤渣场。

该锅炉工程的送风机、引风机和除尘装置均采取露天布置。为节省锅炉房的占地面积，两台锅炉的烟道采用斜向布置。

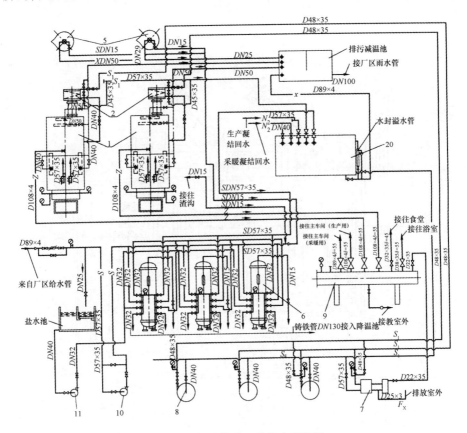

图 1-10 锅炉管道工程热力系统图

根据除尘效果和环境保护的要求，该设计选用 PW‐4 型旋风除尘器，由锅炉房昼夜平均耗煤数量，确定烟囱的高度为 30m，直径为 450mm，用钢板进行制作。

锅炉工程的辅助间设在东侧，其辅助间布置有水处理间和操作人员更衣室。该项目水处理采用钠离子交换软化系统，选用 SN4-2 型 $\phi720$ 交换器三个，单级串联使用，以充分利用交换剂的交换能力和降低盐耗。由于锅炉的单台容量较小，锅炉给水只软化，不进行除氧。锅炉给水箱兼做凝结水箱，回收生产及采暖凝结水。

锅炉给水系统采用单母管，由独立的电动给水泵进行供水。为了便于检修和确保锅炉供水，该工程设两台备用泵，其中一台为流动给水泵。三台电动水泵应选用合适的型号，汽动给水泵一般可选 QB-3 型，其最大流量为 $6m^3/h$。此外，考虑有时原水的水压较低，该设计另选用一台 2BA-6A 型离心水泵，作为原水加压用。

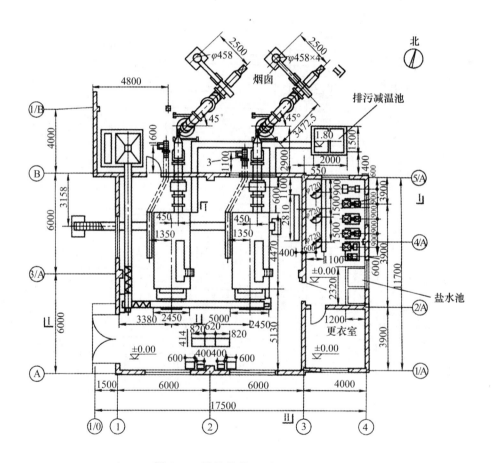

图 1-11 锅炉管道工程平面布置图

该锅炉工程的土建部分为混合结构，锅炉房屋架下弦高为 6.5m，建筑面积为 190.8m²，包括煤场、渣场共占地约 500m²。

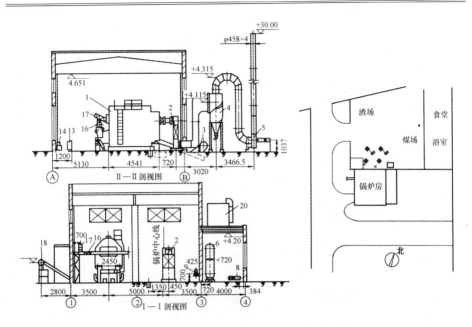

图 1-12 锅炉管道工程剖视图及区域布置图

表 1-11 锅炉管道工程设备一览表

图 1-8 至图 1-10 中序号	设备名称	型号规格	数量	备 注
1	锅炉	KZL4 - 13 - AⅡ型	2	上海工业锅炉厂制造
2	省煤器	—	2	锅炉配套
3	送风机	T4 - 724 号 A（027）	2	锅炉配套
4	除尘器	PW - 4 型	2	锅炉配套
5	引风机	Y9 - 35 - 18 号左 45°	2	锅炉配套
6	钠离子交换器	SN4 - 2 型 Φ720	3	
7	蒸汽泵	QB - 3 型	1	
8	离心泵	GC5×7	3	
9	分汽缸	ϕ273×7	1	
10	原水加压泵	2BA - 6A	1	
11	塑料泵	102 - 2 型	1	
12	水箱浮球标尺	—	1	
13	电气控制箱	—	3	锅炉配套

图 1-8 至 图 1-10 中序号	设备名称	型号规格	数量	备　注
14	液压传动装置	104 型	2	锅炉配套
15	自耦减压启动器	—	2	锅炉配套
16	水平螺旋输送机	$\Phi50$	1	
17	倾斜螺旋输送机	$\Phi250$	1	
18	刮板出渣机	$B=250$	1	
19	受煤斗	$V=3m^3$	1	
20	水箱	$V=10m^3$	1	

第四节　给水排水施工图识读

给水排水施工图是建筑工程施工的重要技术文件，是给水排水工程进行施工的基本依据，也是给水排水工程进行质量评价的标准。因此，学会给水排水施工图的识读，充分熟悉给水排水施工图，严格按施工图进行操作，是确保给水排水工程施工质量的基础。

一、给水排水施工图的组成

给水水排水施工图，一般是表示一幢建筑物的给水水系统和排水系统，主要由设计说明、平面图、系统轴测图、施工详图、设备及材料明细表组成。

（1）设计说明。设计图纸上用图形或符号的形式表达不清楚的问题，需要用文字加以说明。在给水排水工程中设计说明的主要内容有：采用的管材及接口方式；管道的防腐、防冻、防止结露的方法；卫生洁具的类型及安装方法；所采用的标准图号及名称；在施工中的注意事项；施工验收应达到的质量要求；系统的管道水压试验要求及有关图例等。

一般中小型给水排水工程的设计说明直接写在图纸的相应位置，工程较大、内容较多时则要另用专页编写，如果有水泵、水箱等设备，还应写明其型号、规格及运行管理要点等。

（2）平面图。室内给水排水平面图是给水排水工程施工图的重要部分。平面图的比例与建筑平面施工图相同，一般采用 1∶100 的比例，如果图形比较复杂，也可采用 1∶50 的比例。

室内给水排水平面图主要包括以下内容：①房间的名称、编号，卫生器具用水设备的类型、位置；②各立管、水平干管及支管的各层平面位置；③管径尺寸、各立管编号及管道的安装方式；④各种管道部件的平面位置；⑤给水引入管和污水排出管的管径、平面位置，以及与室外给水排水管网的连接方式。

建筑给水排水施工图的平面图中的房屋平面图，是描绘复制土建施工图中房屋建筑平面图的有关部分，在图上要标明建筑物外墙的纵向和横向轴线及其编号，当建筑物内的给水排水卫生设备比较集中时，可只画出其有关的部分建筑平面，其余部分可以不画，画出部分要注明建筑轴线。管道系统的立管在平面图中用小圆圈表示；闸阀、水表、清扫口等均用图例表示，对水立管和排水立管按顺序进行编号，并与系统图相对应。

（3）系统轴测图。系统轴测图也称系统图，建筑给水排水工程可分为给水系统图和排水系统图。它们是根据各层平面图中的用水设备、管道的平面布置及竖向标高用斜轴测投影绘制而成的，系统轴测图中主要包括以下内容：

1）给水系统和排水系统上下各层之间、前后左右之间的空间关系。

2）各管径尺寸、立管编号、管道标高及坡度。

3）给水系统图表明给水阀门、龙头等，排水系统图表明存水弯、地漏、清扫口、检查口等管道附件的具体位置。

4）底层和各楼层地面的相对标高。给水系统图和排水系统图应分别绘制，其比例与平面图相同。系统图上给水排水立管和进、出户管的编号应与平面图一一对应。

（4）施工详图。当某些设备的构造或管道之间的连接情况，在平面图或系统图上表示不清楚又无法用文字说明时，将这些部位进行放大的图称为详图，可用于施工的详图称为施工详图。详图表示某些给水排水设备及管道节点的详细构造及安装具体要求，常用比例为 1∶50～1∶10。有些详图可以直接查阅有关标准图集或室内给水排水设计手册等。

（5）设备及材料明细表。在给水排水工程施工中，除上述设计说明、给水排水平面图、系统图和施工详图外，对于重要工程和复杂工程，为了使施工准备的材料和设备符合图纸的要求，还应编制一个设备及材料明细表。设备及材料明细表包括：编号、名称、型号、规格、单位、数量、重量及附注等项目。施工图中涉及的设备、管材、阀门、仪表等应列入表中，以便施工备料。不影响工程进度和施工质量的零星材料，允许施工单位自行决定的可不列入表中。

施工图中选定的设备对生产厂家有明确要求时，应将生产厂家的厂名写在明细表的附注里。对于比较简单的给水排水工程，可不编制设备及材料明细表。

二、识读施工图的注意事项

无论什么工程施工图的识读，都是一项要求很严、非常认真的工作。在进行建筑给水排水施工图识读时，应注意下列问题：

（1）首先弄清图纸中的方向和该建筑在总平面图上的位置，这是进行给水排水施工的基础，也是确保给水排水工程顺利施工的关键。

（2）在识读施工图时先看设计说明，明确给水排水工程设计的要求。设计说明有的写在平面图或系统图上，有的写在一套给水排水施工图的首页上。

（3）给水排水施工图所表示的设备和管道一般采用统一的图例，在识读施工图前应查阅和掌握有关的图例，了解图例代表的内容。

（4）给水排水管道纵横交叉，在平面图上难以表明其空间走向，一般应当采用系统图表明各层管道的空间关系及走向，在识读时应将系统图和平面图对照识读，以了解系统的全貌。

（5）给水系统可从管道入户起顺着管道的水流方向逐渐进行识读，经干管、立管、横管、支管，一直到用水设备，将平面图和系统图对应识读，弄清管道的方向，分支的位置，各段管道的管径、标高、坡度、坡向、管道上的阀门及配水龙头的位置和种类，管道的材质等。

（6）排水系统可以从卫生器具开始，沿着水流方向，经支管、横管、立管，一直查到排出管。弄清排水管道的方向，管道汇合的位置，各管段的管径、标高、坡度、坡向，检查口、清扫口、地漏的位置、风帽的形式等。同时注意图纸上表示的管路系统，有无排列过于紧密、用标准管件无法进行连接的情况等。

（7）结合平面图、系统图及设计说明看详图，了解卫生器具的类型、安装形式、设备规格型号、配管形式等，搞清系统的详细构造及施工的具体要求。

（8）在识读给水排水工程施工图时，应注意预留孔洞、预埋件、管沟和其他辅助设施等的位置，以及对土建的具体要求，还应当对照查看有关的土建工程施工图纸，以便施工中互相协调、加以配合。图1-13和图1-14分别为某工程室内给水排水平面图与室内给水排水系统图。

第五节　采暖施工图识读

采暖是我国北方地区建筑工程中不可缺少的重要组成部分，采暖工程的施工质量和效果如何，在很大程度上取决于对采暖施工图的识读。

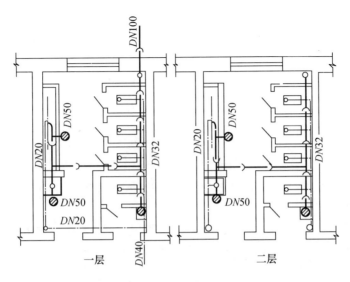

图 1-13 某工程室内给水排水平面图

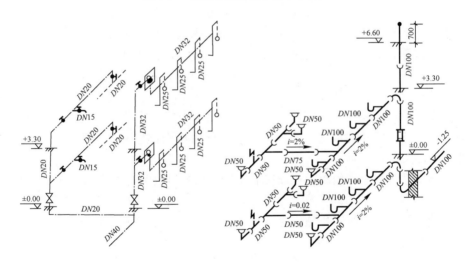

图 1-14 某工程室内给水排水系统图

一、采暖施工图的组成

采暖施工图的组成，与给水排水施工图相同，主要由设计说明、平面图、系统轴测图、施工详图、设备及材料明细表组成。

（一）设计说明

在采暖施工图中无法表达清楚的问题，一般可在设计说明中注解。设计说明的主要内容有：建筑物的采暖面积、热源种类、热媒参数、系统总热负荷、系统形式、进出口压力差、散热器型号及安装方式、管道敷设方式、防腐、保温、水压试验要求等。

除以上要说明的问题外，还应说明需要参看的有关专业的施工图号或采用的标准号，以及设计上对施工的特殊要求和其他不易用图表达清楚的问题。

（二）平面图

为了表示出各层的暖气管道和设备的布置情况，采暖施工平面图也应分层表示。但为了表达简便，可以只画出房屋首层、标准层及顶层的平面图并再加标注即可。

（1）楼层平面图。楼层平面图是指中间层（标准层）平面图，应标明散热设备的安装位置、规格、片数（或尺寸）及安装方式（明设、暗设、半暗设），立管的位置及数量。

（2）顶层平面图。除与楼层平面图相同的内容外，对于上分式系统，要标明总立管、水平干管的位置；干管管径大小、管道坡度以及干管上的阀门、管道固定支架等其他构件的安装位置；热水采暖要标明膨胀水箱、集气罐等设备的位置、规格及管道连接情况。

（3）底层平面图。除与楼层平面图相同的内容外，还应标明供热引入口的位置、管径、坡度及采用标准图号（或详图号）。下分式系统还应标明干管的位置、管径和坡度；上分式系统应标明回水干管（在蒸汽系统中是凝水干管）的位置、管径和坡度。平面图中还要标明地沟位置和主要尺寸，活动盖板、管道支架的位置。

采暖散热器在平面图上一般用窄长的小长方形表示，无论其由几片组成，每组散热器一般要画成同样大小。采暖立管，无论其管径多大，均画成同样大小的小圆圈。采暖工程施工平面图所用的比例与建筑平面施工图相同，常采用的比例为1：100。

（三）轴测图

采暖工程的轴测图，也是采暖工程施工中的重要标准和依据，表示的主要内容有：

（1）表示出采暖工程管道的上、下层之间的关系，管道中的干管、支管、散热器及阀门等的位置关系。

（2）采暖工程中各管段的直径、标高、散热器片数及立管的编号。

（3）各楼层的地面标高、层高及采暖工程有关零件的高度、尺寸等。

（4）采暖工程中集气罐的规格、安装形式；采暖工程中各节点详图的图号。

（四）详图

在采暖工程施工图中需要详尽表示的设备或管道的节点，应用详图来表示，以便在施工中按照详图进行操作。

二、识图中的注意事项

采暖工程施工图与给水排水工程施工图的识读方法基本相同，另外还应当注意以下事项：

（1）通常立管和水平干管在安装时与墙面的距离是不相等的，即立管和干管不在同一平面上。但为了简化作图，图中没有将立管和干管的拐弯连接处画出。

（2）蒸汽系统和热水采暖系统水平管具有相反的坡向，且坡度要求很严格，在预留孔洞、支架时位置应准确。

（3）热水采暖系统上分式系统最高点设有集气罐，一般顶层房间的高度应高于下面各层的高度，以保证集气罐（或自动跑风）的安装距离。

在采暖工程施工图的识读过程中，除了应熟悉本系统施工图外，还应了解土建施工图中的地沟、预留孔洞、沟槽预埋件的位置是否相符，与其他专业（如水电、通信等）图纸的管道走向布置有无矛盾，发现问题及时与有关专业人员协商解决。

第二章 水暖工程施工常用机具

建筑水暖工程在进行管道安装和日常维护时,需要根据设计图样和维护要求,使用适宜的量具、工具和机具,对管线和设备进行测量、定位、安装和维护,对管件、配件等进行预制和加工。水暖工所用的工具除专用工具外,有很多工具与钳工基本通用。

第一节 水暖工常用手工工具

水暖工常用的手工工具,是水暖工工作中不可缺少的操作工具,主要包括施工中测量用的工具和安装维修中用的工具。

一、常用的测量工具

测量工具是施工中确定位置、尺寸、大小等方面的工具,常用的测量工具有水平尺、钢板尺、卷尺、直角尺、线锤和游标卡尺等。

(1)水平尺,又称为水平仪,是用来测定水平度的工具,较长的一些水平尺子还可以对垂直度进行测量。水平尺按其长度可分为150mm、200mm、250mm、300mm、350mm、400mm、450mm、500mm、550mm、600mm 等多种。除150mm 的尺子等刻度间隙为 0.5mm 外,其他 200~600mm 的尺子的间隙均为 2mm。

(2)钢板尺,又称为钢角尺,是用来测量钢管下料尺寸的工具。一般常见的钢板尺的规格有 150mm、300mm、500mm 和 1000mm 四种。

(3)卷尺。卷尺根据所制作材料不同分为两种:一种为钢卷尺,另一种为皮卷尺。钢卷尺和皮卷尺都是测量管线或管沟长度的工具,距离较长,管沟可采用长度 50~100m 的测绳测量。钢卷尺根据其长度不同又有大小之分,大钢卷尺有 5m、10m、15m、20m、30m、50m 和 100m 七种,小钢卷尺有1m、2m 和 3m 三种。皮卷尺又称皮尺,规格有 5m、10m、15m、20m、30m和 50m 六种。

(4)直角尺,即平常所见的 90°角尺,是用来测量角或校验法兰端面与管子轴线垂直度所用的工具,也可以用来画线。直角尺的规格见表 2-1。

表 2-1　直角尺的规格　　　　　　　　　　　　　　　　　　（mm）

直角尺长度	40	63	100	125	160	200	250	315	400	500	600
直角尺高度	63	100	160	200	250	315	400	500	630	800	1000

（5）线锤。线锤是用铜或铁等金属材料制成的，用来检验垂直度的一种简易测量工具。线锤的常用规格有 0.20kg、0.25kg、0.30kg 和 0.40kg 等多种。

（6）游标卡尺。游标卡尺主要用来测量管件的内径、外径或孔径的尺寸，这是一种测量精度要求较高的测量工具，图 2-1 为常见游标卡尺的结构。表 2-2 为常见游标卡尺的规格。

表 2-2　常见游标卡尺的规格　　　　　　　　　　　　　　（mm）

型　　号	测量范围	游标分度值	型　　号	测量范围	游标分度值
Ⅰ型三用游标卡尺	0~25	0.0.2，0.05	Ⅲ型双面游标卡尺	0~200，0~300	0.0.2，0.05
Ⅱ型两用 游标卡尺	0~200 0~300	0.0.2，0.05	Ⅳ型单面游标卡尺	0~300 300~1000	0.0.2，0.05， 0.10

游标卡尺的读法：首先读取游标卡尺上零线左边尺身上的毫米数，然后找出游标卡尺上与卡尺身上的刻线对齐的线，自第二条线起每格计为 0.05mm，最后把卡尺身上尺寸与游标卡尺上的尺寸相加即为测得尺寸。

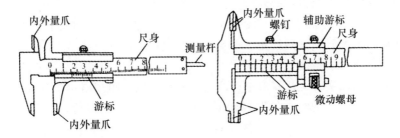

图 2-1　游标卡尺结构示意图

二、安装维修用工具

安装维修常用的手工工具有手锤、錾子、管钳、链条钳、钢锯、锉刀、管子割刀、各种扳手、台虎钳、台钳、管子铰板、螺纹铰板、丝锥等。

1. 手锤

水暖管道工常用的手锤是圆头锤和八角锤。手锤是由锤头和手柄组成，其规格用锤头的质量表示。圆头手锤如图 2-2（a）所示，其规格见表 2-3；八角手锤俗称"大榔头"，如图 2-2（b）所示，其规格见表 2-4。

图 2-2　手锤种类和组成示意图

（a）圆头手锤；（b）八角手锤

表 2-3　圆头手锤规格

锤重/kg	0.11	0.22	0.34	0.45	0.68	0.91	1.13	1.36
锤高/mm	66	80	90	101	116	127	137	147
全长/mm	260	285	315	335	355	375	400	400

表 2-4　八角手锤规格

锤重/kg	0.9	1.4	1.8	2.7	3.6	4.5	5.4	6.3	7.2	8.1	9.0	10.0	11.0
锤高/mm	105	115	130	152	168	180	190	198	208	216	224	230	235

手锤常用于管道调整、錾打孔洞、金属錾削、管子錾割、拆卸管道等。手锤的使用和维修应注意以下事项：

（1）手锤平面应平整，有裂痕或缺口的手锤不得使用，当锤面呈球面或有卷边时，应将锤子表面及周边磨平，方可以再使用。

（2）锤柄的长度应适中，一般约为 300mm。锤柄的安装要牢固可靠，为防止锤头在使用中脱落，必须在锤头端部打入楔子，将锤头牢牢锁紧。

（3）锤柄在安装前应仔细检查，锤柄不得弯曲、不得有蛀孔、节疤、裂纹及伤痕，不可充当撬棍使用，以免锤柄受损或折断。

（4）在使用手锤时，握手锤的手不允许戴手套进行操作，手柄及锤面上不得沾有油脂，手掌有汗或有油时应及时擦拭，以免出现滑落的危险。

（5）在使用手锤时，如发现锤柄楔子松动、脱落或裂纹，应及时维修或更换锤柄，以免锤头掉落砸伤人。

2. 錾子

錾子的种类很多，在水暖管道工程安装中所用錾子有扁錾和尖錾两种，如图 2-3 所示。扁錾主要用来錾切平面和分割材料、去除毛刺等；尖錾主要用于錾各种槽、分割曲线形板料等。在使用扁錾的过程中应注意以下事项：

（1）为使錾子坚硬而耐用，各种錾子的刃口必须经淬火才能使用。

（2）对于发生卷边的錾子，应及时修磨或更换。修磨时应先在铁砧上将蘑菇状的卷边敲

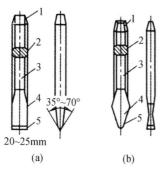

图 2-3　常用錾子类型

（a）扁錾；（b）尖錾

1—头；2—剖面；3—柄；

4—斜面；5—锋口

掉后，再在砂轮机上修磨。

（3）錾子的头部不能有油脂，在操作前必须将头部的油脂擦拭干净，否则锤击时易使锤头面滑离錾子头，也很容易砸伤手。

（4）錾子在使用中手握得不可太松，以免在锤击时錾子松动而击打在手上。

3. 管钳和链条钳

管钳和链条钳都是水暖管道工程安装中最常用的工具之一，主要适用于直径较小的管子或管件的拆装。管钳的结构如图 2-4（a）所示，链条钳的结构如图 2-4（b）所示。

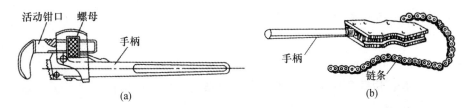

图 2-4　管钳和链条钳的结构

（a）管钳；（b）链条钳

管钳和链条钳的作用是一样的，其区别在于链条钳可以在比较狭窄的空间进行操作，并且可用于较大管径的管子或管件的拆装。管钳和链条钳的规格是以长度划分的，使用规格范围见表 2-5 和表 2-6。

表 2-5　管钳的适用范围　　　　　　　　　　　（mm）

管钳的规格	钳口宽度	适用管子直径	管钳的规格	钳口宽度	适用管子直径
200	25	3～15	450	60	32～50
250	30	8～20	600	75	40～80
300	40	15～25	900	85	65～100
350	45	20～32	1050	100	80～125

表 2-6　链条钳的适用范围　　　　　　　　　　　（mm）

链条钳的规格	适用管子直径	链条钳的规格	适用管子直径
350	25～32	900	80～125
450	32～50	1200	100～200
600	50～80	—	—

使用管钳和链条钳的操作应注意以下事项：

（1）管钳在使用时，根据管子的外径大小，将管钳口张开合适的开度，再用钳口卡住管子的外壁，向管钳把处施加适宜的压力，迫使管子产生转动。

为防止管钳滑脱而碰伤手指，一般用左手轻压活动钳口上部，右手握紧管钳的手柄，两手动作要协调，不可用力过猛。图2-5所示为使用管钳的正确操作方法。

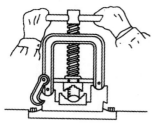

图2-5 管钳的正确操作方法

（2）在使用管钳时，不可随意用套管接长手柄，也不能将管钳当作撬棍或手锤使用。

（3）管钳在使用的过程中，为确保卡得牢靠，应注意经常清洗钳口和钳牙，并定期在调节螺丝处注入机油，以保持活动钳口的灵活，使管钳不受损坏，操作起来也比较省力。

（4）管钳和管子之间的卡紧力，主要是靠钳口牙和管壁之间的摩擦，如果管钳磨损比较严重（如钳口牙磨光、活动钳口很松），不宜再继续使用。

（5）在使用链条钳的过程中，对其链条要适时进行清洗，并注入适量的机油，以保持链条的灵活，同时也避免锈蚀。

（6）在使用管钳的操作中，严格禁止小号的管钳勉强拧大直径的管子，这样不仅不能装卸管子，而且很容易损坏管钳；同时也不允许用大规格的管钳勉强拧小直径的管子，这样不仅容易损坏零件，而且操作起来很不方便。

4. 钢锯

又称为手锯，是管道安装和维修中最常用的手工锯断工具。手工钢锯主要由弓形锯架、锯把和锯条组成，常见的有固定式和可调式两种。钢板制作的可调式锯架，如图2-6（a）所示；钢管制作的固定式锯架，如图2-6（b）所示。钢锯架的规格见表2-7。

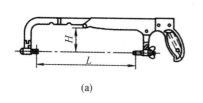 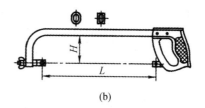

(a)   (b)

图2-6 钢锯架结构示意图
（a）钢板制调节式锯架；（b）钢管制固定式锯架

钢锯中所用的锯条又称为手工钢锯条，按照国家标准《手用钢锯条》（GB/T 14764—2008）中规定：按其特性不同，可分为全硬型（H）钢锯条和挠性型（F）钢锯条；按其材质不同，可分为优质碳素结构钢（D）钢锯条、碳素工具钢（T）钢锯条、高速钢、双金属复合钢（G）钢锯条三种；按其形式不同，可分为 A 型钢锯条和 B 型钢锯条两种。它们的结构基本相同，但有些尺寸不同，手工钢锯条的规格，见表 2-8。

表 2-7　钢锯架的规格　　　　　　　　　　　　　　（mm）

类　　型		规格 L （可装锯条长度）	长　度	高　度	最大锯切 深度 H
钢板制	可调式	200，250，300	324～328	60～80	64
	固定式	300	325～329	65～85	
钢管制	可调式	250，300	330	≥80	74
	固定式	300	324	≥85	

表 2-8　手工钢锯条的规格　　　　　　　　　　　　（mm）

型式	长度 L	宽度 b	厚度 δ	齿距 t	销孔 d (e) ×f	全长不大于
A 型	300	12.0 或 10.7	0.65	0.8，1.0，1.2， 1.4，1.5，1.8	3.8	315
	250					265
B 型	296	22	0.65	0.8 1.0 1.4	8×5	315
	292	25			12×6	

在使用钢锯的操作过程中，应当注意以下事项：

（1）使用钢锯应根据工件的材质及厚度情况选择合适的钢锯条。一般锯割厚度较薄、材质较硬的工件，应选择锯齿较小的锯条；反之，应选择锯齿较大的锯条。切忌不分材质和厚度，使用同一种锯齿的锯条。

（2）钢锯在安装锯条时，锯齿尖部应当朝向前，千万不可装反。安装的锯条应松紧适宜，既不能过松，也不能过紧。如果过松，会使锯条发生扭曲，容易产生折断；如果太紧，会失去应有的弹性，也很容易折断。

5．锉刀

锉刀是从金属工件表面能锉掉金属的一种加工工具。水暖管道工常用锉刀锉管子坡口、毛刺、焊接飞溅物及加工零件等。锉刀主要由锉刀柄和锉刀两部分组成，按断面形状不同，可分为平锉、方锉、三角锉、圆锉等，如图2-7 所示。锉刀的规格见表 2-9。

使用锉刀应注意以下事项：

（1）锉刀的粗细及种类选择，应根据工件的加工余量、加工精度、表面粗糙度和工件材质等来决定。

（2）选择锉刀时，锉刀断面形状和长度应根据加工工件表面的形状来确定。

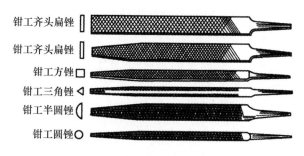

钳工齐头扁锉

钳工齐头扁锉

钳工方锉

钳工三角锉

钳工半圆锉

钳工圆锉

图 2-7　钳工锉刀结构示意图

表 2-9　钳工锉刀规格

锉身长度	扁锉（齐头、尖头）		半圆锉			三角锉	方锉	圆锉
	宽度	厚度	宽度	厚度（薄型）	厚度（厚型）	宽度	宽度	直径
110	12	2.5	12	3.5	4.0	8.0	3.5	3.5
125	14	3.0	14	4.0	4.5	9.5	4.5	4.5
150	16	3.5	16	5.0	5.5	11.0	5.5	5.5
200	20	4.5	20	5.5	6.5	13.0	7.0	7.0
250	24	5.5	24	7.0	8.0	16.0	9.0	9.0
300	28	6.5	28	8.0	9.0	19.0	11.0	11.0
350	32	7.5	32	9.0	10.0	22.0	14.0	14.0
400	36	8.5	36	10.0	11.5	26.0	18.0	18.0
450	40	9.5	—	—	—	—	22.0	—

（3）新的锉刀在使用前，应当先装上木柄后才能使用，否则很容易把手磨伤。

（4）对于加工工件的毛刺、氧化物等，应先将其除掉后，才能用锉刀进行锉削。

（5）锉刀是一种质脆、坚硬的工具，只能用于锉削加工，千万不能将锉刀当手锤使用，也不能用它当作撬棍。

（6）锉刀锉削金属工件，是靠其表面粗糙的纹路摩擦来实现的，因此，锉刀的表面不得有油脂，粘上油脂的锉刀应将油脂清洗干净。

（7）锉刀操作中，应使用其一面进行锉削，当该面磨损后再用另一面，不能将两面轮番使用。

（8）使用小锉刀时，应用适宜的力量，不可用力过大，以防止将其折断；

使用油光锉刀时，只限于加工表面比较平整的工件。

（9）锉刀使用完毕后，应按要求用专门工具盒（箱）存放，不得重叠存放或和其他工具堆放在一起，并应保持干燥，防止产生锈蚀。

6. 管子割刀

管子割刀（又称"割管器"）是切断各种金属管子的一种手用工具，也是水暖管道工程施工中的常用工具之一，常用于切割管径 100mm 以内的钢管或其他金属管。管子割刀由切割滚轮、压紧滚轮、滑动支座、螺母、螺杆、手把等组成，其结构如图 2-8 所示。管子割刀的规格见表 2-10。

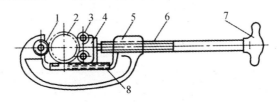

图 2-8　管子割刀结构示意图

1—切割滚轮；2—被割管子；3—压紧滚轮；

4—滑动支座；5—螺母；6—螺杆；7—手把；8—滑道

表 2-10　管子割刀规格

规格	全长/mm	割管子范围/mm	最大割管壁厚/mm	质量/kg	规格	全长/mm	割管子范围/mm	最大割管壁厚/mm	质量/kg
1	130	5～25	1.5～2	0.30	3	520～570	25～75	6	5
	310		5	0.75，1	4	630	50～100	6	4
2	380～420	12～50	5	2.5		1000			8.5，10

管子割刀的操作应注意以下事项：

（1）管子割刀可分为 1、2、3、4 号 4 种规格，当切割管子的直径分别为 15～25mm、25～50mm、50～80mm 及 80～100mm 时，应分别配用的相应滚刀直径为 30mm、35mm、40mm 及 50mm。

（2）当管子割刀切割转动时，每转动一两次就需要进刀一次，但进刀量不宜过大。

（3）当被切割的管子将要割断时，需将刀片松开，然后取下割刀，用手将管子折断，并用刮刀、锉刀修整管子口。

7. 各种扳手

在水暖管道工程中所用的扳手种类很多，常见的有活扳手、固定扳手（呆扳子）、梅花扳手、套筒扳手等，其结构及规格见表 2-11～2-14。

表 2-11　活扳手的规格

全 长	100	150	200	250	300	370	450	600
最大开口宽度	14	19	24	30	36	46	55	65

表 2-12　呆扳手的规格

成套扳子	6 件	5.5×7，8×10，12×14，14×17，17×19，22×24
	10 件	6×7，8×10，9×11，12×14，14×17，17×19，19×22，22×24，24×27，30×32
单件扳手		4×5，5.5×7，8×10，10×12，12×14，17×19，22×24，27×30，30×32，32×36，41×46，50×55，65×75

表 2-13　梅花扳手的规格

成套扳子	6 件	5.5×7，8×10，12×14，14×17，19×22，24×27
	8 件	5.5×7，8×10，9×11，12×14，14×17，17×19，19×22，24×27
单件扳手		5.5×7，8×10，12×14，17×19，22×24，24×27，30×32，36×41，46×50

表 2-14　套筒扳手的规格

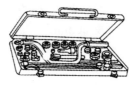

品 种	配 套 项 目			
	套筒头规格（螺母平分对边距离）	方孔或方榫尺寸	手柄及连结头	接 头
小 12 件	4，5，5.5，7，8，9，10，12	7	棘轮扳手，活络头手柄，通用手柄长接杆	—

续表

品 种	配 套 项 目			
	套筒头规格 （螺母平分对边距离）	方孔或 方榫尺寸	手柄及连结头	接 头
6 件	12,14,17,19,22	13	弯头手柄	—
9 件	10,11,12,14,17,19,22,24			
10 件	10, 11, 12, 14, 17, 19, 22, 24,27			
13 件	10, 11, 12, 14, 17, 19, 22, 24,27		棘轮扳手，活络头手柄，通 用手柄长接杆	直接头
17 件	10,11,12,14,17,19,22,24, 27,30,32		棘轮扳手滑行头手柄	直接头

活扳手开口宽度可进行调节，使用灵活、轻巧，但效率比较低，活动钳口容易产生松动或歪斜。

固定扳手（呆扳手）开口不能调节，适宜于各种尺寸螺母使用，这种扳手是成套的。在使用固定扳手时，应根据螺母的大小选用与其相适应的开口。

梅花扳手是一种常用而比较灵活的扳手，主要适用于操作空间狭窄或不能使用以上普通扳手的地方。

套筒扳手是成套供应的组合式扳手，其作用与梅花扳手相同，使用起来比梅花扳手更为灵活、方便。

各类扳手的操作应注意以下事项：

（1）活动扳手的开度要与所拧紧螺母大小相吻合，两者的接触要严密、适度，既不要过松，也不要过紧，以防止产生"滑脱"或"卡位"现象。

（2）在使用活动扳手时，应让固定钳口受主要作用力，即固定钳口在外，活动钳口在内，如果相反，容易损坏扳手。

（3）当遇到锈蚀严重的螺栓不易扳动时，千万不要用锤子敲击扳手的手柄，也不要用套管加长手柄的方法来转动，还不得用扳手代替锤子敲打管件。

（4）活扳手的活动钳口处应定期加入机油，以避免产生锈蚀，并保持活动钳口灵活；在使用扳手时，不要在扳手开口中加垫片。

（5）在使用固定扳手（呆扳手）、套筒扳手和梅花扳手时，套上螺母或螺钉后，不得再进行晃动，并要卡到螺母的根部，避免扳手及螺母的损伤。

8. 台虎钳

台虎钳俗称老虎钳，是一种用来夹持管件的工具，常见的有固定式和回转式两种，如图 2-9 所示。台虎钳按钳口的宽度不同，有 100mm、125mm 和 150mm 三种规格。

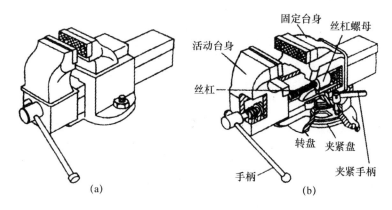

图 2-9　台虎钳的类型

（a）固定式台虎钳；（b）回转式台虎钳

台虎钳操作应注意以下事项：

（1）台虎钳的安装是否牢固、准确，对其使用性能和操作安全有很大影响。因此，在台虎钳安装时应对准工作台边缘，安装必须牢固。

（2）在夹持工件时，应根据台虎钳大小适当用力，不准用锤子击打、脚蹬或在手柄上加套筒，以免用力过大而损伤设备。在整个操作过程中，应经常检查紧固的情况，以避免因松动而产生脱落。

（3）不准在滑动钳身的光滑平面上进行敲打等操作，以便保护它与钳身具有良好的配合性能。

（4）夹持质脆或较软的材料时，应试探性地用力，不得用力过大；夹持精度较高或表面光滑的工件时，工件与钳口之间应垫上适宜的软金属垫片；夹持的工件长度较长时，应用设置支架进行支承。

（5）台虎钳中应始终保持清洁，并且不得在台虎钳上对夹持的工件进行加热，以防台虎钳的钳口退火。

（6）在使用和日常维护中，要注意经常向螺杆、螺母等活动部位注入机油，以便使台虎钳具有良好的润滑状态。

9. 管子台钳

管子台钳又称为管子压钳、龙门钳，主要用于夹持管子，以便进行管子锯割、套螺纹、安装和拆卸管件等，其结构如图 2-10 所示。

管子台钳的操作方法是：将弯钩打开，掀起龙门架部分，将需要加工的管子放在下虎牙处，合上龙门及弯钩，转动手柄，通过上、下虎牙将管子咬紧，然后对管子进行加工。

管子台钳的规格是以能夹持管子的最大外径来表示，常见的台钳有 50、

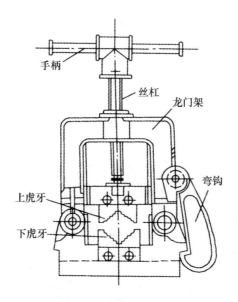

图 2-10 管子台钳结构示意图

75、100、125 和 150mm 五种型号。

在使用管子台钳的操作中应注意以下事项：

（1）管子台钳必须安装牢固、可靠，这是确保安全操作和顺利作业的关键，同时应使上钳口在滑道内能自由滑动。

（2）在夹持管子时，管子台钳的型号应与所加工管子规格相适应。不同型号的管子台钳的适用范围见表 2-15。

表 2-15 管子台钳的适用范围 （mm）

型号	管子公称直径	型号	管子公称直径
1	15～50	4	65～125
2	25～65	5	100～150
3	50～100	—	—

（3）在进行操作时，将管子平稳放入钳口内，双手旋转把手，将管子卡紧，不要用单手进行操作，以防止出现受力不均衡。

（4）在夹持较长管子的过程中，必须将管子另一端伸长部分做好支承后，方可再进行操作。

（5）在旋紧或松开管子台钳手柄时，不得用锤子敲击或用套管接长的方法进行。管子台钳在使用及移动时不应出现摔碰现象。

10．套丝板

套丝板又称为管子铰板（简称铰板），是手工对管子套制螺纹的专用工具。套丝板有普通式套丝板、轻便式套丝板和电动式套丝板等。在管道施工中最常用的是普通式套丝板。

普通式套丝板由套丝板本体、固定盘、活动标盘、板牙及手柄等组成。普通式套丝板结构如图 2-11 所示。

用套丝板进行管子套丝应注意以下事项:

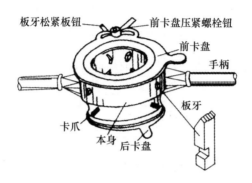

图 2-11　普通式套丝板结构

（1）在套螺纹前，应首先选择与操作管径相对应的板牙，在安装时将刻线对准固定盘上的"0"位置，再按顺序装入板牙室。

（2）使用套丝板时，不得用锤击的方法拧紧和放松背面的挡脚、进刀手把和活动标盘。

（3）在进行套螺纹时应做到垂直管子、用力均匀、速度缓慢，不能用加套管接长手柄的方法进行套螺纹操作。

（4）套丝板中的板牙要经常拆下进行清洗，以保持板牙清洁和锋利。为防止在套丝中摩擦过热，套螺纹一般应分几次套制，并在套螺纹过程中要注意加注润滑油。

（5）在使用完毕后，应将铁屑、油污清理干净，并妥善保管，以防止丢失、损坏和锈蚀。

11. 螺纹铰板

水暖管道施工中所用的螺纹铰板，是管道连接不缺少的加工工具，也是把圆柱形工件加工成外螺纹的一种工具，根据铰板内部的结构不同，有圆板牙和方板牙两种。

圆板牙有固定式和可调式两种，圆板牙及扳手的形状如图 2-12 所示。圆板牙需要安装在板牙架内才能使用。当圆板牙用钝后不能再磨锋利时，则应报废。方板牙由两片构件组合而成，如图 2-13 所示，方板牙用钝后可以重新磨锋利再使用。

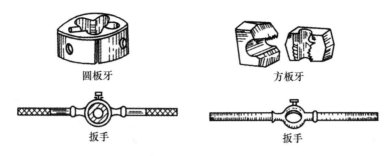

| 图 2-12 圆板牙及扳手 | 图 2-13 方板牙及扳手 |

在使用螺纹铰板的过程中应注意以下事项:

(1) 在进行套螺纹前,要将圆杆端部的棱角和毛刺锉掉,这样既能起刃具的导向作用,又能使刀刃顺利套入圆杆,还能保护刀刃。

(2) 套螺纹的刀刃与工件要垂直,套丝中两手用力要均匀,套丝的速度不可忽快忽慢。

(3) 在套丝操作中,每转动一周应再适当后退一些,以防止将铁屑挤断,并应根据实际情况适时注入切削液。

(4) 使用完的螺纹铰板应立即清除油污和杂物,并在表面涂上机油,按规定进行妥善保管。

12. 丝锥

丝锥是一种加工内螺纹的工具。丝锥主要由工作部和柄部组成,如图2-14所示。丝锥有手用丝锥和机械丝锥两种,常用的是手用丝锥。手用丝锥由1~3只组成一套,分别称为头锥、二锥、三锥。用来夹持丝锥柄部方头的是铰手,最常用的是活动铰杠,如图2-15所示。

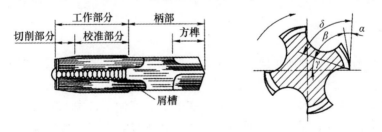

图 2-14 丝锥构造示意图

丝锥操作应注意以下事项:

(1) 丝锥与加工工件表面要垂直,在旋转的过程中要经常反方向旋转,以防止将铁屑挤断。

(2) 在进行攻螺纹加工时,要注意适时加入切削液,以防止丝锥产生高

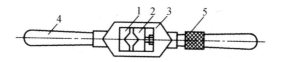

图 2-15　活动铰杠构造示意图

1—有直角缺口的不动钳牙；2—有直角缺口的可动钳牙；3—方框；
4—固定手柄；5—可旋动的手柄

温而损坏。

（3）在较硬的材料上进行攻螺纹加工时，头锥和二锥应交替使用，以防止丝锥扭断。

（4）丝锥用完后应及时清除铁屑、油污和灰尘，并在其表面上涂机油，妥善保管。

第二节　水暖工常用吊装机具

在水暖管道工程施工中，常常需要将管道、设备及其附件等，进行装卸、移动和就位，有时单靠人力是不能完成的，需要采用适宜的起重吊装机具。常用的起重吊装机具有千斤顶、绞磨、葫芦、卷扬机、滑轮、自行式起重机等。

一、葫芦

葫芦是水暖管道工程施工时应用最多的小型起重吊装设备，主要有手动葫芦和电动葫芦两大类，最常用的是手动葫芦。

（一）手动葫芦

手动葫芦是一种使用简单、携带方便的手动起重机械，也称"环链葫芦"或"倒链"。它适用于小型设备和货物的短距离吊运或拉紧，其外壳材质是优质合金钢，坚固耐磨，安全性能高。在安装和维修工作中，常与三角起重架等进行配合，组成简易起重机械，具有吊运平稳、操作方便等优点。手动葫芦既可以垂直起吊，也可以水平或倾斜使用。但是，起吊高度一般不超过3m，起重量一般不超过10t。

1. 手动葫芦的工作原理

手动葫芦通过搬动手动链条、手链轮转动，将摩擦片棘轮、制动器座压成一体共同旋转，齿长轴便转动片齿轮、齿短轴和花键孔齿轮。这样，装置在花键孔齿轮上的起重链轮就带动起重链条，从而平稳地提升重物。采用棘轮摩擦片式单向制动器，在载荷下能自行制动，棘爪在弹簧的作用下与棘轮啮合，制动器安全工作。

2. 手动葫芦的分类与规格

手动葫芦的形式有多种。按操作方法不同，可分为手拉葫芦和手扳葫芦；按传动方法不同，可分为蜗杆蜗轮式手拉葫芦和齿轮式手拉葫芦；齿轮式手拉葫芦又有行星齿轮式和对称排列二级齿轮式两种。

蜗杆蜗轮式手拉葫芦效率较低，易产生磨损，在工程中应用比较少；齿轮式手拉葫芦效率较高，结构紧凑，自重较轻；行星齿轮式手拉葫芦传动比大，但制造工艺复杂，维修不便。在水暖管道工程施工中常用的是对称排列二级齿轮式手拉葫芦。

对称排列二级齿轮式手拉葫芦，主要由传动机构、离合器、制动器、链轮及吊钩等组成。其外观图如图 2-16 所示，其内部结构如图 2-17 所示。常用手拉葫芦型号规格见表 2-16。

表 2-16　常用手拉葫芦的型号规格

手拉葫芦型号	起重量/t	起升高度/m	手拉力/N	葫芦质量/kg
60 型	3.0	3.0	—	35.0
71 型	5.0	3.0	350	45.0
TS1 型	1.0	2.5	380	—
TS2 型	1.5	2.5	340	34.5
SH3 型	3.0	3.0	340	46.5
SH5 型	5.0	3.0	—	65.0

3. 手拉葫芦的使用与保养

（1）在手拉葫芦使用前，应对其机件，如吊钩、链条、制动器及润滑情况进行仔细检查，对于不合格处，应进行检修，确实认为完好后才能进行使用。

（2）在手拉葫芦正式吊运前，首先要根据要吊运的机件最大重量，核对所选用的手拉葫芦规格是否符合要求，不容许超载使用，也不要规格过大。

（3）操作者应站在与手链轮同一平面内拉动手链条，否则容易出现卡住链条事故。如果为水平方向使用时，应在链条入口处用木块将链条垫平。

（4）在起吊的过程中，无论重物上升还是下降，拉动手链条用力应当均匀、平缓，不要用力过猛，以防止手链条跳动，出现卡住链条现象。当出现拉不动时，不可采取猛拉，更不能采取增加人员的方法，应停止使用，对吊重和滑车进行检查，排除故障后才可继续使用。

（5）棘爪、棘轮和弹簧等应经常进行检查，如果发现弹簧的弹性不足时，应立即进行更换，防止制动失灵，发生重物自坠现象。

（6）手拉葫芦使用完毕后应擦拭干净，存放在干燥的仓库内，避免受潮生锈。每隔3个月应加一次黄油，每年应进行一次拆洗检修。

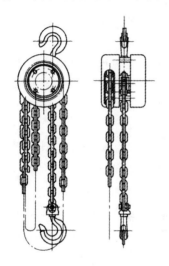

图 2-16　手拉葫芦外形示意图

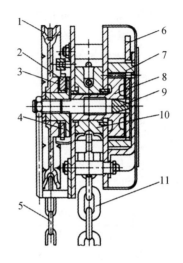

图 2-17　手拉葫芦内部结构图
1—手链轮；2—制动轮；3—摩擦片；4—棘轮；
5—手链条；6—片齿轮；7—齿轮轴；8—齿轮；
9—长轴；10—起重链轮；11—起重链条

（二）电动葫芦

电动葫芦简称电葫芦，也称为电动提升机，是一种轻小型起重设备。多数电动葫芦由人使用按钮在地面跟随操纵，或也可在司机室内操纵或采用有线（无线）远距离控制。电动葫芦保留了手拉葫芦轻巧、方便的特点，又改进了手拉葫芦人工操作、提升速度慢等不足，它集电动葫芦和手拉葫芦的优点于一身。

电动葫芦采用盘式制动电机作用力，行星减速器减速，具有结构紧凑、体积较小、重量较轻、效率较高、使用方便，制动可靠、维护简单等特点。主要适用于低速度、小行程的物料装卸、设备安装、矿山及建筑工程施工、工矿企业，仓储码头等场所。

1. 电动葫芦的结构与种类

电动葫芦的主要结构为减速器、起升电机、运行电机、断火器、电缆滑线、卷筒装置、吊钩装置、联轴器、软缆电流引入器、限位器、电机采用锥形转子电动机，集动力与制动力于一体。电动葫芦的水平运行速度为 20m/min，垂直提升速度为 8m/min，一般提升高度为 3～30m，起重量为 0.25～20t。

从总体上讲，电动葫芦可分为环链电动葫芦、钢丝绳电动葫芦（防爆葫芦）、防腐电动葫芦、双卷筒电动葫芦、卷扬机电动葫芦、微型电动葫芦、群吊电动葫芦、多功能提升机等。

电动葫芦按结构形式可分为固定式和小车式两种。固定式电动葫芦和手拉葫芦一样，可安装在固定支架上进行垂直或其他角度的起吊工作。小车式电动葫芦则悬挂在工字钢梁上或安装在多种形式的起重机上，可沿着直线或曲线吊运重物，作业面比固定式电动葫芦大，在水暖管道工程中常用小车式电动葫芦。小车式电动葫芦的结构，如图 2-18 所示。

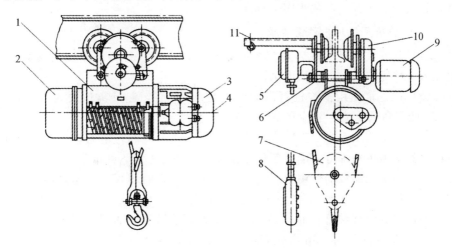

图 2-18　小车式电动葫芦的结构示意图
1—提升机构减速器；2—卷筒装置；3—提升电动机；4—制动器；
5—电器制动箱；6—电动小车；7—吊钩装置；8—按纽开关；
9—运行电动机；10—运行机构减速器；11—软缆电流引入器

2. 电动葫芦在操作中的要点

（1）电动葫芦的操作者应进行专门的技术培训，必须做到持证上岗，应十分熟悉电动葫芦的结构、性能和使用方法。

（2）电动葫芦有下列情况之一者，不应进行操作：

1）电动葫芦所起吊的物件超载或质量不明，或者吊拔埋置物体及斜拉、斜吊等；

2）电动葫芦有影响安全工作的缺陷或损伤，如制动器、限位器失灵，吊钩螺母防松装置损坏，钢丝绳已出现钢丝断头等；

3）起吊物体捆绑吊挂不牢，或在起吊过程中可能出现滑动，或重物棱角处与钢丝绳之间未加衬垫等；

4）电动葫芦的作业地点光线昏暗，无法看清楚场地和被吊物件，继续操作可能会出现一定的危险性。

（3）电动葫芦在每班作业前，应认真检查一下操作范围内有无障碍，运行轨道是否有异常，电动葫芦运转是否正常。

（4）在电动葫芦操作中，不得利用限位器停车，不得从有人的上方通过，不得在吊起重物时进行检查、维修。

（5）无下降限位器的电动葫芦，在吊钩处于最低工作位置时，卷筒上的钢丝绳必须保留 3 圈以上的安全圈。

（6）在电动葫芦的使用中，如果发现异常现象，应遵循"先停车、后检查、排故障、再开车"的程序进行。

3. 电动葫芦使用中注意事项

（1）新安装或经拆检后安装的电动葫芦，首先应进行空车试运转数次。但在未安装完毕前，切忌通电试转。

（2）在正常使用前应进行以额定负荷的 125%，起升离地面约 100mm，10min 的静负荷试验，并检查是否正常。

（3）动负荷试验是以额定负荷重量进行反复升降与左右移动试验，试验后检查其机械传动部分、电器部分和连接部分是否正常、可靠。

（4）在电动葫芦的使用中，绝对禁止在不允许的环境下及超过额定负荷和每小时额定合闸次数（120 次）的情况下使用。

（5）安装调试和维护时，必须严格检查限位装置是否灵活、可靠，当吊钩升至上极限位置时，吊钩外壳到卷筒外壳之距离必须大于 50mm（10t、16t、20t 必须大于 120mm）。当吊钩降至下极限位置时，应保证卷筒上钢丝绳安全圈，有效安全圈必须在 2 圈以上。

（6）在使用中不允许同时按下两个使电动葫芦向相反方向运动的手电门按钮。

（7）当某项吊运工作完毕后，必须把电源的总闸拉开，切断电源，以防止出现意外事故。

（8）电动葫芦应由专人进行操纵，操纵者应充分掌握安全操作规程，严禁偏向拉运和斜向吊装。

二、卷扬机

卷扬机是指通过转动卷筒，将缠绕在卷筒上的钢丝产生牵引力的起重设备，即由人力或机械动力驱动卷筒、卷绕绳索来完成牵引工作的装置。卷扬机既可作为起重机的组成部分，也可作为其他机械设备的组成部分。不仅可以垂直提升物体，而且也可以水平或倾斜拽引重物。卷扬机是一种起重能力比较大、速度比较快、操作方便、易于装拆的施工机械，因此，在水暖管道施工中被广泛应用于吊装、垂直运输、水平运输等作业。

（一）卷扬机的种类与锚固方法

水暖管道安装工程所用的卷扬机，有手动和机动（电动）两类。电动卷扬机是由电动机作为动力，通过驱动装置使卷筒回转的卷扬机，电动卷扬机由电动机、联轴节、制动器、齿轮箱和卷筒组成，共同安装在机架上；手动卷扬机是以人力作为动力，通过驱动装置使卷筒回转的卷扬机。其中，电动卷扬机又分为慢速卷扬机和快速卷扬机两种，慢速卷扬机：卷筒上的钢丝绳额定速度为 $7\sim12\mathrm{m/min}$ 的卷扬机。快速卷扬机：卷筒上的钢丝绳额定速度约 $30\mathrm{m/min}$ 的卷扬机。快速电动卷扬机又分为单向和双向两种。在水暖管道工程施工中主要采用慢速电动卷扬机（JJM 型），适用于物件的吊装、垂直运输、水平运输等。

卷扬机必须用地锚进行牢靠的固定，以防止工作时产生滑动，造成倾覆。根据所受牵引力的大小，固定卷扬机的方法有螺栓锚固法、水平锚固法、立桩锚固法和压重锚固法四种，如图 2-19 所示。

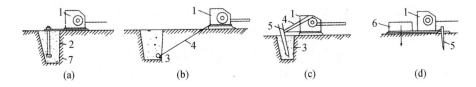

图 2-19　卷扬机的四种锚固方法
（a）螺栓锚固法；（b）水平锚固法；（c）立桩锚固法；（d）压重锚固法
1—卷扬机；2—地脚螺栓；3—横木；4—拉索；5—木桩；6—压重；7—压板

（二）卷扬机的使用操作要点

（1）卷扬机的操作手必须经过技术培训，了解所使用卷扬机的结构、性能，熟悉操作方法和保养规程，并经考核合格后方准单独进行操作。

（2）在正式作业前先空载试运转 5min，检查钢丝绳、离合器、制动器、传动滑轮及电控装置工作的可靠性，确认无误后方可进行作业。

（3）卷物机上的外层钢丝绳的绳速最快，其额定起重量不得超过外层钢丝绳所允许承受的最大静拉力，即不准超负荷使用。

（4）在卷扬机使用的过程中，严禁人员跨越正在运行受力的钢丝绳或在卷扬机前穿行，更不准用卷扬机运送施工人员。

（5）卷扬机在作业中如果遇到停电或发现机械故障、异常响声、制动不灵等现象时，应立即停止操作，切断电源排除故障后，方可继续使用。

（6）卷扬机卷筒上的钢丝绳应保持正确的顺序排列，以防止损坏联轴器或挤出卷筒，或挤压磨损钢丝绳。

（7）在进行卷扬机的操作中，司机应当精神集中，不得与别人闲谈或进行其他事情，必须严格执行操作规程，严禁酒后操作。

（8）下卷扬机使用完毕或下班前，要对卷扬机进行检查、清洁和保养，要切断电源，锁好闸箱。

（三）卷扬机的使用注意事项

（1）卷扬机的安装位置应选在地势较高、地基坚实的地方，一般距离起吊处在 15m 以上，以便于起吊构件时的操作和观察，同时也有利于排水。

（2）电动卷扬机必须有良好的接地或接零装置，接地电阻不得大于 10Ω。在一个供电网路上的接地或者接零，不得出现混用。

（3）卷扬机在正式使用前，要先空运转作空载正、反转试验 5 次，达到运转平稳，无不正常响声，传动和制动机构灵活、可靠，各紧固件及连接部位无松动现象，润滑良好，无漏油现象。

（4）卷扬机卷筒轴线应与前面第一个导向滑轮的轴线平行，两者之间的距离应大于卷筒宽度的 20 倍，绳索绕到卷筒两边的倾角不得超过 1.5°。

（5）钢丝绳的选用应符合产品说明书中的规定。卷筒上的钢丝绳全部放出时应留有不少于 3 圈，钢丝绳的末端应固定、可靠，卷筒边缘外周至最外层钢丝绳的距离，应不小于钢丝绳的 1.5 倍。

（6）卷扬机卷筒上的钢丝绳应排列整齐，如果发现有重叠或斜绕时，应停机重新进行排列。严禁在卷筒转动中用手脚去拉、踩钢丝绳。

（7）在吊装施工中和物体提升后，操作人员不得离开工作岗位。在停电或休息时，必须将提升物降至地面。

三、自行式起重机

自行式起重机是水暖管道工程施工中应用最广泛的一种起重机械，主要包括履带式起重机、轮胎式起重机和汽车式起重机三种。这类起重机最大的优点是灵活性大、移动方便，能为整个建筑工地流动服务。起重机是一个独立的整体，一到现场即可投入吊装作业，不需要进行安装和拆卸等工作，但稳定性稍差。

（一）履带式起重机

履带式起重机是一种 360°全回转式起重机。由于履带与地面接触面比较大，所以对地面产生的压强比较小，行走时一般不超过 0.2MPa，起重时不超过 0.4MPa。因此，履带式起重机对施工现场路面要求不高，在一般较平坦坚实的地面上能负荷行驶。工作时，起重臂可根据需要分节接长，是结构吊装工程中常用的起重机械之一。但是，其稳定性较差，行走速度慢，对路面易造成损坏，在工地之间转移需要用平板拖车载运。

履带式起重机由行走装置（履带）、工作机构（起重滑轮组、变幅滑轮组、卷扬机等）、机身、平衡重和起重臂等组成，如图 2-20 所示。

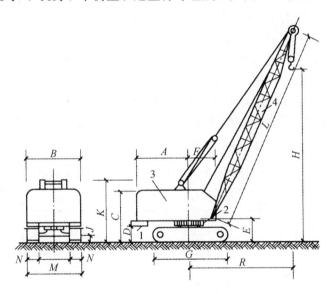

图 2-20　履带式起重机示意

1—行走装置；2—回转机构；3—机身；4—起重臂

A，B，C…G，M，N—外形尺寸；L—起重臂长度；H—起重高度；R—起重半径

1. 履带式起重机的技术性能

履带式起重机的技术性能参数，主要包括起重量 Q、起重高度 H 和回转半径 R。起重量 Q 是指起重机在相对的起重臂臂长和仰角时，安全工作所允许的最大吊起重量；起重高度 H 是指起重机吊钩在竖直上限位置时，吊钩中心至停机面的垂直距离；回转半径 R 是指起重机回转中心至吊钩中垂线的水平距离。

起重量 Q、起重高度 H 和回转半径 R 三个技术参数相互制约，其数值取决于起重臂的长度及其仰角。各种型号的起重机均有不同的几种臂长，当臂长一定时，随着起重臂仰角的增大，起重量和起重高度增加，但起重半径相应减小；当起重臂仰角一定时，随着起重臂长度的增加，起重半径和起重高度也相应增加，但起重量减少。

履带式起重机的技术性能参数之间的关系为：回转半径与起重量和起重高度有反比的关系。回转半径增大，起重量和起重高度缩小。反之，回转半径缩小，起重量和起重高度增大。

起重量 Q、起重高度 H 与起重臂长度 L 及其仰角 α 之间的几何关系为

$$R = F + L\cos\alpha \tag{2-1}$$

$$H = E + L\sin\alpha - d_0 \tag{2-2}$$

式中　R——履带式起重机的起重半径（m）；

F——起重臂下铰中心距回转中心距离（m）；

L——起重臂的长度（m）；

α——起重臂的仰角（°）；

E——起重下铰中心距地面的高度（m）；

d_0——吊钩中心至起重臂顶端定滑轮中心最小距离（m）。

常用履带式起重机的起重性能、外形尺寸及技术参数见表 2-17；此外，还可用性能曲线来表示起重机的性能（图 2-21）。

表 2-17　国内生产的几种履带起重机主要技术性能

起重机型号		W_1-100	QU20	QU32A	QUY50	W200A	KH180-3
最大起重量/ t	主钩	15	20	36	50	50	50
	副钩	—	2.3	3.0		3.0	
最大起重高度/ m	主钩	19	11.0	29.0	9~50	12~36	9~50
	副钩	—	27.6	33.0		40.0	
起重机臂长/ m	主钩	23	13~30	10~31	13~52	15;30;40	13~62
	副钩	—	5.0	4.0		6.0	6~15
最大爬坡度/°		20	36	30	40	31	40
接地压力/MPa		0.089	0.096	0.091	0.068	0.123	0.061
起升速度/(m/min)		23.4	46.8	7.95~23.8	35;70	2.94~30	35;70
行走速度/(km/h)		1.5	1.1	1.26	1.1	1.5	1.5
发动机	型号	6135K—1	6135—1	6135AK—1	6135K—15	12V135D	PD604
	功率/kW	88.0	110	110	128	176	110
外形尺寸/ mm	长度	5303	5348	6073	7000	7000	7000
	宽度	3120	3488	3875	4300	4000	4300
	高度	4170	4170	3920	3300	6300	3100
整机自重/t		40.74	44.50	51.15	50.00	75;77;79	46.90

从起重机技术性能表和性能曲线中可以看出起重量 Q、起重高度 H 和回转半径 R 三个技术参数的关系。

为了保证起重机的使用安全，履带式起重机在进行安装工作时，起重机吊钩中心与臂架顶部定滑轮之间，应有一定的最小安全距离，其值应根据起重机的大小而确定，一般为 2.5～3.5m。起重机进行工作时，应对现场的道路采用枕木或钢板焊成路基箱垫好道路，以保证起重机的工作安全。起重机工作时的地面允许最大坡角，一般不应超过 3°，起重臂的最大仰角不得超过 78°。当起吊最大额定重物时，起重机必须置于坚硬而水平的地面上，如果地面松软而不平整时，应采取措施夯实平整。

在起吊过程中的一切动作均要以缓慢速度进行，一般不宜同时进行起吊和旋转的操作，也不宜边起重边改变起重臂的幅度。如起重机必须负载行驶时，载荷量不应超过允许重量的 70%。起重机吊起满载荷重物时，应当先起吊离开地面 20～50cm，检查起重机的稳定性、制动器的可靠性和绑扎的牢固性等，待确认完全可靠后才能正式起吊。当采用两台起重机抬吊重物时，构件重量不得超过两台起重机所允许起重总和的 75%。

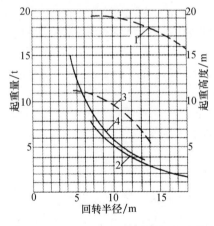
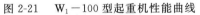

图 2-21　W_1—100 型起重机性能曲线

1—起重臂长 23m 时起重高度曲线；
2—起重臂长 23m 时起重量曲线；
3—起重臂长 13m 时起重高度曲线；
4—起重臂长 23m 时起重量曲线

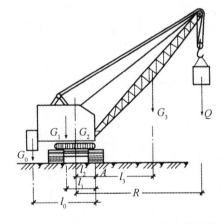

图 2-22　履带式起重机稳定性计算简图

2. 履带式起重机的稳定性验算

履带式起重机在进行满负荷吊装或接长起重臂时，必须进行稳定性验算，以确保吊装施工安全，不致在吊装中发生倾倒事故。进行履带式起重机稳定性验算时，应选择起重最不利位置，即车身与行驶方向垂直位置进行验算，计算简图如图 2-22 所示。此时以履带的中点 A 为倾覆中心。起重机必须满足以下条件：

（1）当考虑吊装荷载及所有附加荷载（包括风荷载、吊钩制动时的惯性力、起重机回转时所产生的离心力等），其稳定安全系数为

$$K_1 = 稳定力矩/倾覆力矩 \geqslant 1.15 \tag{2-3}$$

（2）当仅考虑吊装荷载，不考虑附加荷载，其稳定安全系数为

$$K_2 = 稳定力矩/倾覆力矩 \geqslant 1.40 \tag{2-4}$$

为简化计算，在验算履带式起重机的稳定性时，一般不考虑附加荷载，根据图 2-9 中所示，可列出以下稳定性计算公式

$$K = (G_1 l_1 + G_2 l_2 + G_0 l_0 - G_3 l_3)/Q(R - l_2) \geqslant 1.40 \tag{2-5}$$

式中　G_0——机身尾部平衡块体的质重（kN）；

G_1——起重机机身可转动部分的质量（kN）；

G_2——起重机机身不转动部分的质量（kN）；

G_3——起重臂的质量（kN）；

Q——吊装荷载，包括构件重力和索具重力（kN）；

R——起重机的工作半径（m）；

l_0——机身尾部平衡块体的重心至倾覆中心 A 点的距离（m）；

l_1——起重机机身可转动部分的质量的重心至倾覆中心 A 点的距离（m）；

l_2——起重机机身不转动部分的质量的重心至倾覆中心 A 点的距离（m）；

l_3——起重臂的质量的重心至倾覆中心 A 点的距离（m）。

用公式（2-5）进行稳定性验算后，如果不满足等于或大于 1.40 的要求，可采取增加配重等措施加以解决。

3. 履带式起重机的起重臂接长计算

当起重机的起重高度或工作半径不满足吊装施工要求时，在起重臂本身的强度和稳定性确保的前提下，可将起重臂适当接长。接长后的起重臂能否满足吊装要求的最大起重量，需要根据力矩等量换算原理进行计算。接长起重臂后的受力情况如图 2-23 所示，其力矩等量换算公式为

$$Q = [Q(2R - M) - G'(R' + R - M)]/(2R' - M) \tag{2-6}$$

式中　G'——起重臂接长部分的重量（kN）；

R'——起重臂接长后的工作半径（m）；

M——起重机的履带架宽度（m）。

（二）轮胎式起重机

轮胎式起重机的外形和构造基本上与履带式起重机相似，是把起重机构

安装在加重型轮胎和轮轴组成的特制底盘上的一种自行式全回转起重机，如图 2-24 所示。随着起重量的大小不同，底盘下装有若干根轮轴，配备有 4～10 个或更多的轮胎。

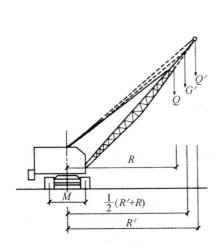

图 2-23　接长起重臂后的受力情况

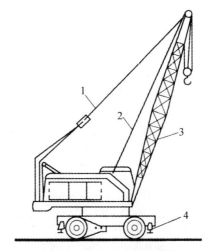

图 2-24　轮胎式起重机外形
1—变幅索；2—起重索；3—起重杆；4—支腿

在进行吊装时，一般用四个支腿支撑于地面，以保证机身的稳定性，并保护轮胎不受过大压力。轮胎式起重机的优点是运行速度快，能迅速转移施工地点，不损伤行驶路面，但不宜在松软或泥泞的地面上作业。轮胎式起重机可用于装卸和一般工业厂房构件的安装。

轮胎式起重机按传动方式不同，可分为机械式、电动式和液压式三种，近几年来，机械式已被淘汰，液压式也代替了电动式。在建筑工程中常用的液压式轮胎起重机主要有 QL1－16 型、QL2－8 型、QL3－16 型、QL3－25 型和 QL3－40 型等多种，其中，QL3－40 型的最大起重量为 40t，最大臂长可达 42m。

（三）汽车式起重机

汽车式起重机是把起重机构安装在普通汽车底盘上或专用汽车底盘上的一种自行式全回转起重机。这种起重机的行驶驾驶室和起重操作室是分开设置的，起重臂有桁架式和伸缩式两种。伸缩式汽车起重机可自动逐节伸缩，并具有各种限位和报警装置。

汽车式起重机有 Q_1 型（机械传动和操作）、Q_2 型（全液压式传动和伸缩式起重臂）、Q_3 型（电动机驱动各工作机构）以及 YD 型随车起重机和 QY 系列起重机等，最常用的是全液压式传动和伸缩式起重臂汽车起重机（图2-25）；按起重量大小不同，可分为轻型（起重量为20t以下）起重机、中型（起重量为20～50t）起重机和重型（起重量大于50t）起重机三种。

汽车式起重机的优点是行驶速度快、转移非常方便、对路面破坏性小，但在起重时必须使用支腿维持其稳定性，因而不能负荷行驶，适用于流动性大或经常改变作业地点的吊装。如重型 Q₂－32 汽车式起重机，其起重臂长达30m，最大起重量为32t，可满足一般工业厂房的构件安装和混合结构的预制板安装的需要。目前，我国已引进巨型汽车式起重机，其最大起重高度可达75.6m，最大起重量可达120t，完全可满足吊装重型构件的需要。

部分国产汽车式起重机的技术性能指标见表2-18。

表 2-18 部分国产汽车式起重机的技术性能指标

技术性能		单位	起重机型号								
			QY8				QY16			QY32		
起重臂的长度		m	6.95	8.50	10.15	11.70	8.80	14.40	20.0	9.50	16.5	30.0
最小起重半径		m	3.20	3.40	4.20	4.90	3.80	5.00	7.40	3.50	4.00	7.20
最大起重半径		m	5.50	7.50	9.00	10.5	7.40	12.0	14.0	9.00	14.0	26.0
起重量	最小起重半径时	kN	80.0	67.0	42.0	32.0	160	80.0	40.0	320	220	80.0
	最大起重半径时	kN	26.0	15.0	10.0	8.00	40.0	10.0	5.00	70.0	26.0	6.00
起重高度	最小起重半径时	m	7.50	9.20	10.6	12.0	8.40	14.1	19.0	9.40	16.45	29.43
	最大起重半径时	m	4.60	4.20	4.80	5.20	4.00	7.40	14.2	3.80	9.25	15.3

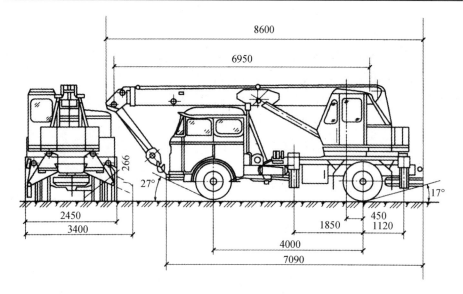

图 2-25 汽车式起重机示意图

第三节　水暖工常用钻孔设备

在水暖管道工程安装施工中，经常需要加工各种孔洞，如在金属构件上和墙体上钻孔等。在水暖管道工程安装施工中，用到的钻孔设备种类很多，常用的主要有台钻、手电钻和冲击电钻等。

一、台钻

台钻是一种可以放在工作台上使用的小型钻床，是一种五金手动加工工具，主要适用于在金属材料上钻孔和扩孔，一般多用于加工直径 15mm 以下的孔。台钻的种类、规格虽然很多，但其结构和传动方式是相同的。

（一）台钻的结构组成

图 2-26 所示是 Z4012 型台钻总体结构图，这种台钻主要由底座、立柱、头架、电动机、传动部分和电气部分组成。

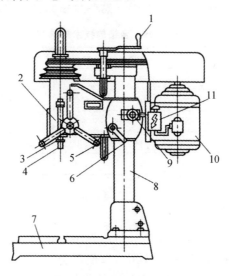

图 2-26　Z4012 型台钻总体结构图

1—机头升降手柄；2—头架；3—锁紧螺母；4—主轴；5—进给手柄；6—工作台锁紧
手柄；7—底座；8—立柱；9—螺钉；10—电动机；11—电气盒及转换开关

（1）底座。底座 7 的上平面是工作台面，中部有一个 T 形槽，用来夹装工件或夹具，底座四角有安装用的螺孔。

（2）立柱。立柱 8 固定在底座上，立柱的截面是圆形，它的顶部是头架升降机构。

（3）头架。头架 2 安装在立柱上，用手柄 6 进行锁紧。主轴（又称为钻轴）4 安装在头架孔内，主轴是台钻的工作部分。主轴上部固定一个五级从动的带轮，下部的锁紧螺母 3 供更换或拆下钻夹头时使用。头架上还有手动进给机构。

（4）电动机。电动机 10 是台钻的动力装置，它利用托板安装在头架的后面。

（5）传动部分。在电动机输出轴上固定一个五级主动带轮，通过 V 带与主轴上的从动带轮构成台钻的传动部分。松开螺钉 9，可使托板带动电动机前后移动，可用以调节 V 带的松紧度。

（6）电气部分。电气盒及转换开关 11 在台钻的右侧，操作转换开关可以使主轴正转、反转者停上旋转。

（二）台钻的型号规格

在水暖管道工程施工中常用的台钻有 Z4002 型、Z4006 型、Z512 型、Z－512－1 型、Z4012 型和 ZQ4015 型等，这些台钻的技术规格，见表 2-19。

表 2-19　台钻的技术规格

型号规格	Z4002	Z4006	Z512	Z－512－1	Z4012	ZQ4015
最大钻孔直径/mm	2.0	6.0	12.0	12.7	12.0	15.0
主轴转速级数	3.0	3.0	5.0	5.0	5.0	5.0
主轴转速/(r/min)	300～8700	1450～5800	480～4100	480～4100	480～4100	480～4100
主轴最大行程/mm	20	60	100	100	100	100
电动机容量/kW	0.09	0.25	0.60	0.60	0.60	0.60

（三）台钻的使用维护

（1）台钻在正式使用前，操作人员应熟悉其结构、性能和各项技术指标，也应了解润滑系统和各个手柄的作用，以便快速、准确操作。

（2）在台钻整个操作的过程中，要始终使工作台面保持清洁，经常进行清理，但不得直接用手或口吹的方式。

（3）在头架移动之前，必须首先松开锁紧的手柄，不要硬性进行移动，调整后要重新进行紧固。

（4）在操作的过程中需要变速时，应当先停车并关闭电源，然后再进行调整，千万不要在运行中随意改变其速度。

（5）在进行钻孔操作时，必须使钻头通过工作台上设置的孔洞，或在工件下垫上垫铁，以防止钻透工作台面。

（6）如果在台钻的工作中发生故障或有不正常的响声，应立即停车进行检查，待查明原因、维修合格后才开始作业。

（7）工作完毕应清除台钻上的铁屑和尘污，将外露的滑动面和工作台面擦干净，并对各滑动面及各注油孔注油保养。

二、手电钻

手电钻是一种体积较小、自重较轻的手提式电动工具，也是用来对金属或木材、塑料、陶瓷等材料工件进行钻孔的小型工具。这种工具具有使用灵活、携带方便、操作简单等特点，因此，在水暖管道工程和装修工程施工中广泛应用。

手电钻的规格以对 45 号钢钻孔时允许使用的最大钻头直径来表示，当对有色金属、塑料、木材等材料工作钻孔时，其最大钻孔直径可比原额定直径增大 30%～50%。

（一）手电钻的基本类型

手电钻按照电动机的形式不同，可分为单相串激式（J1Z 系列）和三相工频式（J3Z 系列）。J1Z 系列手电钻的规格为 6～19mm，J3Z 系列手电钻的规格为 13～49mm。J1Z 系列手电钻按其额定电压不同，又有 36V、110V 和 220V 三种类型，其中 36V 手电钻的安全性最好，一般宜采用这种手电钻。

J1Z 系列手电钻的技术规格见表 2-20；J3Z 系列手电钻的技术规格见表 2-21。

表 2-20　J1Z 系列手电钻的技术规格

型号规格	J1Z－6	J1Z－10	J1Z－13	J1Z－19	J1Z－23
最大钻孔直径/mm	6	10	13	19	23
额定转速/(r/min)	720～850	450～510	330～390	330	300
空载转速/(r/min)	1400	900	600	530	530
额定功率/W	100	210	200	300	600
额定转矩/(N·m)	0.9	2.4	4.2～4.5	13	20
额定电压/V	36 110 220	36 110 220	36 110 220	110 220	220

表 2-21　J3Z 系列手电钻的技术规格

型号规格	J3Z—13	J3Z—13—1	J3Z—19	J3Z—23	J3Z—32	J3Z—38
最大钻孔直径/mm	13	13	19	23	32	38
额定转速/(r/min)	530	1200	290	235	175	145
额定转矩/(N·m)	5	5	13	20	55	80
额定电压/V	38	220	380	380	380	380

（二）手电钻的基本结构

手电钻的外形及手柄的结构随着电钻的规格大小不同而异，如钻孔直径大于 13mm 的手电钻，由于其体形和质量均比较大，所以一般都采用双侧手柄结构，并带有后托架，如图 2-27（a）所示，以便在钻孔时向工件施加轴向推压力。钻孔直径小于 10mm 的小型手电钻，一都般采用手枪式结构，如图 2-27（b）所示。

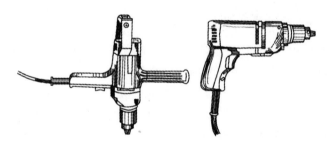

图 2-27　手电钻的基本结构

（三）手电钻的使用操作

（1）在使用手电钻钻孔时，应根据钻孔直径的大小来选择相应规格的手电钻，以便充分发挥手电钻的性能和结构特点，使其既便于操作，又能防止手电钻因过载而烧坏电动机。

（2）钻孔直径为 13mm 以下的手电钻采用三爪式钻头，钻孔直径超过 13mm 的手电钻则采用圆锥套筒来连接主轴与钻头。

（3）在正式钻孔前，必须空转 1min，检查传动部分运转是否正常、钻头是否偏摆、螺钉是否脱落、声音是否正常，如果有异常现象，应当先排除故障，待正常后才能使用。如 J3Z 系列手电钻旋转方向不对时，则可将插头内任意两根线的位置进行互换即可。

（4）在钻孔操作过程中，用力要适宜，不可过猛，以防止电动机过载。

当遇到转速出现明显降低时，应减轻所施加的压力；当遇到转速过快时，也应适当减轻压力，以防止过快钻通而发生事故。如果手电钻因故突然停止或卡钻，应立即切断电源，检查原因，修理好后再开机。

（5）手电钻的减速箱及轴承处的润滑脂要保持清洁，并按要求及时进行添加或更换，以确保手电钻的正常运转。

（6）在调换手电钻的钻头时，一定要先拔下电源插头，在插入插头时开关应在断开位置，以防止突然启动而造成危险。手电钻不用时应放在干燥、清洁和没有腐蚀性气体的环境中，切忌将手电钻随意乱放。

三、冲击电钻

冲击电钻是以旋转切削为主，兼有依靠操作者推力产生冲击力的冲击机构，是主要用于砖、混凝土砌块及轻质墙等材料上钻孔的电动工具。

冲击电钻又称冲击钻（图 2-28），这种钻具有一机二用的特点。使用时把旋钮调到旋转位置时，配上普通麻花钻头，可以与手电钻一样，能在金属、木材、塑料等材料上钻孔；把旋钮调到冲击位置时，配上镶嵌硬质合金冲击钻头，便能在砖、混凝土、砌块、陶瓷等脆硬材料上钻孔。因此，冲击电钻广泛应用于建筑、装修、管道安装等工程中的钻孔作业，是一种高效、省力的钻孔电动工具。

图 2-28 冲击电钻外形示意图

（一）冲击电钻的形式和规格

冲击电钻按其冲击机构的不同，可分为犬牙式冲击电钻和钢球式冲击电钻，在水暖管道工程中常用的是犬牙式冲击电钻。按主轴转速能否调节区分，又可分为单速冲击电钻和双速冲击电钻。双速冲击电钻的主轴转速有两档，可根据所需钻孔材料类型和钻头直径来选择其转速。

冲击电钻的规格是指加工砖、轻质混凝土等材料时的钻头最大直径。在水暖管道工程中常用的冲击电钻型号、规格，见表 2-22。

表 2-22　冲击电钻的型号规格

型号规格		Z1J—12	Z1J—12/8	Z1J—15/10	Z1J—20/12
最大钻孔直径/ mm	钢铁中	10	10	10	16
	砖墙中	12	12/8	16/10	20/12
额定电压/V		240、220、110			
频率/Hz		50～60			
输入功率/W		390	390	470	640
额定转速/(r/min)		700	700/1300	800/1500	480/850
额定冲击次数/min		14000	14000/26000	16000/30000	9600/17000

（二）冲击电钻的使用和维护

（1）在正式钻孔前，应使冲击电钻先空转 1min，检查传动部分和冲击机构转动是否灵活、正常，如果不正常，应进行修理，待完全正常后方可正式钻孔。

（2）在钻孔时使用的钻头必须锋利，并待冲击电钻运转正常时，方可进行钻孔或冲击。在钻孔给进时，用力不可过猛，遇到转速急剧下降，应减少用力，以防止出现过载。当冲击电钻出现突然停转或卡住时，应立即切断电源进行检查，修理好后才能再进行钻孔作业。

（3）不得超过额定的钻孔范围进行超负荷作业或连续作业。当在钢筋混凝土结构上钻孔时，应先识读结构的钢筋分布图，设法避开钢筋所在位置，以避免钻头正好打在钢筋上。

（4）当使用双速冲击电钻，在混凝土、砖墙等脆性材料中进行钻孔时，一般应采用高速；在钢材上进行钻孔时，通常孔径大于 10mm 采用低速，孔径小于 10mm 采用高速。

（5）当电刷磨损到不能使用时，必须将两只电刷进行更换，否则会使电刷与换向器接触不良而引起环火，将换向器损坏，严重时还会烧坏电枢。

（6）冲击电钻在使用的过程中，其风道必须畅通，并防止铁屑或其他杂物进入内部而损坏零件。

（7）冲击电钻的减速器和轴承处的润滑脂，要经常保持其清洁，并注意要随时进行添加或更换。

第四节　水暖工常用切割设备

在加工预制和安装管道时，为了使管子的长度符合实际需要，要对管子进行切割下料。切割管子的方法很多，有锯削、车削、磨削、气割、等离子切割等，其中常用的是前三种，也称为机械法切割。

切割管子设备按切割过程不同可分为两种类型：一种是刀具固定在刀架上，管子在刀具下转动而切割；另一种是管子固定不动，让刀具转动或往复移动而切断。

管道加工厂内的机械切割管子设备，有专用的切割管子机械和普通车床，可以满足切割质量高、管子直径大、切割数量多的要求。在施工现场切割管子，多采用便携式切割机具。

一、金刚砂锯片切割机

金刚砂锯片切割机利用磨削原理切割管子，主要适用于坚硬的合金钢管的切割。这种切割机质量较轻、携带方便、易于操作，便于施工现场安装使用。

（一）金刚砂锯片切割机的结构组成

金刚砂锯片切割机，主要由电动机、传动机构、锯片、工作台、摇臂、进刀装置、夹管器具等组成，如图 2-29 所示。工作台 9 与支架 1 固定，这是切割机的安装基础；管子 8 安装固定在夹管器具 7 中；摇臂 3 的中部用销子支撑在支架上。电动机 4 装在摇臂一侧，锯片的轴支撑于摇臂的另一侧，电动机通过 V 带传动，将动力传给锯片的轴使锯片旋转。进给装置由踏板 10 和

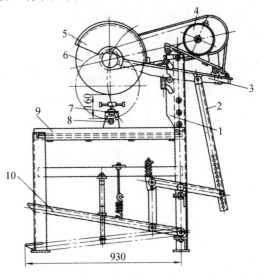

图 2-29　金刚砂锯片切割机

1—支架；2—传力杆；3—摇臂；4—电动机；5—安全罩；
6—锯片；7—夹管器；8—管子；9—工作台；10—踏板

数个传力杆 2 组成，它们用铰链和弹簧分别与支架和摇臂连接。

在接通电源后，压下踏板，通过传力杆将摇臂右侧抬起，摇臂左侧下降，便可进行切割作业。松开踏板后，在电动机自重及弹簧作用下，摇臂和进给装置复回原位。但在管道工程安装现场，这种切割机由于比较笨重，应用不太广泛，常使用的是便携式金刚砂锯片切割机。

便携式金刚砂锯片切割机（图 2-30），其工作原理与便携式金刚砂锯片切割机基本相似，主要区别在于进给装置不同。但结构比较简单，自重比较轻，使用方便，在实际工程中应用较多。

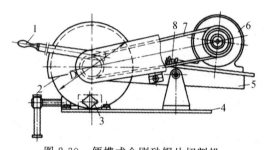

图 2-30　便携式金刚砂锯片切割机
1—手柄；2—锯片；3—夹管器；4—底座；
5—摇臂；6—电动机；7—V 带；8—张紧装置

（二）金刚砂锯片切割机的技术性能

金刚砂锯片切割机的技术性能，见表 2-23。

表 2-23　金刚砂锯片切割机的性能指标

性能指标	金刚砂锯片切割机	便携式金刚砂锯片切割机	性能指标	金刚砂锯片切割机	便携式金刚砂锯片切割机
切割管子直径/mm	18～159	18～57	锯片转速/(r/min)	2375	5460，3600
锯片直径/mm	可更换，<400	200，300	锯片圆周速度/(m/s)	50	57，55
切口宽度/mm	3～4	2.3	质量/kg	182	80

（三）金刚砂锯片切割机的注意事项

（1）正式使用前先试运转 1min，观察切割机的各部分运转是否正常。

（2）所要切割的管子一定要用夹具夹紧，不允许出现松动现象，以免在切割时因晃动而损坏锯片。

（3）操作人员不可正面对着锯片，以免碎片飞出时造成危险，没有设置防护罩的切割机不得进行操作。

（4）在进行管子切割的过程中，不能关闭电源，以避免事故的发生。

（5）在进行管子切割的过程中，进给的速度要适宜，既不要速度过快，也不能强力推进。

（6）如管子的长度较长，在进行切割时必须将较长一端支架水平，千万不要悬空状态进行切割。

二、电动爬行式切割机

电动爬行式切割机，又称为"自爬式电动切割机"，这种机具的特征是：包括至少一根围绕被切割管、将机体紧箍在被切割管外周并作为机体在被切割管外周的爬行轨道的链条；机体包括爬行机构和割具，爬行机构由以至少一对爬行轮、与爬行轮同轴设置并与链条啮合传动的链轮构成；切割机具是以随爬行机构在被切割管外周公转的固定架为切割机具的机架，切割机具上具有电机驱动的、在被切割管管壁上形成自转的刀头。

当前，一种实用新型"万能电动自爬式割管机"，不受管径限制，集磨削、铣削、等离子和氧气等切割方式于一体，防水防爆，适用于各种施工环境，可以广泛应用在石油、化工、给水排水等各行业中。

电动爬行式切割机不仅可以用来切割管径较大的管材，而且还可以用于钢管焊接坡口的加工。由于这种切割机具有自重较小、切割方便等特点，在管道的安装工程中应用较为广泛，其结构组成如图 2-31 所示。

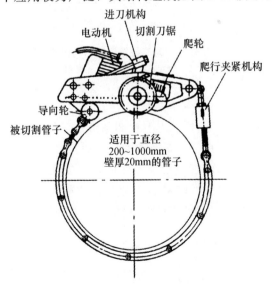

图 2-31　电动爬行式切割机示意图

三、普通简易锯床

普通简易锯床可以用来切割尺寸较大、数量较多的管子，也可以切割圆钢、型钢。其切割的端部比较规整、表面光滑、割口较窄，并可以进行与管子中心线成45°角的切割。

（一）普通简易锯床的结构组成

普通简易锯床主要由支架、夹管虎钳、电动机、摇拐机构、锯弓等组成，如图 2-32 所示。电动机是锯床的动力装置，锯弓 10 是切割的工作部分，摇拐机构是传动部分。摇拐机构是由曲柄连杆机构演变而来。其主动件是安装在电动机轴上的圆盘，圆盘上的偏心固定销与滑块 5 紧固。滑块 5 可以在从动件摇拐 4 滑槽内移动，摇拐下部与外壳 3 铰接连接。

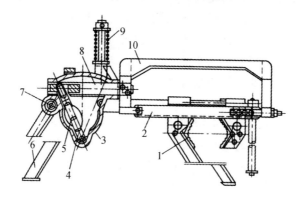

图 2-32　普通简易锯床的结构组成

1—夹管虎钳；2—锯片；3—外壳；4—摇拐；5—滑块；
6—支架；7—销轴；8—滑履；9—弹簧；10—锯弓

锯弓 10 与滑履 8 进行连接。以上三部分由外壳组成一个完整的锯身，支撑在支架 6 的销轴 7 上，并可绕着销轴进行摆动。

在切割管子时，将要切割的管子卡在固定于支架上的夹管虎钳内，接通电源后，摇拐机构将电动机的转动转变为摇拐的往复摆动，再转变为滑履及锯弓的往复运动，同时依靠锯身的自重和弹簧张力进给，从而进行切割。

（二）普通简易锯床的技术性能

普通简易锯床的技术性能，见表 2-24。

表 2-24　普通简易锯床的性能指标

技术性能		指　标	技术性能		指　标
切割管子的最大外径/mm	直口	250	每分钟的切口数	管径 50mm	15
	斜口（45°）	120		管径 76mm	10
锯条长度/mm		500		管径 102mm	7
锯架行程/mm		150	电动机功率/kW		1.7
切口宽度/mm		2.5	外形尺寸/mm		1470×1025×85.8
切割压力/N		686～1960	总质量/kg		630

（三）普通简易锯床的使用要点

（1）使用简易锯床之前，首先应检查锯弓安装是否牢固，切割交角是否正确，锯片松紧是否适当，如果不符合要求，必须调整合格后才能使用。

（2）在进行切割管子操作时，必须确保将管子夹紧，这是对确保操作安全和避免损坏锯片而提出的基本要求。

（3）在简易锯床的使用过程中，要随时注意观察其运转情况，出现异常情况时应立即关闭电源，并进行检查维修。

（4）应注意及时加入润滑剂，使销轴等部位具有良好的润滑。

四、套螺纹切割机

套螺纹切割机是一种具有套丝和切割两种功能的机具，其特点是无论对管子进行套丝或切割，加工质量均能满足现行标准的要求。

套螺纹切割机的结构组成如图 2-33 所示；套螺纹切割机的规格和型号见表 2-25。

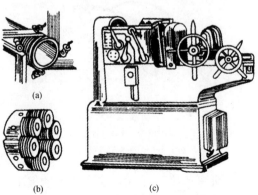

图 2-33　套螺纹切割机结构组成示意图
（a）切线板牙；（b）搓螺纹夹；（c）套螺纹切管机外形

表 2-25　套螺纹切割机的规格和型号

型　号	适用范围/mm	额定电流/A	额定电压/V	额定功率/kW	额定转速/(r/min)	机具尺寸/mm（长度×宽度×高度）	质量/kg
回 Z1F—50	13～50	3.18	220	0.45	11	460×270×330	12
回 Z1T—50	13～50	5.00	220	1.00	25	400×250×420	35
回 Z3T—75	13～75	1.85	380	0.75	—	950×550×435	100
回 Z3T—100	13～100	2.10	380	0.75	—	1000×550×600	165

第五节　水暖工常用弯管设备

弯头是管道工程安装中不可缺少、用量最大的部件，这些弯头部件除了采用冲压弯头外，多数是采用弯管法将管子制成需要的弯头。

用于弯管的设备种类很多：按弯管时是否加热，可分为冷弯式和热弯式；按动力来源不同，可分为手动式和电动式；按传动方式不同，可分为机械式和液压式；按管子的受力特点不同，可分为煨弯式和顶弯式。

一、手动液压弯管机

手动液压弯管机是一种小型弯管机，具有体积较小、操作省力、携带方便、不受场地限制等特点，主要适用于直径小于50mm的管子的弯制。各类手动液压弯管机的结构组成基本相同，主要由液压泵、弯管架、弯管胎模、液压缸、支架等组成，如图 2-34 所示。

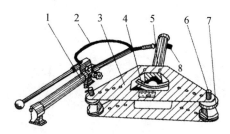

图 2-34　手动液压弯管机的结构
1—液压泵；2—高压胶管；3—弯管架；4—弯管胎模；
5—液压缸；6—销轴；7—滚轮；8—支架

由于手动液压弯管机弯曲半径较大，在弯曲中掌握不好，会使弯管椭圆度较大，在操作时应注意选择合适的配套组件，并掌握好摇动手柄的弯曲速度。在管道工程中常用的手动液压弯管机，主要有 WQJ—G60 型、WQJ—

G90 型和 WQJ－G108 型，其性能参数，见表 2-26。

表 2-26　常用手动液压弯管机的性能参数

型　号	最大工作压力/MPa	最大工作行程/mm	弯曲角度	油箱容量(15 号机油，kg)
WQJ－G60	45	250	90°≤α<180°	1.2
WQJ－G90	50	320	90°≤α<180°	2.5
WQJ－G108	63	415	90°≤α<180°	4.0

二、电动液压弯管机

电动液压弯管机是一种新型的弯管多用工具，主要由电动油泵、高压油管、快速接头、工作油缸、柱塞、弯管部件、模头、辊轴等组成。它具有结构合理、操作方便、使用安全、装卸快速、一机多用等优点。电动液压弯管机的外形如图 2-35 所示。

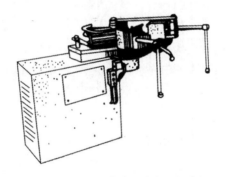

图 2-35　电动液压弯管机的外形

电动液压弯管机的型号有多种，其规格和性能见表 2-27。

表 2-27　电动液压弯管机的规格和性能

型号与名称	弯曲半径/mm	弯管速度/(r/min)	最大弯曲半径/mm	最小弯曲半径/mm	最大弯曲角度/°	电动机功率/kW
WA27Y－60 液压弯管机	25～60	1～2	300	75	190	5.5
WC27－108 机械弯管机	38～108	0.52	500	150	190	7.5
WA27Y－114 液压弯管机	114	0.5	600	150	195	11
WA27Y－159 液压弯管机	76～159	0.43	800	200	190	18.5
WK27Y－数控弯管机	25～60	1～2	300	75	—	5.5

三、电动螺柱顶杆弯管机

电动螺柱顶杆弯管机，是以电动机为动力，以蜗轮作用螺柱的顶杆，推动顶管的胎具，将管子顶弯至所需要的角度。电动螺柱顶杆弯管机的结构，如图 2-36 所示；电动螺柱顶杆弯管机的技术性能，见表 2-28。

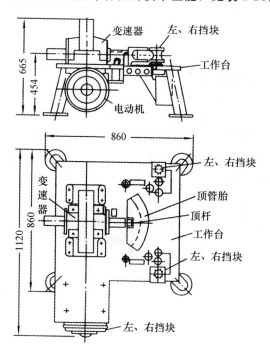

图 2-36　电动螺柱顶杆弯管机的结构示意图

表 2-28　电动螺柱顶杆弯管机的技术性能

技术性能		数据	技术性能	数据
管子弯曲半径/mm	DN25	240	顶管胎具的顶进速度/（mm/min）	4
	DN32	190	螺柱的最大行程/mm	260
	DN40	165	电动机功率/kW	2.8
	DN50	130	外形尺寸/mm	1120×860×665
弯曲角度/°		90	质量（带一套胎具）/kg	390

第六节　水暖工常用弧焊机

在水暖管道安装施工现场，经常需要用弧焊机焊接管道和其他工件，其中手工电弧焊，由于具有操作灵活、接头装配要求低、可焊金属面较广、设备组成简单等特点，在工程上被广泛应用。手工电弧焊，按电源不同可分为交流弧焊机和直流弧焊机，最常用的是交流弧焊机。

一、交流弧焊机的技术数据

交流弧焊机是以交流电的形式向焊接电弧输送电能的设备，也称为弧焊变压器。实际上就是一台具有一定特性的变压器，其主要特点是在次级回路（焊接回路）中增加阻抗，阻抗上的电压降随着电流的增加而增加，以此来获得陡降的外特性。

交流弧焊机按照获得陡降的外特性不同，可分为电联电抗器式弧焊机和增强漏磁式弧焊机。在水暖管道工程中常用的部分交流弧焊机，其型号及主要技术数据见表2-29。

表 2-29 部分弧焊变压器的型号及主要技术数据

结构特征及型号 技术数据		同体式		动铁式	动圈式	抽头式
		BX－500	BX2－1000	BX1－330	BX3－300	BX6－120－1
额定焊接电流/A		500	1000	330	300	120
电流调节范围/A		150～700	400～1200	50～450①	40～400①	45～160
次级空载电压/V		60	69～78	60～70	60～75	50
额定工作电压/V		30	42	30	30	24.8
初级电压/V		380	380	380	380	380
额定初级电流/A		84	196	56	54	15.8
额定负载持续率/%		65	60	65	60	20
额定输入容量/（kV·A）		32	76	21	20.5	6
效率/%		86	90	80	83	70
功率因数		0.52	0.62	0.50	0.53	0.60
质量/kg		290	560	185	190	25
外形尺寸	长/mm	810	741	882	520	400
	宽/mm	410	950	577	525	252
	高/mm	860	1220	786	800	193
用途		手工电弧焊电源，适用于厚钢板的焊接。使用焊条为φ2～φ7mm	埋弧自动焊电源。具有远距离调节电流装置	手工电弧焊电源，适用于中等厚度低碳钢的焊接。使用焊条为φ3～φ7mm	手工电弧焊电源，适用于中等厚度低碳钢的焊接。使用焊条为φ2～φ7mm	手工电弧焊电源，适用于焊接薄钢板，使用焊条为φ1.6～φ3.2mm

①分大小两档。

二、交流弧焊机的使用维护

（1）交流弧焊机应放置在通风良好、比较干燥、不靠近高温和空气中粉尘少的地方，要特别注意保持电焊机具有良好的散热条件。

（2）交流弧焊机在接入网路时，必须使电焊机与电网两者的电压相等，不能接入不同的电压。

（3）交流弧焊机在启动之前，电焊钳（或焊枪）不能与焊机、焊件接触，以防止出现短路。在焊接过程中也不能长时间短路，以避免烧坏电焊机。

（4）如需要调节电流和变换极性接法，应在空载的情况下进行。

（5）必须按照交流弧焊机额定的焊接电流和负荷持续率进行焊接，不允许超出焊接的允许范围。

（6）经常保持交流弧焊机的清洁，定期用干燥的压缩空气吹干净电焊机内部的灰尘。

（7）经常保持焊接电缆与交流弧焊机接线柱具有良好的接触，要经常检查并特别注意螺母的紧固情况。

（8）当交流弧焊机露天使用时，要注意防止灰尘和雨水侵入电焊机内部，需要移动电焊机时，不要使电焊机受到剧烈的震动。

（9）每台交流弧焊机都应有可靠的接地，在焊接前应检查接地情况是否良好。交流弧焊机发生故障时应立即切断电源，查明原因，及时检修，不允许在故障尚未排除时继续进行焊接操作。

（10）焊接操作完毕或临时离开操作现场时，必须及时切断交流弧焊机的电源，以避免发生事故。

第三章　水暖工程常用管材和管件

在水暖管道工程的施工中，水暖系统、给水系统和排水系统的组装都离不开一定规格、数量和质量的管材、管件、阀件和辅料。如何正确选用这些材料，是水暖管道工程设计和施工中的重要问题，也是水暖工必须掌握的基本知识。

第一节　水暖管道工程常用管材

水暖管道工程常用的管材和管件种类很多，在设计和施工中应根据工程的规模、用途、标准、造价和材料来源等各个方面，进行综合分析、科学选用。

一、管材通用标准及分类

（一）管材通用标准

各种用途的管道均由管子、管件和附件组成。为了便于厂家生产和设计选用，国家制定了统一技术标准，标准中包括公称直径、公称压力、试验压力和工作压力。

（1）公称直径。管材的公称直径用符号 DN 表示，在 DN 后注明直径数值，单位为 mm。公称直径不是管子的真实内径或外径，只是接近于内径。公称直径用于有缝钢管、铸铁管和混凝土管。而无缝钢管等其他管材，用外径乘以其壁厚表示。

（2）公称压力。公称压力是管子和附件的强度标准。随着温度的升高，材料的强度降低。因此，以某一温度下管材所允许承受的压力，作为耐压强度标准，这一温度称为基准温度。管材在基准温度下的耐压强度，称为公称压力，用符号 PN 表示。如公称压力 1.6MPa。

（3）试验压力。试验压力是在常温下检验管子及附件机械强度及严密性能的压力标准，试验压力用符号 p_s 表示。

（4）工作压力。工作压力是指管内流动介质的工作压力，工作压力用 p_t 表示，t 为介质最高温度 1/10 的整数值，如 p_{12} 中的"12"表示介质最高温度为 120℃。

（二）管材的分类

按管子的材质不同，管材可分为非金属管材和金属管材两大类。

（1）非金属管材。非金属管材可分为塑料管、复合管、混凝土管、钢筋混凝土预应力管、玻璃钢管、陶土管等。常见的塑料管，包括硬聚氯乙烯管（PVC－U）、聚丙烯管（PP－R）、聚乙烯管（PE）和工程塑料管（ABS）等；常见的复合管，包括铝塑复合管、钢塑复合管、玻璃钢复合管、橡胶塑料复合管、碳素钢衬橡胶管、直埋式复合保温管等。

（2）金属管材。金属管材可分为焊接钢管、无缝钢管、不锈钢管、铸铁管和有色金属管。常见的焊接钢管，包括镀锌钢管和非镀锌钢管；常见无缝钢管，包括一般无缝钢管和专用无缝钢管；常见的铸铁管，包括给水铸铁管和排水铸铁管；常见的有色金属管，包括铜管、铝管和合金管等。

二、焊接钢管和无缝钢管

（一）焊接钢管

焊接钢管按制造方法不同，可分为对缝焊接钢管和螺旋缝焊接钢管；螺旋缝焊接钢管的管径为 219～720mm、壁厚为 7～10mm，适用于介质压力不大于 2MPa、介质温度不大于 200℃ 的情况下，其规格用外径乘以壁厚表示。

焊接钢管按其壁厚不同，可分为普通焊接管和加厚焊接管。普通焊接管适用于公称压力小于等于 1.0MPa 情况下，加厚焊接管适用于公称压力小于等于 1.6MPa 的情况下。

根据管材内外的表面是否镀锌，又分为镀锌管和非镀锌管，但建筑给水系统中严禁使用冷镀锌钢管。焊接钢管的规格以公称直径（DN）表示，同一规格的管子、管件和附件具有通用性，可以相互连接。低压流体输送用的焊接钢管，其规格及理论质量见表 3-1。螺旋缝焊接钢管常用规格见表 3-2。

表 3-1　普通焊接钢管的规格及理论质量

公称直径/mm	公称外径/mm	普通管		加厚管	
		壁厚/mm	理论质量/(kg/m)	壁厚/mm	理论质量/(kg/m)
15	21.3	2.8	1.28	3.5	1.54
20	26.9	2.8	1.66	3.5	2.02
25	33.7	3.2	2.41	4.0	2.93
32	42.4	3.5	3.36	4.0	3.79

续表

公称直径/ mm	公称外径/ mm	普通管		加厚管	
		壁厚/mm	理论质量/(kg/m)	壁厚/mm	理论质量/(kg/m)
40	48.3	3.5	3.87	4.5	4.86
50	60.3	3.8	5.29	4.5	6.19
65	76.1	4.0	7.11	4.5	7.95
80	88.9	4.0	8.38	5.0	10.35
100	114.3	4.0	10.88	5.0	13.48
125	139.7	4.0	13.39	5.5	18.20
150	168.3	4.5	18.18	6.0	24.02

注：1. 表中的公称直径系近似内径的名义尺寸，不表示公称外径减去两个壁厚所得的内径。

2. 低压流体输送钢管分为不镀锌钢管和镀锌钢管；带螺纹（锥形和圆柱形螺纹）和不带螺纹钢管；按壁厚分为普通管、加厚管和薄壁管（较普通管壁厚薄0.75mm）。

3. 钢管长度：焊接钢管一般为4～10m，镀锌钢管为4～9m。

4. 钢管试验水压为：公称外径小于等于168.33mm，试验压力值为3MPa。

表 3-2　螺旋缝焊接钢管常用规格

外径/ mm	壁厚/mm				外径/ mm	壁厚/mm			
	7	8	9	10		7	8	9	10
	理论质量/（kg/m）					理论质量/（kg/m）			
219	36.60	—	—	—	426	72.33	82.47	92.55	—
245	41.09	—	—	—	478	81.31	92.73	104.01	—
273	45.92	52.28	—	—	529	90.11	102.90	115.40	—
325	54.90	62.54	—	—	630	107.50	122.70	137.80	152.90
377	63.87	—	81.67	—	720	123.50	140.50	157.80	175.10

焊接钢管一般用于给水、消防、采暖、燃气等管道系统，所以称为水煤气输送钢管。

（二）无缝钢管

无缝钢管是指采用轧制、拉拔、挤压或穿孔等方法生产的整根钢管表面没有接缝的钢管，是一种具有中空截面的圆形、方形、矩形钢材。无缝钢管是用钢锭或实心管坯经穿孔制成毛管，然后经热轧、冷轧或冷拨制成。

无缝钢管由于具有中空截面，所以大量用作输送流体的管道，钢管与圆钢等实心钢材相比，在抗弯、抗扭强度相同时，重量较轻，是一种经济截面钢材，广泛用于制造结构构件和机械零件，如石油钻杆、汽车传动轴、自行车架、建筑给水排水管道及建筑施工中用的钢脚手架等。

　　无缝钢管按制造方法不同，可分为热轧无缝钢管和冷拔无缝钢管两种。热轧无缝钢管的公称外径为 32～630mm，壁厚为 2.5～75mm；冷拔无缝钢管的公称外径为 5～200mm，壁厚为 0.25～14mm。同一外径的无缝钢管有多种壁厚，以满足不同工作压力的需要，所以无缝钢管的规格用外径乘以壁厚表示。常用热轧无缝钢管的规格见表 3-3。

表 3-3　热轧无缝钢管的规格

外径/mm	壁厚/mm								
	2.5	3.0	3.5	4.0	4.5	5.0	5.5	6.0	6.5
	钢管理论质量/(kg/m)								
32	1.82	2.15	2.46	2.76	3.05	3.33	3.59	3.85	4.09
38	2.19	2.59	2.98	3.35	3.72	4.07	4.41	4.73	5.05
42	2.44	2.89	3.32	3.75	4.16	4.56	4.95	5.33	5.69
45	2.62	3.11	3.58	4.04	4.49	4.93	5.36	5.77	6.17
50	2.93	3.48	4.01	4.54	5.05	5.55	6.04	6.51	6.97
54	—	3.77	4.36	4.93	5.49	6.04	6.58	7.10	7.61
57	—	3.99	4.62	5.23	5.83	6.41	6.98	7.55	8.09
60	—	4.22	4.88	5.52	6.16	6.78	7.39	7.99	8.58
63.5	—	4.48	5.18	5.87	6.55	7.21	7.87	8.51	9.14
68	—	4.81	5.57	6.31	7.05	7.77	8.48	9.17	9.86
70	—	4.96	5.74	6.51	7.27	8.01	8.75	9.47	10.18
73	—	5.18	6.00	6.81	7.60	8.38	9.16	9.91	10.66
76	—	5.40	6.26	7.10	7.93	8.75	9.56	10.36	11.14
83	—	—	6.86	7.79	8.71	9.62	10.51	11.39	12.26
89	—	—	7.38	8.38	9.38	10.36	11.33	12.23	13.22
95	—	—	7.90	8.98	10.04	11.10	12.14	13.17	14.19
102	—	—	8.50	9.67	10.82	11.96	13.09	14.20	15.31
108	—	—	—	10.26	11.49	12.70	13.90	15.09	16.27
114	—	—	—	10.85	12.15	13.44	14.72	15.98	17.23
121	—	—	—	11.54	12.93	14.30	15.67	17.02	18.35
127	—	—	—	12.13	13.59	15.04	16.47	17.90	19.31
133	—	—	—	12.72	14.26	15.78	17.29	18.79	20.28
140	—	—	—	—	15.04	16.65	18.24	19.83	21.40
146	—	—	—	—	15.70	17.39	19.06	20.72	22.36
152	—	—	—	—	16.37	18.13	19.87	21.60	23.32
159	—	—	—	—	17.14	18.99	20.82	22.64	24.44

　　无缝钢管的外径和壁厚允许有一定的偏差，并可分为普通级无缝钢管和

较高级无缝钢管两类，在定货和验收时应注意。钢管内外表面质量要求不得有裂纹、离层、折叠、结疤等缺陷。热轧无缝钢管的长度为 3～12m，冷拔无缝钢管的长度为 2～10.5m。

三、钢制管件和铸铁管件

（一）钢制管件

在水暖管道工程中常用的钢制管件，主要有钢制弯头、异径三通、异径管件、焊接弯头、折皱弯头等。

1. 钢制弯头、异径三通和异径管件

45°、90°有缝钢制弯头示意图如图 3-1 所示，其规格见表 3-4；有缝钢制异径三通示意图如图 3-2 所示，其规格见表 3-5；90°无缝钢制弯头示意图如图 3-3 所示，其规格见表 3-6；无缝钢制三通示意图如图 3-4 所示，其规格见表 3-7；无缝钢制异径管示意图如图 3-5 所示，其规格见表 3-8。

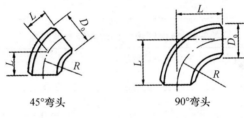

45°弯头　　　　　　　　　90°弯头

图 3-1　45°、90°有缝钢制弯头示意图

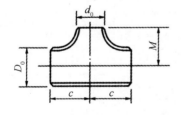

图 3-2　有缝钢制异径三通示意图

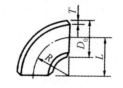

图 3-3　无缝钢制弯头示意图

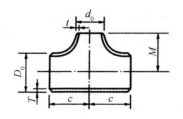

图 3-4　无缝钢制三通示意图

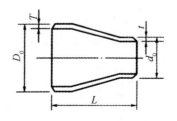

图 3-5　无缝钢制异径管示意图

表 3-4　45°、90°有缝钢制弯头的规格　　　　　　　　　　（mm）

公称直径 DN	端部外径 D₀	端部壁厚			中心至端面距离 L		
		PN1.0/MPa	PN1.6/MPa	PN2.5/MPa	45°弯头 R=1.5 DN	90°弯头 R=1.0 DN	90°弯头 R=1.5 DN
300	325	6	7	8	190	305	457
350	377	6	7	9	222	356	533
400	426	6	8	10	254	406	610
450	480	7	8	11	286	457	686
500	530	7	9	12	318	508	762
600	630	8	10	13	381	610	914
700	720	8	11	15	438	711	1067
800	820	9	12	16	502	813	1219
900	920	9	13	—	565	914	1372
1000	1020	10	14	—	632	1016	1524

表 3-5　有缝钢管制作的异径三通规格　　　　　　　　　　（mm）

公称直径 DN	端部外径		中心至端面距离		公称直径 DN	端部外径		中心至端面距离	
	D₀	d₀	c	D₀		D₀	d₀	c	D₀
300×300×250	325	273	254	241	450×450×300	480	325	343	321
300×300×200	325	219	254	229	450×450×250	480	273	343	308
300×300×150	325	159	254	219	500×500×400	530	426	381	356
350×350×300	377	325	279	270	500×500×350	530	377	381	356
350×350×250	377	373	279	257	500×500×300	530	325	381	346
350×350×200	377	219	279	248	500×500×250	530	273	381	333
400×400×350	426	377	305	305	600×600×500	630	530	432	432
400×400×300	426	325	305	295	600×600×400	630	426	432	406
400×400×250	426	273	305	283	600×600×350	630	377	432	406
400×400×200	426	219	3058	273	900×900×800	920	820	673	648
450×450×400	480	426	343	330	900×900×700	920	720	673	622
450×450×350	480	377	343	330	900×900×600	920	630	673	610

表 3-6　90°无缝钢制弯头的规格　　　　　　　　　　　　（mm）

公称直径 DN	坡口处外径 D_0	短半径弯头（$R=1.0\ DN$）				长半径弯头（$R=1.5\ DN$）			
		弯曲半径 R	中心至端面 L	壁厚 T		弯曲半径 R	中心至端面 L	壁厚 T	
				$PN2.5/$ MPa	$PN4.0/$ MPa			$PN2.5/$ MPa	$PN4.0/$ MPa
50	57	50	50	3.5	3.5	75	75	3.5	3.5
65	76	65	65	4.0	4.0	98	98	4.0	4.0
80	89	80	80	4.0	4.5	120	120	4.0	4.0
100	108	100	100	4.0	5.0	150	150	4.0	4.5
125	133	125	125	4.0	5.5	188	188	4.0	5.0
150	159	150	150	4.5	6.0	225	225	4.5	6.0
200	219	200	200	6.0	8.0	300	300	6.0	7.0
250	273	250	250	7.0	9.0	375	375	7.0	8.0
300	325	300	300	8.0	11	450	450	8.0	10
350	377	350	350	9.0	12	525	525	9.0	11
400	426	400	400	9.0	14	600	600	9.0	12
450	478	450	450	10	—	675	675	9.0	—
500	529	500	500	11	—	750	750	9.0	—
600	630	600	600	13	—	900	900	11	—

表 3-7　无缝钢制三通规格　　　　　　　　　　　　（mm）

公称直径 $DN×dN$	坡口处外径		中心至主管端 c	中心至支管端 M	坡口处壁厚			
	D_0	d_0			$PN2.5/$MPa		$PN4.0/$MPa	
					T	t	T	t
50×50	57	57	64	64	3.5	3.5	3.5	3.5
50×40	57	45	64	60	3.5	3.5	3.5	3.5
50×32	57	38	64	57	3.5	3.0	3.5	3.0
50×25	57	32	64	51	3.5	3.0	3.5	3.0
65×65	76	76	76	76	4.0	4.0	4.0	4.0
65×50	76	57	76	70	4.0	3.5	4.0	3.5
65×40	76	45	76	67	4.0	3.5	4.0	3.5
65×32	76	38	76	64	4.0	3.0	4.0	3.0
80×80	89	89	86	86	4.0	4.0	4.0	4.0
80×65	89	76	86	83	4.0	4.0	4.0	4.0
80×50	89	57	86	76	4.0	3.5	4.0	3.5

续表

公称直径 DN×dN	坡口处外径		中心至主管端 c	中心至支管端 M	坡口处壁厚			
	D_0	d_0			PN2.5/MPa		PN4.0/MPa	
					T	t	T	t
80×40	89	45	86	73	4.0	3.5	4.0	3.5
100×100	108	108	105	105	4.0	4.0	4.0	4.0
100×80	108	89	105	98	4.0	4.0	4.0	4.0
100×65	108	76	105	95	4.0	4.0	4.0	4.0
100×50	108	57	105	89	4.0	3.5	4.0	3.5
125×125	133	133	124	124	4.0	4.0	4.0	4.0
125×100	133	108	124	117	4.0	4.0	4.0	4.0
125×80	133	89	124	111	4.0	4.0	4.0	4.0
125×65	133	76	124	108	4.0	4.0	4.0	4.0
150×150	159	159	143	143	4.5	4.5	4.5	4.5
150×125	159	133	143	137	4.5	4.0	4.5	4.0
150×100	159	108	143	130	4.5	4.0	4.5	4.0
150×80	159	89	143	124	4.5	4.0	4.5	4.0

表 3-8　无缝钢制异径管规格　　　　（mm）

公称直径 DN×dN	异径管外径 $D_0 \times d_0$	壁　厚				长度 L
		PN2.5/MPa		PN4.0/MPa		
		T	t	T	t	
50×40	57×45	3.5	3.5	3.5	3.5	76
50×32	57×38	3.5	3.0	3.5	3.0	76
50×25	57×32	3.5	3.0	3.5	3.0	76
60×50	76×57	4.0	3.5	4.0	3.5	89
65×40	76×45	4.0	3.5	4.0	3.5	89
65×32	76×38	4.0	3.0	4.0	3.0	89
80×65	89×76	4.0	4.0	4.0	4.0	89
80×50	89×57	4.0	3.5	4.0	3.5	89
80×40	89×45	4.0	3.5	4.0	3.5	89
100×80	108×89	4.0	4.0	4.0	4.0	102
100×65	108×76	4.0	4.0	4.0	4.0	102
100×50	108×57	4.0	3.5	4.0	3.5	102
125×100	133×108	4.0	4.0	4.5	4.0	127

续表

公称直径 $DN \times dN$	异径管外径 $D_0 \times d_0$	壁 厚				长度 L
		$PN2.5/MPa$		$PN4.0/MPa$		
		T	t	T	t	
125×80	133×89	4.0	4.0	4.5	4.0	127
125×65	133×76	4.0	4.0	4.5	4.0	127
150×125	159×133	4.5	4.0	5.0	4.5	140
150×100	159×108	4.5	4.0	5.0	4.0	140
150×80	159×89	4.5	4.0	5.0	4.0	140
200×150	219×159	6.0	4.5	6.0	5.0	152
200×125	219×133	6.0	4.0	6.0	4.5	152
200×100	219×108	6.0	4.0	7.0	4.0	152
250×200	273×219	7.0	6.0	8.0	6.0	178
250×150	273×159	7.0	4.5	8.0	5.0	178
250×125	273×133	7.0	4.0	8.0	4.5	178
300×250	325×273	8.0	7.0	9.0	8.0	203
300×200	325×219	8.0	6.0	9.0	7.0	203
300×150	325×159	8.0	4.5	9.0	5.0	203

2. 焊接弯头

焊接弯头是由若干节焊接在一起而组成的，其节数多少与弯头角度直接有关。节数组成和弯头角度见表 3-9。焊接弯头的下料尺寸见表 3-10。

表 3-9 弯头角度及节数组成

弯头角度	节 数	其中		弯头角度	节 数	其中	
		中间节	端节			中间节	端节
90°	4	2	2	45°	3	1	2
60°	3	1	2	30°	2	0	2

表 3-10 焊接弯头的下料长度 (mm)

公称直径 DN	外径 D	最小弯曲半径及下料尺寸			常用弯曲半径及下料尺寸		
		R	$A/2$	$B/2$	R	$A/2$	$B/2$
100	108	110	44.0	15.0	160	57.5	28.5
125	133	140	55.5	20.0	190	71.5	33
150	159	160	64.5	21.5	220	80.5	37.5

公称直径 DN	外径 D	最小弯曲半径及下料尺寸			常用弯曲半径及下料尺寸		
		R	A/2	B/2	R	A/2	B/2
200	219	220	88.5	30.0	300	110	51
250	273	280	112	38.5	400	144	71
300	325	330	132	45.0	450	164	77
350	377	380	152	51.0	530	193	92
400	426	430	173	58.0	600	218	104
450	478	480	193	64.5	680	246	118
500	529	530	213	71.0	750	272	130
600	630	630	253	84.5	900	326	157

3. 折皱弯头

折皱弯头的加工应根据管径、弯曲半径、弯曲角度画出需要折皱的位置，其画线尺寸见图 3-6 和表 3-11。

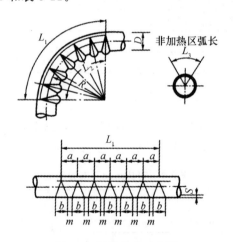

图 3-6　折皱弯头示意图

表 3-11　折皱弯头的画线尺寸 （mm）

公称直径 DN	外径 D	弯曲半径 R	节距尺寸 a	外圆弧长度 L_1	折皱数 n	加热部分最大宽度 b	不加热部分最小宽度 m	非加热区弧长 L_3
R=2.5 DN								
100	108	250	117	420	5	89	28	50
125	133	312	120	800	6	92	28	65
150	159	375	143	715	6	111	32	80

续表

公称直径 DN	外径 D	弯曲半径 R	节距尺寸 a	外圆弧长度 L₁	折皱数 n	加热部分最大宽度 b	不加热部分最小宽度 m	非加热区弧长 L₃
200	219	500	192	960	6	150	42	105
250	273	625	240	1200	6	191	49	130
300	325	750	238	1430	7	188	52	160
350	377	875	239	1670	8	183	56	190
400	426	1000	271	1900	8	208	63	210
450	478	1125	268	2140	9	205	63	240
500	529	1250	265	2380	10	202	63	260
600	630	1500	285	2850	11	215	70	320

(二) 可锻铸铁管件

可锻铸铁管件由可锻铸铁铸制并经加工内外螺纹而成，管件内外表面除螺纹外均需要镀锌，不镀锌管件用于不镀锌钢管的连接。管件的规格是以相连接的钢管公称直径来表示。

可锻铸铁管件根据管径与所连接管道直径不同，可分为同径可锻铸铁螺纹管件和异径可锻铸铁管件两种。

1. 同径螺纹管件

同径可锻铸铁螺纹管件的形式很多，如三通、四通、弯头、活接头、45°弯头、外方堵头等，各种管件的形状如图 3-7 所示，其规格见表 3-12。

表 3-12 同径可锻铸铁螺纹管件规格 （mm）

公称直径 DN	连接管辉纹 d/in	内螺纹长度	L	b	R	L₁	L₂	S	C	L₃	S₁	H	S₂	L₄
15	1/2″	11	26	45	32	20	48	46	52.5	22	12	10	32	46
20	3/4	12.5	31	55	42	23	54	50	57	26	17	11	36	50
25	1	14	35	72	52	27	59	65	70	30	19	13	46	58
32	11/4″	16	42	90	70	31	64	70	75	33	22	14	55	62
40	11/2″	18	48	105	80	35	69	80	86	37	24	14	60	66
50	2″	19	55	130	100	38	77	95	102	40	27	15	75	71
65	21/2″	22	65	165	130	45	85	115	123.5	46	32	18	95	80
80	3″	24	74	190	155	50	94	130	139.5	51	36	21	105	87
100	4″	28	90	245	205	60	108	170	183	57	41	24	135	98

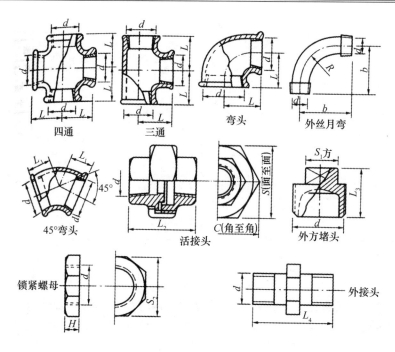

图 3-7　同径可锻铸铁螺纹管件的形式

2. 钢制及可锻铸铁管接头

钢制及可锻铸铁管接头，如图 3-8 所示，其规格见表 3-13。

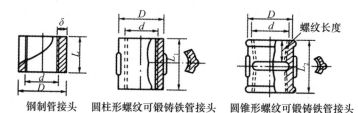

图 3-8　钢制及可锻铸铁管接头

表 3-13　钢制及可锻铸铁管接头规格

公称直径 DN		钢制管接头			可锻铸铁管接头				
		$L/$	$\delta/$	质量/	$D/$	圆柱形螺纹		圆锥形螺纹	
						$L_1/$	公称压力/	$L_2/$	公称压力/
mm	in	mm	mm	(kg/个)	mm	mm	MPa	mm	MPa
15	1/2″	35	5	0.066	27	34	1.6	38	1.6
20	3/4	40	5	0.110	35	38	1.6	42	1.6
25	1	45	6	0.210	42	42	1.6	48	1.6

续表

公称直径 DN		钢制管接头			可锻铸铁管接头				
						圆柱形螺纹		圆锥形螺纹	
		L/	δ/	质量/	D/	L_1	公称压力/	L_2	公称压力/
mm	in	mm	mm	(kg/个)	mm	/mm	MPa	/mm	MPa
32	1¼″	50	6	0.270	54	43	1.6	52	1.6
40	1½″	50	7	0.450	57	52	1.6	56	1.6
50	2″	60	7	0.630	70	56	1.0	60	1.0
65	2½″	65	8	1.100	88	64	1.0	66	1.0
80	3″	70	8	1.300	101	70	1.0	—	—
100	4″	85	10	2.200	128	84	1.0	—	—

3. 异径螺纹管件

异径可锻铸铁螺纹管件，主要包括异径弯头、异径三通、异径四通、内外螺纹管接头和异径管等。各种异径可锻铸铁管件形状，如图 3-9 所示；异径可锻铸铁管件的规格，见表 3-14。

表 3-14　异径可锻铸铁管件的规格

公称直径 DN×dN/mm	异径弯头及三通				管子补心				异径管		异径四通		
	L_1/mm	L_2/mm	弯头质量/(kg/个)	三通质量/(kg/个)	L_5/mm	S/mm	角数/个	质量/(kg/个)	L_6/mm	质量/(kg/个)	L_3/mm	L_4/mm	质量/(kg/个)
20×15	29.0	28.5	0.138	0.136	28.0	30	6	0.060	40	0.089	30	29	—
25×15	32.5	29.0	0.201	0.250	32.0	36	6	0.100	45	0.104	33	34	—
25×20	34.5	31.5	0.220	0.262	32.0	36	6	0.091	45	0.113	35	32	
32×15	37.0	31.5	0.265	0.262	35	46	6	0.101	50	0.152	38	34	—
32×20	39.0	34.0	0.268	0.264	35	46	6	0.108	50	0.158	40	38	
32×25	39.5	37.5	0.310	0.456	35	46	6	0.190	50	0.175	42	40	
40×15	40.5	34.0	0.220	0.464	38	55	6	0.290	55	0.212	42	35	—
40×20	42.5	36.5	0.265	0.511	38	55	6	0.279	55	0.212	43	38	
40×25	43.0	40.0	0.388	0.588	38	55	6	0.254	55	0.215	45	41	
40×32	45.5	44.5	0.471	0.664	38	55	6	0.204	55	0.240	48	45	
50×15	—	—	—	—	40	65	6	0.408	60	—	48	38	—
50×20	48.5	37.5	—	0.702	40	65	6	0.405	60	—	49	41	
50×25	49.0	41.0	0.370	0.816	40	65	6	0.387	60	0.325	51	44	
50×32	51.5	45.5	0.425	0.910	40	65	6	0.371	60	0.310	54	46	
50×40	54.0	49.0	0.732	0.988	40	65	6	0.292	60	0.356	56	52	

续表

公称直径 DN×dN/mm	异径弯头及三通				管子补心				异径管		异径四通		
	L_1/mm	L_2/mm	弯头质量/(kg/个)	三通质量/(kg/个)	L_5/mm	S/mm	角数/个	质量/(kg/个)	L_6/mm	质量/(kg/个)	L_3/mm	L_4/mm	质量/(kg/个)
70×15	—	—		—	45	80	8		—		57	41	
70×20	—	—		—	45	80	8		—		59	44	
70×25	57.0	43.0	—	1.12	45	80	8	—	—		61	46	—
70×32	59.5	47.5		—	45	80	8		65		62	53	
70×40	62.0	51.0		—	45	80	8		65		63	55	
70×50	63.0	57.0		1.42	45	80	8		65		65	60	
80×15	—	—		—	50	95	8		—		65	43	
80×20	—	—		—	50	95	8		—		66	47	
80×25	63.5	45.5		—	50	95	8		—		68	51	
80×32	66.0	50.0	—	—	50	95	8	—	—		70	55	—
80×40	68.5	53.5		—	50	95	8		75		71	57	
80×50	69.5	59.5		1.32	50	95	8		75		72	62	
80×70	71.5	67.5		—	50	95	8		75		75	72	
100×25	—	—		—	55	120	8		—		83	57	
100×32	78.5	53.5		—	55	120	8		—		86	61	
100×40	81.0	57.0		—	55	120	8		—		86	63	
100×50	82.0	63.0	—	1.79	55	120	8	—	85		87	69	—
100×70	84.0	71.0		—	55	120	8		85		90	78	
100×80	86.5	77.5		—	55	120	8		85		91	83	

四、给水排水铸铁管和管件

给水铸铁管按材质不同，可分为灰口铸铁管和球墨铸铁管；按制作方法不同，可分为砂型离心铸铁管和连续铸铁管。

（一）砂型离心铸铁管

砂型离心铸铁管是一种灰口铸铁管，主要适用于输送水和燃气。按管壁厚度不同，其压力级别分为 P 级和 G 级，接口方式为承插连接。砂型离心铸铁管的出厂试验压力及力学性能见表 3-15，砂型离心铸铁管的形状如图 3-10 所示，其规格尺寸见表 3-16。

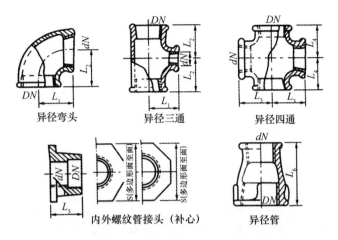

图 3-9　异径可锻铸铁螺纹管件示意图

表 3-15　砂型离心铸铁管的出厂试验压力及力学性能

直管级别	水压试验		管环抗弯强度		直管级别	水压试验		管环抗弯强度	
	公称直径/mm	试验压力/MPa	公称直径/mm	管环抗弯强度/MPa		公称直径/mm	试验压力/MPa	公称直径/mm	管环抗弯强度/MPa
P	≤450	2.0	≤300	≥333	G	≤450	2.5	350～700	≥280
	≥500	1.5	350～700	≥280		≥500	2.0	≥800	≥240

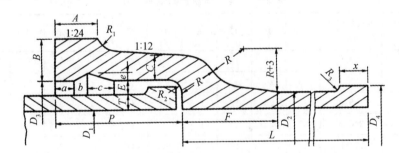

图 3-10　砂型离心铸铁管的形状

表 3-16　砂型离心铸铁管的规格尺寸

公称直径/mm	承口/mm						插口/mm				
DN	D_3	A	B	C	P	E	F	R	D_4	R_3	x
200	240.0	38	30	15	100	10	71	25	230.0	5	15
250	293.6	38	32	15	105	11	73	26	281.6	5	20
300	344.8	38	33	16	105	11	75	27	332.8	5	20

公称直径/mm	承口/mm						插口/mm				
350	396.0	40	34	17	110	11	77	28	384.0	5	20
400	447.6	40	36	18	110	11	78	29	435.0	5	25
450	498.8	40	37	19	115	11	80	30	486.8	5	25
500	552.9	40	38	19	115	12	82	31	540.0	6	25
600	654.8	42	41	20	120	12	84	32	642.8	6	25
700	757.0	42	43	21	125	12	86	33	745.0	6	25
800	860.0	45	46	23	130	12	89	35	848.0	6	25
900	963.0	45	50	25	135	12	92	37	951.0	6	25
1000	1067.0	50	54	27	140	13	98	40	1053.0	6	25

（二）连续铸铁管

连续铸铁管为用连续铸造法生产的灰口铸铁管，其用途和连接方式与砂型离心铸铁管相同。按其壁厚不同可分为 LA、A 和 B 三级，其中 LA 级相当于砂型离心铸铁管 P 级，A 级相当于其 G 级，B 级的强度更高。连续铸铁管的规格形状如图 3-11 所示，其规格尺寸见表 3-17。

表 3-17　连续铸铁管的规格尺寸

公称直径 DN	承接口内径 D_3	A	B	C	E	P	T	F	δ	X	R
75	113.0	36	26	12	10	90	9	75	5	13	32
100	138.0	36	26	12	10	95	10	75	5	13	32
150	189.0	36	26	12	10	100	10	75	5	13	32
200	240.0	38	28	13	10	100	11	77	5	13	33
250	293.6	38	32	15	11	105	12	83	5	18	37
300	344.8	38	33	16	11	105	13	85	5	18	38
350	396.0	40	34	17	11	110	13	87	5	18	39
400	447.6	40	36	18	11	110	14	89	5	24	40
450	498.8	40	37	19	11	115	14	91	5	24	41
500	552.9	40	40	21	12	115	15	97	6	24	45
600	654.8	42	44	23	12	120	16	101	6	24	47
700	757.0	42	48	26	12	125	17	106	6	24	50
800	860.0	45	51	28	12	130	18	111	6	24	52

公称直径 DN	承接口内径 D_3	A	B	C	E	P	T	F	δ	X	R
900	963.0	45	56	31	12	135	19	115	6	24	55
1000	1067.0	50	60	33	13	140	21	121	6	24	59
1100	1170.0	50	64	36	13	145	22	126	6	24	62
1200	1272.0	52	68	38	13	150	23	130	6	24	64

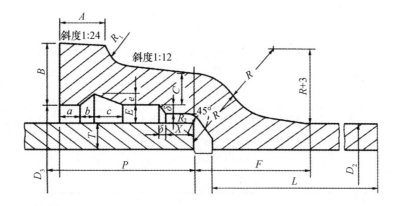

图 3-11　连续铸铁管的规格形状

（三）球墨铸铁管

球墨铸铁管与灰口铸铁管相比，机械强度高、抗振动性好、抗冲击性强。其接口形式均为柔性接口。按接口形式不同，可分为机械式和滑入式（图3-12）；机械接口又分为 N_1 型、X 型和 S 型三种类型，滑入式接口为 T 型。

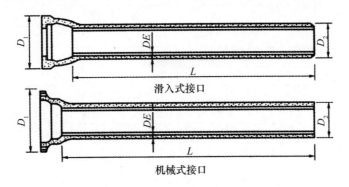

图 3-12　滑入式和机械式球墨铸铁管

球墨铸铁管外形及主要尺寸见表 3-18，球墨铸铁 T 型接口规格见表 3-19，

球墨铸铁管 N_1、X 型接口规格见表 3-20，S 型接口规格见表 3-21。

表 3-18　球墨铸铁管外形及主要尺寸

公称直径 DN	滑入式接口				机械式接口			
	D_1/ mm	D_2/ mm	DE/ mm	L/ mm	D_1/ mm	D_2/ mm	DE/ mm	L/ mm
DN80	—	98	6.0	6000	262	118.0	6.1	6000
DN100	163	118	6.1	6000				
DN125	—	144	6.2	6000	313	169.0	6.3	6000
DN150	217	170	6.3	6000				
DN200	278	222	6.4	6000	366	220.0	6.4	6000
DN250	336	274	6.8	6000	418	271.6	6.8	6000
DN300	393	326	7.2	6000	471	322.8	7.2	6000
DN350	448	378	7.7	6000	524	374.0	7.7	6000
DN400	500	429	8.1	6000	578	425.6	8.1	6000
DN500	604	532	9.0	6000	686	528.0	9.0	6000
DN600	713	635	9.9	6000	794	630.8	9.9	6000

表 3-19　球墨铸铁 T 型接口规格

公称直径 DN/mm	外径 D_4/mm	壁厚 T/mm				承口凸部近似质量/ kg	直部 1m 质量/kg			
		K8	K9	K10	K12		K8	K9	K10	K12
100	118			6.1		4.3	14.9		15.1	
150	170	6.0		6.3		7.1	21.8		22.8	
200	222			6.4		10.3	28.7		30.6	
250	274		6.8	7.5	9.0	14.2	35.6	40.2	44.3	53.0
300	326	6.4	7.2	8.0	9.6	18.9	45.3	50.8	56.3	67.3
350	378	6.8	7.7	8.5	10.2	23.7	55.9	63.2	69.6	83.1
400	429	7.2	8.1	9.0	10.8	29.5	67.3	75.5	83.7	100.0
500	532	8.0	9.0	10.0	12.0	42.8	92.8	104.3	115.6	138.0
600	635	8.8	9.9	11.0	13.2	59.3	122.0	137.3	152.0	182.0
700	738	9.6	10.8	12.0	14.4	79.1	155.0	173.9	193.0	231.0
800	842	10.4	11.7	13.0	15.6	102.6	192.0	215.2	239.0	286.0
900	945	11.2	12.6	14.0	16.8	129.0	232.0	260.2	289.0	345.0
1000	1048	12.0	13.5	15.0	18.0	161.3	275.0	309.3	342.2	411.0
1200	1255	13.6	15.3	17.0	20.4	237.7	374.0	420.1	466.1	558.0

表 3-20　球墨铸铁管 N_1、X 型接口规格

公称直径 DN/mm	外径 D_4/mm	壁厚 T/mm				承口凸部近似质量/kg	直部 1m 质量/kg			
		K8	K9	K10	K12		K8	K9	K10	K12
100	118.0			6.1		10.1	14.9		15.1	
150	169.0	6.0		6.3		14.4	21.7		22.7	
200	220.0			6.4		17.6	28.0		30.6	
250	271.6		6.8	7.5	9.0	26.9	35.3	40.2	43.9	52.3
300	322.8	6.4	7.2	8.0	9.6	33.0	44.8	50.8	55.74	66.6
350	374.0	6.8	7.7	8.5	10.2	38.7	55.3	63.2	68.8	82.2
400	425.6	7.2	8.1	9.0	10.8	46.8	66.7	75.5	83.0	99.2
500	528.0	8.0	9.0	10.0	12.0	64.0	92.0	104.3	114.7	137.1
600	630.8	8.8	9.9	11.0	13.2	88.0	121.0	137.3	151.0	180.6
700	733.0	9.6	10.8	12.0	14.4	96.0	153.8	173.9	191.6	229.2

表 3-21　球墨铸铁管 S 型接口规格

公称直径 DN/mm	外径 D_4/mm	壁厚 T/mm				承口凸部近似质量/kg	直部 1m 质量/kg			
		K8	K9	K10	K12		K8	K9	K10	K12
100	118.0			6.1		8.96	14.9		15.1	
150	169.0	6.0		6.3		11.70	21.7		22.7	
200	220.0			6.4		17.80	28.0		30.6	
250	271.6		6.8	7.5	9.0	21.80	35.3	40.2	43.9	52.3
300	322.8	6.4	7.2	8.0	9.6	27.50	44.8	50.8	55.74	66.6
350	374.0	6.8	7.7	8.5	10.2	33.48	55.3	63.2	68.8	82.2
400	425.6	7.2	8.1	9.0	10.8	40.39	66.7	75.5	83.0	99.2
500	528.0	8.0	9.0	10.0	12.0	50.40	92.0	104.3	114.7	137.1
600	630.8	8.8	9.9	11.0	13.2	65.18	121.0	137.3	151.0	180.6
700	733.0	9.6	10.8	12.0	14.4	85.41	153.8	173.9	191.6	229.2

（四）给水铸铁管件

按给水铸铁管件材质不同，可分为灰口铸铁管件和球墨铸铁管件；按连接方式不同，可分为承插式接口和法兰式接口。承插式接口又可分为刚性接口和柔性接口。刚性接口密封填料采用油麻、石棉水泥或铅质等材料；柔性接口采用橡胶圈或法兰压盖压紧橡胶圈密封。

1. 灰口铸铁管件

常用的灰口铸铁管件有弯管、丁字管、渐缩管、乙字弯管和短管等。

（1）弯管：常用的灰口铸铁弯管有90°双承弯管、45°双承弯管、22.5°双承弯管和11.25°双承弯管。灰口铸铁双承弯管形状和规格见表3-22，灰口铸铁承插弯管形状和规格见表3-23。

表3-22 灰口铸铁双承弯管形状和规格

公称直径 DN/ mm	外径 D_2/ mm	内径 D_1/ mm	90°双承弯管		45°双承弯管		22.5°双承弯管		11.25°双承弯管	
			R/ mm	质量/ (kg/个)	R/ mm	质量/ (kg/个)	R/ mm	质量/ (kg 个)	R/ mm	质量/ (kg/个)
75	93.0	73.0	137.0	19.3	280	19.4	280	17.3	280	16.3
100	118.0	98.0	155.0	25.0	300	25.0	300	21.9	300	20.5
125	143.0	122.0	177.5	31.1	325	30.4	325	26.3	325	24.3
150	169.0	147.0	200.0	39.0	350	37.5	350	32.1	350	29.4
200	220.0	196.0	245.0	58.4	400	54.4	400	45.6	400	41.1
250	271.6	245.6	290.0	85.8	450	78.1	450	64.6	450	57.9
300	322.8	294.6	335.0	115.0	500	101.9	500	82.7	500	73.1
350	374.0	344.0	380.0	153.5	550	133.4	550	107.1	550	94.0
400	425.6	393.6	425.0	196.2	600	167.1	600	132.2	600	112.0
450	476.8	442.8	470.0	247.5	650	207.2	650	162.1	650	139.5
500	528.0	492.0	515.0	307.0	700	253.1	700	196.1	700	167.5

表3-23 灰口铸铁承插弯管形状和规格

公称直径 DN/ mm	外径 D_2/ mm	内径 D_1/ mm	90°双承弯管		45°双承弯管		22.5°双承弯管		11.25°双承弯管	
			R/ mm	质量/ (kg/个)	R/ mm	质量/ (kg/个)	R/ mm	质量/ (kg/个)	R/ mm	质量/ (kg/个)
75	93.0	73.0	250	18.0	400	17.4	800	16.5	3000	19.4
100	118.0	98.0	250	23.0	400	22.3	800	21.1	3000	24.1
125	143.0	122.0	300	32.5	500	30.1	1000	28.5	3000	30.0
150	169.0	147.0	300	40.0	500	36.9	1000	35.0	3000	36.8
200	220.0	196.0	400	65.5	600	55.7	1200	53.8	4000	63.1
250	271.6	245.6	400	93.0	600	77.3	1200	73.5	4000	86.0
300	322.8	294.6	550	141.4	700	105.2	1400	101.0	4000	109.3
350	374.0	344.0	550	176.9	800	142.1	1600	117.8	5000	160.8
400	425.6	393.6	600	226.8	900	184.5	1800	154.9	5000	195.6
450	476.8	442.8	600	270.9	1000	234.3	2000	199.0	5000	233.7
500	528.0	492.0	700	351.5	1100	292.2	2200	250.7	6000	315.9
600	630.8	590.8	800	527.3	1300	434.6	2600	379.4	6000	422.8

（2）丁字管：丁字管有灰口铸铁三盘丁字管和双承丁字管两种。灰口铸铁三盘丁字管和双承丁字管的形状和规格见表3-24。

表3-24　灰口铸铁三盘丁字管和双承丁字管的形状和规格

公称直径/mm		三盘丁字管			双承丁字管			
DN	dN	L/mm	I/mm	质量/（kg/个）	H/mm	I/mm	J/mm	质量/（kg/个）
75	75	360	180	20.2	160	140	450	26.9
100	75	400	190	24.6	180	160	500	3403
100	100	400	200	26.0	180	160	500	36.9
125	75	450	203	30.2	190	180	510	41.4
125	100	450	213	31.5	190	180	510	44.0
125	125	450	225	33.7	190	180	510	45.6
150	75	500	215	38.8	190	190	570	50.5
150	100	500	225	40.0	190	190	570	53.0
150	120	500	238	42.2	190	190	570	54.5
200	75	700	265	79.6	225	230	510	66.6
200	100	700	275	82.8	225	230	510	69.2
200	125	700	288	84.8	225	230	510	70.7
200	150	700	300	87.7	225	250	590	78.6
200	200	700	325	93.6	225	250	590	84.9
200	250	700	350	101.4	225	—	—	—
250	75	700	265	79.6	225	280	570	92.3
250	100	700	275	82.8	225	280	570	95.0
250	125	700	279	84.8	225	280	570	96.6
250	150	700	300	87.7	225	280	570	99.3
250	200	700	325	93.6	225	360	600	108.8
250	250	700	350	101.4	225	360	600	117.7
300	75	800	290	111.2	240	280	570	115.6
300	100	800	300	112.4	240	280	570	118.1
300	125	800	313	114.3	240	280	570	119.5
300	150	800	325	117.2	240	280	570	121.9
300	200	800	350	122.8	240	300	600	131.4
300	250	800	375	130.2	300	300	600	154.4
300	300	800	400	139.2	300	300	600	152.9

公称直径/mm		三盘丁字管			双承丁字管			
DN	dN	L/mm	I/mm	质量/(kg/个)	H/mm	I/mm	J/mm	质量/(kg/个)
400	200	900	350	190.7	290	350	650	206.8
	250			194.6	410	390	780	250.0
	300		450	208.5				257.6
	350			217.4				268.1
	400			227.1				278.7
450	250	950	375	234.6	330	380	680	257.2
	300		475	248.0	440	420	820	311.8
	350			256.3				322.2
	400			265.9				332.2
	450			274.6				344.8
500	250	1000	400	281.8	340	410	680	298.8
	300		500	295.1	480	460	850	374.4
	350			303.0				384.5
	400			311.5				394.4
	450			320.8				406.7
	500			330.9				420.9
600	300	1100	550	405.3	410	490	760	438.7
	350			412.6	550	530	920	535.4
	400			420.7				545.5
	450			427.5				556.8
	500			437.7				570.7
	600			459.0				603.1

（3）渐缩管：灰口铸铁渐缩管分为承插渐缩管和插承渐缩管两种，其规格尺寸见表 3-25。

表 3-25　灰口铸铁渐缩管的规格尺寸

公称直径/mm		外径/mm		内径/mm		各部尺寸/mm					质量/(kg/个)	
DN	dN	D_2	d_2	D_1	d_1	A	B	C	E	W	承插	插承
100	75	118	93	98	73	50	200	200	50	300	20.57	19.35
125	75	143	93	122	73	50	200	200	50	300	22.87	21.83
	100		118		98						24.89	24.08

续表

公称直径/mm		外径/mm		内径/mm		各部尺寸/mm					质量/(kg/个)	
DN	dN	D_2	d_2	D_1	d_1	A	B	C	E	W	承插	插承
100	75	118	93	98	73	50	200	200	50	300	20.57	19.35
150	100	169	118	147	98	55	200	200	50	300	28.44	27.80
	125		143		122						31.01	30.17
200	100	220	118	196	98	60	200	200	50～55	300	36.29	33.73
	125		143		122						38.89	36.15
	150		169		147						41.73	39.83
250	100	271.6	118	245.6	98	70	220	220	50～60	400	51.79	45.40
	125		143		122						54.86	48.29
	150		169		147						58.19	52.46
	200		220		196						62.42	58.58
300	100	322.8	118	294.8	98	80	200	200	50～70	400	63.07	53.67
	125		143		122						66.21	56.64
	150		169		147						69.62	60.88
	200		220		196						76.95	70.11
	250		271.6		245.6						85.26	82.27
350	150	374	169	344	147	80	200	200	55～80	400	82.96	70.07
	200		220		196						90.44	79.45
	250		271.6		245.6						98.91	91.77
	300		322.8		294.8						107.93	103.80
400	150	425.6	169	393.6	147	90	200	220	55～80	500	106.67	92.44
	200		220		196						115.32	102.99
	250		271.6		245.6						125.06	116.58
	300		322.8		294.8						135.42	129.95
	350		374		344						146.63	145.29

（4）乙字弯管：灰口铸铁承插乙字弯管的形状和规格见表 3-26。

表 3-26　灰口铸铁承插乙字弯管的形状和规格

公称直径 DN/mm	外径 D_2/mm	内径 D_1/mm	各部尺寸			质量/(kg/个)
			S	H	L	
75	93.0	73.0	150	200	346.4	18.5
100	118.0	98.0	150	200	346.4	24.1
125	143.0	122.0	150	225	389.7	36.0

公称直径 DN/mm	外径 D_2/mm	内径 D_1/mm	各部尺寸			质量/(kg/个)
			S	H	L	
150	169.0	147.0	200	250	433.0	42.1
200	220.0	196.0	250	300	519.6	68.3
250	271.6	245.6	250	300	519.6	93.0
300	322.8	294.6	250	300	519.6	118.4
350	374.0	344.0	250	350	606.2	161.0
400	425.6	393.6	250	400	692.8	211.3
450	476.8	442.8	250	450	779.4	270.9
500	528.0	492.0	250	500	866.0	340.6

（5）短管：灰口铸铁承盘（短管甲）、插盘（短盘乙）短管常与闸阀连接时配套使用，其形状和规格见表3-27。

表 3-27　灰口铸铁承盘、插盘短管的形状和规格

公称直径 DN/mm	外径 D_2/mm	内径 D_1/mm	承盘短管		插盘短管	
			管长 L/mm	质量/(kg/个)	管长 L/mm	质量/(kg/个)
75	93.0	73.0	120	12.8	400 (700)	12.3 (17.9)
100	118.0	98.0	120	16.0	400 (700)	15.3 (22.6)
125	143.0	122.0	120	18.7	400 (700)	19.4 (28.8)
150	169.0	147.0	120	23.0	400 (700)	24.6 (36.3)
200	220.0	196.0	120	31.5	500 (700)	40.3 (51.6)
250	271.6	245.6	170	46.2	500 (700)	53.9 (68.1)
300	322.8	294.6	170	57.2	500 (700)	68.9 (88.4)
350	374.0	344.0	170	72.4	500 (700)	86.5 (110.9)
400	425.6	393.6	170	87.6	500 (750)	106.2 (143.2)
450	476.8	442.8	170	103.4	500 (750)	125.4 (169.6)
500	528.0	492.0	170	121.1	500 (750)	147.2 (199.1)
600	630.8	590.8	250	183.0	600 (750)	222.2 (263.7)

注：管长 L 括号内尺寸为加长管，供用户按不同接口工艺选用。

2. 球墨铸铁管件

常用的球墨铸铁管件有 90°双承弯头（见表 3-28）、45°双承弯头（见表 3-29）、双承渐缩管（见表 3-30）、双承单盘丁字管（见表 3-31）和全承三通（见表 3-32）等。

表 3-28　90°双承弯头球墨铸铁管件的规格

管件简图	公称直径 DN/mm	L/mm	质量/(kg/个)				公称直径 DN/mm	L/mm	质量/(kg/个)			
			T型	X型	N$_1$型	S型			T型	X型	N$_1$型	S型
	80	100	8.6	12.0	—	—	500	520	183	202	265	230
	100	120	11.4	15.6	27.1	20.0	600	620	273	290	384	343
	150	170	15.7	27.5	41.7	29.9	700	720	455	408	—	—
	200	220	20.5	40.0	56.2	47.4	800	820	605	544	—	—
	250	270	33.0	55.5	86.3	64.7	900	920	813	720		
	300	320	68.0	81.5	112.0	86.2	1000	1020	1045	935		
	350	370	83.0	105	140.4	118.0	1100	1120	1358	1168		
	400	420	113.0	134	177.6	154.0	1200	1220	1663	1444		
	450	470	143.0	166								

T型
X型 N型 S型 90°双承弯头

表 3-29　45°双承弯头球墨铸铁管件的规格

管件简图	公称直径 DN/mm	L/mm	质量/(kg/个)				公称直径 DN/mm	L/mm	质量/(kg/个)			
			T型	X型	N$_1$型	S型			T型	X型	N$_1$型	S型
	80	55	7.7	11.1	—	—	500	240	139	150	230	165
	100	65	10.1	14.3	27.0	18.7	600	285	202	209	325	230
	150	85	17.4	24.0	40.6	26.8	700	330	336	289	—	322
	200	110	27.0	34.0	53.7	41.4	800	370	434	373		
	250	130	38.5	45.5	80.8	54.7	900	415	583	488		
	300	155	53.0	66.0	103.5	71.2	1000	460	741	629		
	350	175	70.0	83.5	129.9	89.5	1100	510	973	772		
	400	200	89.0	104.0	158.1	114.0	1200	550	1171	943		
	450	220	123.4	127.0	200.0	—						

T型
X型 N$_1$型 S型 45°双承弯头

表 3-30　球墨铸铁管件双承渐缩管的规格

管件简图	公称直径/mm		L/mm	e_1	e_2	公称直径/mm		L/mm	e_1	e_2
	DN_1	DN_2	mm			DN_1	DN_2	mm		
T型 X型、N₁型、S型 双承渐缩管	100	80	90	7.2	7.0	500	250	560	12.0	9.0
	150	80	190	7.8	7.0	500	400	260	12.0	10.8
	150	100	150	7.8	7.2	600	250	760	13.2	9.0
	200	100	250	8.4	7.2	600	400	460	13.2	10.8
	200	150	150	8.4	7.8	700	500	480	14.4	12.0
	250	100	350	9.0	7.2	700	600	260	14.4	13.0
	250	200	150	9.0	8.4	800	600	480	15.6	13.2
	300	150	350	9.6	7.8	800	700	280	15.6	14.4
	300	250	150	9.6	9.0	900	700	480	16.8	14.4
	350	150	460	10.2	7.8	900	800	280	16.8	15.6
	350	250	260	10.2	9.0	1000	800	—	18.0	15.6
	400	150	560	10.8	7.8	1000	900	—	18.0	16.8
	400	250	360	10.8	9.0	1100	1000	300	19.2	18.0
	450	250	460	11.4	9.0	1200	1000	480	20.4	18.0
	450	400	160	11.4	10.8	1200	1100	300	20.4	19.2

表 3-31　球墨铸铁管件双承单盘丁字管的规格

管件简图	公称直径/mm		L/mm	H/mm	公称直径/mm		L/mm	H/mm
	DN_1	DN_2	mm	mm	DN_1	DN_2	mm	mm
T型 双承单盘丁字管	200	100	200	240	400	150	265	370
	200	150	255	250	400	250	380	390
	250	100	200	270	450	200	325	410
	250	200	315	290	450	300	445	430
	300	100	205	300	500	200	330	440
	300	200	320	320	500	300	445	460
	350	100	205	330	600	200	340	500
	350	200	325	350	600	400	570	540

表 **3-32**　**球墨铸铁管件全承三通的规格**

管件简图	公称直径/mm		L/	H/	公称直径/mm		L/	H/
	DN_1	DN_2	mm	mm	DN_1	DN_2	mm	mm
	80	80	170	85	350	200	320	230
	100	80	170	95		300	435	240
		100	190	95	400	200	325	255
	150	100	195	120		400	555	275
		150	255	125	450	200	325	280
	200	100	200	145		400	560	300
		200	315	155	500	200	330	305
	250	100	200	165		400	560	325
		200	315	180	600	200	335	355
	300	200	320	205		400	570	375
		300	435	215	—	—	—	—

（五）排水铸铁管和管件

1. 排水直管

排水直管采用连续铸造、离心铸造和砂模铸造等方法生产。接口形式为承插式连接，承口部位形式有 A 型和 B 型两种，其排水直管的接口形式、规格如图 3-13 所示和见表 3-33、表 3-34。

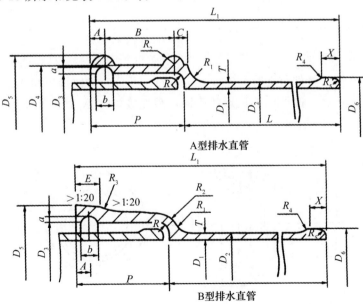

A型排水直管

B型排水直管

图 3-13　铸铁排水直管的接口形式

表 3-33　A 型排水直管承、插口的规格　　　　　　　　　　（mm）

公称直径 DN	壁厚 T	内径 D_1	外径 D_2	承口尺寸												插口尺寸			
				D_3	D_4	D_5	A	B	C	P	R	R_1	R_2	a	b	D_6	X	R_4	R_5
50	4.5	50	59	73	84	98	10	48	10	65	6	15	8.0	4	10	66	10	15	5
75	5.0	75	85	100	111	126	10	53	10	70	6	15	8.0	4	10	92	10	15	5
100	5.0	100	110	127	139	154	11	57	11	75	7	16	8.5	4	12	117	15	15	5
125	5.5	125	136	154	166	182	11	62	11	80	7	16	9.0	4	12	143	15	15	5
150	5.5	150	161	181	193	210	12	66	12	85	7	18	9.5	4	12	168	15	15	5
200	6.0	200	212	232	246	264	12	76	13	95	7	18	10	4	12	219	15	15	5

表 3-34　B 型排水直管承、插口的规格　　　　　　　　　　（mm）

公称直径 DN	壁厚 T	内径 D_1	外径 D_2	承口尺寸											插口尺寸			
				D_3	D_5	E	P	R	R_1	R_2	R_3	A	a	b	D_6	X	R_4	R_5
50	4.5	50	59	73	98	18	65	6	15	12.5	25	10	4	10	66	10	15	5
75	5.0	75	85	100	126	18	70	6	15	12.5	25	10	4	10	92	10	15	5
100	5.0	100	110	127	154	20	75	7	16	14.0	25	11	4	12	117	15	15	5
125	5.5	125	136	154	182	20	80	7	16	14.0	25	11	4	12	143	15	15	5
150	5.5	150	161	181	210	20	85	7	18	14.5	25	12	4	12	168	15	15	5
200	6.0	200	212	232	264	25	95	7	18	15.0	25	12	4	12	219	15	15	5

2. 排水铸铁管件

按排水铸铁管件与直管的连接方式不同，可分为柔性接口和非柔性接口，均为承插式接口。按承口部位形状不同，柔性接口有 A 型和 RK 型两种，如图 3-14 和图 3-15 所示。

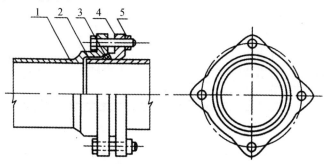

图 3-14　A 型柔性接口示意图

1—承口；2—插口；3—密封胶圈；4—法兰压盖；5—螺栓螺母

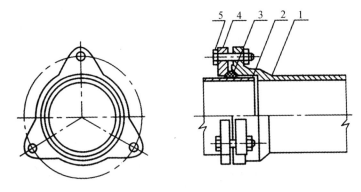

图 3-15　RK 型柔性接口示意图

1—承口；2—插口；3—密封胶圈；4—法兰压盖；5—螺栓螺母

　　排水铸铁管件有三通管件、弯头管件和存水弯。非柔性接口 45°三通的形状和规格见表 3-35；非柔性接口 45°弯头的形状和规格见表 3-36；非柔性接口 90°弯头的形状和规格见表 3-37；非柔性接口的存水弯，可分为 P 型和 S 型两种，P 型存水弯的规格见表 3-38，S 型存水弯的规格见表 3-39。

表 3-35　非柔性接口 45°三通的形状和规格

公称直径/mm		内径/mm		外径/mm		壁厚/mm		各部尺寸/mm			质量/(kg/个)	
DN	dN	D_1	d_1	D_2	d_2	T	t	A	B	C	A 型	B 型
50	50	50	50	59	59	4.5	4.5	195	100	100	3.65	3.75
75	50	75	50	85	60	5.0	5.0	240	130	130	5.31	5.44
	75		75		85						5.95	6.11
100	50	100	50	110	60	5.0	5.0	285	165	165	7.40	7.58
	75		75		85						8.11	8.31
	100		100		110						8.95	9.19
125	75	125	75	136	85	5.5	5.0	330	195	195	10.89	11.11
	100		100		110		5.0				11.74	12.00
	125		125		136		5.5				12.68	12.96
150	75	150	75	161	85	5.5	5.0	375	230	230	13.95	14.23
	100		100		110		5.0				14.85	15.17
	125		125		136		5.5				15.87	16.21
	150		150		161		5.5				16.98	17.38
200	100	200	100	212	110	6.0	5.0	465	295	295	23.07	23.49
	125		125		136		5.5				24.21	24.65
	150		150		161		5.5				25.40	25.90
	200		200		212		6.0				28.16	28.76

表 3-36 非柔性接口 45°弯头的形状和规格

公称直径 DN/ mm	内径 D₁/ mm	外径 D₂/ mm	壁厚 T/ mm	各部尺寸/mm			质量/(kg/个)	
				A	B	R	A 型	B 型
50	50	59	4.5	40	105	60	1.98	2.03
75	75	85	5.0	50	120	70	3.23	3.31
100	100	110	5.0	60	135	80	4.79	4.91
125	125	136	5.5	70	150	90	6.76	6.90
150	150	161	5.5	80	165	100	8.93	9.13
200	200	212	6.0	100	195	120	14.61	14.91

表 3-37 非柔性接口 90°弯头的形状和规格

公称直径 DN/ mm	内径 D₁/ mm	外径 D₂/ mm	壁厚 T/ mm	各部尺寸/mm			质量/(kg/个)	
				A	B	R	A 型	B 型
50	50	59	4.5	60	125	45	2.10	2.15
75	75	85	5.0	80	150	60	3.54	3.62
100	100	110	5.0	100	175	75	5.35	5.47
125	125	136	5.5	120	200	90	7.76	7.90
150	150	161	5.5	140	225	105	10.38	10.58
200	200	212	6.0	180	275	135	17.46	17.76

表 3-38 非柔性接口 P 型存水弯的规格

公称直径/ mm	内径/ mm	外径/ mm	壁厚/ mm	各部尺寸/mm					质量/(kg/个)	
DN	D₁	D₂	T	A	B	E	R₁	R₂	A 型	B 型
50	50	59	4.5	20	85	10	40	40	2.70	2.75
75	75	85	5.0	20	90	10	55	55	4.80	4.88
100	100	110	5.0	20	95	10	70	70	7.40	7.52
125	125	136	5.5	20	100	10	85	85	11.08	11.22
150	150	161	5.5	20	105	10	100	100	14.95	15.15
200	200	212	6.0	25	115	10	130	130	26.00	26.30

表 3-39 非柔性接口 S 型存水弯的规格

公称直径/mm	内径/mm	外径/mm	壁厚/mm	各部尺寸/mm					质量/(kg/个)	
DN	D_1	D_2	T	A	B	E	R_1	R_2	A 型	B 型
50	50	59	4.5	20	85	10	40	40	3.05	3.10
75	75	85	5.0	20	90	10	55	55	5.59	5.67
100	100	110	5.0	20	95	10	70	70	8.70	8.82
125	125	136	5.5	20	100	10	85	85	13.24	13.38
150	150	161	5.5	20	105	10	100	100	18.00	18.20
200	200	212	6.0	25	115	10	130	130	31.71	32.01

五、给水排水硬聚氯乙烯管材

（一）给水硬聚氯乙烯管材

1. 给水硬聚氯乙烯管材

给水硬聚氯乙烯（PVC－U）管材，是以聚氯乙烯树脂为主要原料，加入适量助剂，混合挤出加工成型的塑料管材。管材的外观、规格尺寸等技术指标，应符合《给水用硬聚氯乙烯管材》（GB/T 10002.1—2006）中的规定。管材的公称压力和规格尺寸见表 3-40。

表 3-40 管材的公称压力和规格尺寸

公称外径 d_e/mm	壁厚 e/mm					公称外径 d_e/mm	壁厚 e/mm				
	公称压力 PN						公称压力 PN				
	0.60	0.80	1.00	1.25	1.60		0.60	0.80	1.00	1.25	1.60
20	—	—	—	—	2.0	225	6.6	7.9	9.8	10.8	13.4
25	—	—	—	—	2.0	250	7.3	8.8	10.9	11.9	14.8
32	—	—	—	2.0	2.4	280	8.2	9.8	12.2	13.4	16.6
40	—	—	2.0	2.4	3.0	315	9.2	11.0	13.7	15.0	18.7
50	—	2.0	2.4	3.0	3.7	355	9.4	12.5	14.8	16.9	21.1
63	2.0	2.5	3.0	3.8	4.7	400	10.6	14.0	15.3	19.1	23.7
75	2.2	2.9	3.6	4.5	5.6	450	12.0	15.8	17.2	21.5	26.7
90	2.7	3.5	4.3	5.4	6.7	500	13.3	16.8	19.1	23.9	29.7
110	3.2	3.9	4.8	5.7	7.2	560	14.9	17.2	21.4	26.7	—
125	3.7	4.4	5.4	6.0	7.4	630	16.7	19.3	24.1	30.0	—
140	4.1	4.9	6.1	6.7	8.3	710	18.9	22.0	27.2	—	—
160	4.7	5.6	7.0	7.7	9.5	800	21.2	24.8	30.6	—	—
180	5.3	6.3	7.8	8.6	10.7	900	23.9	27.9	—	—	—
200	5.9	7.3	8.7	9.6	11.9	1000	26.6	31.0	—	—	—

注：表中 0.60、0.80、1.00、1.25 和 1.60 的单位为 MPa。

管材的公称压力是指管材在介质为 20℃条件下输送时的工作压力，如果水温在以下温度时，应对实际工作压力进行修正。$25 < t \leqslant 35℃$时，修正系数为 0.80；$35 < t \leqslant 45℃$时，修正系数为 0.63。

《给水用硬聚氯乙烯（PVC−U）管材》（GB/T 10002.1—2006），对管材的弯曲度、管材承口最小深度、物理性能、力学性能和卫生性能分别提出了具体要求。管材接口连接形式有弹性密封圈连接和溶剂黏结两种。

弹性密封圈连接的承口最小尺寸，应符合表 3-41 中的规定；溶剂黏接连接承口最小尺寸、承口中部最大和最小内径，应符合表 3-41 中的规定。溶剂黏接式承口的壁厚不得低于管材公称壁厚的 75%。

表 3-41 承口的尺寸规定 （mm）

公称外径 d_e	橡胶密封圈式承口深度 L	溶剂黏接式承口深度 L_{min}	溶剂黏接式承口中部平均内径		公称外径 d_e	橡胶密封圈式承口深度 L	溶剂黏接式承口深度 L_{min}	溶剂黏接式承口中部平均内径	
			最小 d_{emin}	最大 d_{smax}				最小 d_{emin}	最大 d_{smax}
20	—	16.0	20.1	20.3	180	90	96.0	180.3	180.6
25	—	18.5	25.1	25.3	200	94	106.0	200.3	200.6
32	—	22.0	32.1	32.3	225	100	118.5	225.3	225.6
40	—	26.0	40.1	40.3	250	105	—	—	—
50	—	31.0	50.1	50.3	280	112	—	—	—
63	64	37.5	63.1	63.3	315	118	—	—	—
75	67	43.5	75.1	75.3	355	124	—	—	—
90	70	51.0	90.1	90.3	400	130	—	—	—
110	75	61.0	110.1	110.4	450	138	—	—	—
125	78	68.5	125.1	125.4	500	145	—	—	—
140	81	76.0	140.2	140.4	560	154	—	—	—
160	86	86.0	160.2	160.5	630	165	—	—	—

注：1. 承口部分的平均内径，系指在承口深度 1/2 处所测定的相互垂直的两个直径的算术平均值。承口深的最大倾角应不超过 30°。
  2. 弹性密封圈式承口深度是按长度达 12m 的规定尺寸。

2. 给水硬聚氯乙烯管件

给水硬聚氯乙烯管件应与相应的给水硬聚氯乙烯管材配套使用，其技术标准应符合《给水硬聚氯乙烯管件》（GB/T 10002.2—2006）中的规定。

管件的连接方式分为连接式承口管件、弹性密封圈式承口管件、螺纹接头管件和法兰管件。弹性密封圈双承口管件的规格尺寸见表 3-42。弹性密封圈三承口管件的规格尺寸见表 3-43。法兰直管双承口管件的规格见表 3-44。

表 3-42　弹性密封圈双承口管件的规格尺寸　　　　　　（mm）

公称外径 d_n	63	75	90	110	125	140	160	200	225
Z_{min}	2	3	3	4	4	5	5	6	7

表 3-43　弹性密封圈三承口管件的规格尺寸　　　　　　（mm）

公称外径 d_n	d_{n1}	Z_{min}	Z_{1min}	公称外径 d_n	d_{n1}	Z_{min}	Z_{1min}
63	63	63	32		63	63	45
75	63	63	38	90	75	75	45
	75	75	38		90	90	45
110	63	63	55		90	90	55
	75	75	55	110	110	110	55

表 3-44　法兰直管双承口管件的规格　　　　　　（mm）

公称外径 d_n	d_{n1}	Z_{min}	Z_{1min}	Z_{1max}	公称外径 d_n	d_{n1}	Z_{min}	Z_{1min}	Z_{1max}
63	63	63	130	170		63	63	150	190
75	63	63	140	180	90	75	75	150	190
	75	75	140	180		90	90	150	190
110	63	63	160	200		90	90	170	210
	75	75	160	200	110	110	110	180	220

（二）排水硬聚氯乙烯管材

排水硬聚氯乙烯管材的规格尺寸见表 3-45；排水硬聚氯乙烯五种管件的规格见表 3-46。

表 3-45　排水硬聚氯乙烯管材的规格尺寸　　　　　　（mm）

公称外径 d_e	平均外径 极限偏差	壁厚 e		长度 L	
		基本尺寸	极限偏差	基本尺寸	极限偏差
40	+3.0, 0	2.0	+0.4, 0		
50	+0.3, 0	2.0	+0.4, 0		
75	+.03, 0	2.3	+0.4, 0		
90	+0.3, 0	3.2	+0.6, 0	4000 或 6000	+10
110	+0.4, 0	3.2	+0.6, 0		
125	+0.4, 0	3.2	+0.6, 0		
160	+0.5, 0	4.0	+0.6, 0		

表 3-46   排水硬聚氯乙烯五种管件的规格　　　　　　(mm)

公称外径 d_e	45°斜三通			45°斜四通			90°顺水三通			正四通			直角四通		
	L_1	L_2	L_3	L_1	L_2	L_3	L_1	L_2	L_3	L_1	L_2	L_3	L_1	L_2	L_3
50×50	38	89	89	38	89	89	55	51	60	55	51	60	55	51	60
75×75	58	134	134	58	134	134	87	79	94	87	79	94	87	79	94
90×90	32	142	135	32	142	135	78	77	90	78	77	90	78	77	90
110×110	47	161	161	47	161	161	96	89	112	46	89	112	46	89	112
125×125	73	186	186	73	186	186	116	103	125	116	103	125	116	103	125
160×160	92	257	257	92	257	257	155	141	168	155	141	168	155	141	168

六、铝塑复合管材

铝塑复合管材由五层复合而成，自内而外分别为：PE 塑料内壁层→黏合剂层→铝管→黏合剂层→PE 塑料外壁层，其结构组成如图 3-16 所示。

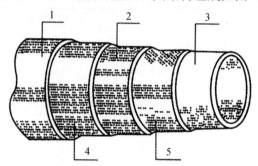

图 3-16　铝塑复合管材结构
1、3—PE 层；2—铝管；4、5—黏合剂层

铝塑复合管材型号以内径和外径表示，如 1014 管为内径 10mm、外径 14mm。其用途代号为：R 为热水管，L 为冷水管，Q 为燃气管等。铝塑复合管材的规格尺寸见表 3-47。

表 3-47   铝塑复合管材的规格尺寸　　　　　　(mm)

规格	外径 D_w		推荐内径 D	壁厚		外层聚乙烯后交链聚乙烯最小壁厚	内层聚乙烯后交链聚乙烯最小壁厚	铝材最小厚度
	最小值	偏值		最小值	偏值			
0912	12	+0.30	9	1.60	+0.40	0.70	0.40	0.18
1014	14	+0.30	10	1.60	+0.40	0.80	0.40	0.18
1216	16	+0.30	12	1.65	+0.40	0.90	0.40	0.18
1418	18	+0.30	14	1.90	+0.40	1.00	0.40	0.23

规格	外径 D_w		推荐内径 D	壁厚		外层聚乙烯后交链聚乙烯最小壁厚	内层聚乙烯后交链聚乙烯最小壁厚	铝材最小厚度
	最小值	偏值		最小值	偏值			
1620	20	+0.30	16	1.90	+0.40	1.00	0.40	0.23
2025	25	+0.30	20	2.25	+0.50	1.10	0.40	0.23
2632	32	+0.30	26	2.90	+0.50	1.20	0.40	0.28
3240	40	+0.40	32	4.00	+0.60	1.80	0.70	0.35
4150	50	+0.50	41	4.50	+0.70	2.00	0.80	0.45
5163	68	+0.60	51	6.00	+0.80	3.00	1.00	0.55
6075	75	+0.70	60	7.00	+1.00	3.00	1.00	0.65

铝塑复合管材以盘卷或直管包装供货，盘管长度及公差应符合表 3-48 的规定。

表 3-47　铝塑复合管材的长度及公差　　　　（m）

规格型号	每卷长度	公差	规格型号	每卷长度	公差
1216	50，100		2632	50	
1418	50，100		3340	50	
1520	50，100	±0.50	4250	50	±0.50
1620	50，100		5360	50	
2025	50，100		—		

七、混凝土及钢筋混凝土管

混凝土及钢筋混凝土排水管适用于引水、污水及雨水等重力流管道。其管材的规格、尺寸和外压荷载系列分为Ⅰ级管和Ⅱ级管。按管接口形式不同，有平口式、企口式和承插式；按接口采用的密封材料不同，分为刚性接口和柔性接口。混凝土排水管的规格见表 3-49；钢筋混凝土排水管的规格见表 3-50。

表 3-49　混凝土排水管的规格

公称直径 DN/mm	管壁厚度 h/mm	管子外径 DW/mm	有效长度 L/mm	破坏荷载/（kN/m）	内水压检验压力/MPa	质量/（kg/根）	接口形式	施工方法
150	25	200	1000	14.0	0.02	31		
230	27	284	1000	12.0	0.02	56		
300	30	360	1000	10.3	0.02	84	普通承插式	
450	44	545	1200	15.5	0.02	214		
600	51	702	1200	20.5	0.02	273		

续表

公称直径 DN/mm	管壁厚度 h/mm	管子外径 DW/mm	有效长度 L/mm	破坏荷载/ (kN/m)	内水压检验压力/MPa	质量/ (kg/根)	接口形式	施工方法
230	35	300	1200	19.0	0.05	80	重型承插式	挤压工艺
300	43	386	1200	22.0	0.05	140		
450	62	581	1200	30.0	0.05	290		
230	37	304	1100	19.0	0.05	94	承插式柔性接口	
300	43	386	1100	22.0	0.05	143		
450	62	581	1100	30.0	0.05	308		
200	25	250	1000	—	—	—	平口式	
300	30	360	1000	—	—	—		

表 3-50　钢筋混凝土排水管的规格

规格型号		公称直径/ mm	管壁厚度/ mm	裂缝荷载/ (kN/m)	破坏荷载/ (kN/m)	质量/ (kg/根)	有效长度 /mm	接口形式
RC—200		200	27	12	18	96	2000	平口
RC—300		300	30	15	22	156		
RC—400	I	400	35	17	26	240		
	II	400	40	27	41	270		
RC—450		450	67	30	45	550		
RC—500	I	500	42	21	32	350		
	II	500	50	32	48	420		
RC—550		550	75	36	55	738		
RC—600	I	600	50	25	38	510		
	II	600	60	40	60	610		
RC—650		650	80	43	65	918		
RC—700	I	700	55	28	42	650		
	II	700	70	47	71	830		
RC—750		750	90	50	75	1188		
RC—800	I	800	65	33	50	880		
	II	800	80	54	81	1100		
RC—850		850	95	57	85	1410		
RC—900	I	900	70	37	56	1080		
	II	900	90	61	92	1400		
RC—950		950	105	65	95	1650		
RC—1000	I	1000	80	40	60	1354		
	II	1000	100	69	100	1720		
RC—1050		1050	110	72	105	2030		
RC—1100	I	1100	85	44	66	1600		
	II	1100	110	74	110	2160		
RC—1200	I	1200	95	48	72	1950		
	II	1200	120	81	120	2500		

第二节 水暖管道工程常用阀件

根据《阀门 型号编制方法》(JB/T 308—2004)的规定,任何一种阀件都应有一个特定的型号,并应标明该阀件的类型、驱动方式、连接形式、结构形式、密封圈或衬里材料、压力及阀体材料。阀件的类型用汉语拼音字母表示,见表 3-51;驱动方式用 0～9 表示,见表 3-52;连接形式用 1～9 表示,见表 3-53;结构形式用 0～9 表示,见表 3-54;密封圈或衬里材料用汉语拼音字母表示,见表 3-55;压力直接用公称压力数字表示,并以短线与密封圈或衬里材料隔开;阀体材料用汉语拼音字母表示,见表 3-56。

表 3-51 阀件的类型代号

阀件类型	代号	阀件类型	代号	阀件类型	代号	阀件类型	代号
弹簧载荷安全阀	A	止回阀和底阀	H	节流阀	L	蒸汽疏水阀	S
				减压阀	Y	闸阀	Z
杠杆安全阀	GA	蝶阀	D	排污阀	P	柱塞阀	U
隔膜阀	G	截止阀	J	球阀	Q	旋塞阀	X

表 3-52 阀门驱动方式代号

驱动方式	代号	驱动方式	代号	驱动方式	代号
电磁动	0	直齿圆柱点轮	4	气—液动	8
电磁—液动	1	锥齿轮	5	电动	9
电—液动	2	气动	6	注:代号1、代号2及代号8是右阀门启动时,需有两种动力源同时进行操作
蜗轮	3	液动	7	

表 3-53 阀门连接形式代号

连接形式	代号	连接形式	代号	连接形式	代号	连接形式	代号
内螺纹	1	法兰式	4	对夹	7	卡套	9
外螺纹	2	焊接式	6	卡箍	8	—	—

表 3-54 闸阀结构形式代号

结构形式			代号
阀杆升降式(明杆)	楔式闸板	弹性闸板	0
		单闸板	1
		双闸板	2
	平行式闸板	单闸板	3
		双闸板	4
阀杆升降式(暗杆)	楔式闸板	单闸板	5
		双闸板	6
	平行式闸板	单闸板	7
		双闸板	8

表 3-55 截止阀、节流阀和柱塞阀结构形式代号

结构形式		代号	结构形式		代号
阀瓣非平衡式	直通流道	1	阀瓣平衡式	直通流道	6
	Z形流道	2		角式流道	7
	三通流道	3		—	—
	角式流道	4		—	—
	直流流道	5		—	—

表 3-56 球阀结构形式代号

结构形式		代号	结构形式		代号
浮动球	直通流道	1	固定球	直通流道	7
	Y形三通流道	2		四通流道	6
	L形三通流道	4		T形三通流道	8
	T形三通流道	5		L形三通流道	9
	—	—		半球直通	0

表 3-57 蝶阀结构形式代号

结构形式		代号	结构形式		代号
密封型	单偏心	0	非密封型	单偏心	5
	中心垂直板	1		中心垂直板	6
	双偏心	2		双偏心	7
	三偏心	3		三偏心	8
	连杆机构	4		连杆机构	9

表 3-58 旋塞阀结构形式代号

结构形式		代号	结构形式		代号
填料密封	直通流道	3	油密封	直通流道	7
	T形三通流道	4		T形三通流道	8
	四通流道	5		—	—

表 3-59 止回阀结构形式代号

结构形式		代号	结构形式		代号
升降式阀瓣	直通流道	1	旋启式阀瓣	单瓣结构	4
	立式结构	2		多瓣结构	5
	角式流道	3		双瓣结构	6
	—	—		蝶式止回阀	7

表 3-60　安全阀结构形式代号

结构形式		代号	结构形式		代号
弹簧载荷弹簧封闭结构	带散热片全启式	0	弹簧载荷弹簧不封闭且带扳手结构	微启式、双联阀	3
	微启式	1		微启式	7
	全启式	2		全启式	8
	带扳手全启式	4		—	—
杠杆式	单杠杆	2	带控制机构全启式		6
	双杠杆	4	脉冲式		9

表 3-61　排污阀结构形式代号

结构形式		代号	结构形式		代号
液面连接排放	截止型直通式	1	液底间断排放	截止型直流式	5
	截止型角式	2		截止型直通式	6
	—	—		截止型角式	7
	—	—		浮动闸板型直通式	8

表 3-62　蒸汽疏水阀、隔膜阀结构形式代号

蒸汽疏水阀				隔膜阀	
结构形式	代号	结构形式	代号	结构形式	代号
浮球式	1	蒸汽压力式或膜盒式	6	屋脊流道	1
浮桶式	3	双金属片	7	直流流道	5
液体或固体膨胀式	4	脉冲式	8	直通流道	6
钟形浮子式	5	圆盘热动力式	9	Y形角式流道	8

表 3-63　减压阀结构形式代号

结构形式	代号	结构形式	代号
薄膜式	1	波纹管式	4
弹簧薄膜式	2	杠杆式	5
活塞式	3	—	—

第三节　水暖管道工程常用辅料

水暖管道工程施工，除了以上主要材料外，常用的还有涂料、填料、保温材料等辅料，其品种、质量、性能对建筑水暖工程的整体质量有很大影响，必须根据工程实际要求认真进行选择。

一、涂料材料

涂料用于水暖金属管道和容器表面作为防腐层，可以起到防腐蚀的作用。随着涂料工业的迅速发展，涂料的品种极多，其性能和特点也各不相同，常用于水暖工程中涂料的性能和用途见表 3-64。

表 3-64　用于水暖工程中涂料的性能和用途

涂料名称	主要性能	耐温性/ (°)	主要用途
红丹防锈漆	与钢铁表面附着力强，隔潮、防水，防锈蚀性好	150	钢铁表面打底，不应暴露于大气中，必须用适当面漆覆盖
铁红防锈漆	覆盖性强，膜薄坚韧，涂刷方便，防锈蚀性较红丹防锈漆稍差	150	钢铁表面打底或盖面
铁红醇酸底漆	附着力强，防锈性和耐气候性较好	200	高温条件下黑色金属表面打底
灰色防锈漆	耐气候性较调和漆强	—	作室内外钢铁表面上有防锈漆的罩面防锈漆
锌黄防锈漆	对海洋性气候及海水侵蚀有防锈性	—	适用于铝金属或其他金属面上作防锈漆
环氧红丹漆	干燥速度快，耐水性强	—	经常与水接触的钢铁表面
磷化底漆 X06－2	能延长有机涂料寿命	60	有色及黑色金属的底层防锈漆
厚漆（铅油）	漆膜较软，干燥慢，在炎热而潮湿的天气有发黏现象	60	用清油稀释后，用于室内钢、木表阀打底或盖面
油性调合漆	附着力及耐气候性均好，在室外使用优于磁漆	60	作室内外金属、木材、砖墙的面漆
铝粉漆	铝粉漆主要是指由铝粉浆和树脂漆液组成的涂料，有优良的防锈性能和屏蔽性	150	专供采暖管道及散热器作面漆
耐温铝粉漆	防锈蚀，不防腐蚀	300 以下	黑色金属表面作面漆
有机硅耐高温漆	能经受高温氧化和其他介质腐蚀的油漆。在高温时有稳定的物理性能	400～500	用于黑色金属表面
生漆（大漆）	漆层机械强度高，耐酸性强，有毒，施工比较困难	200	用于钢、木表面
过氯乙烯漆	抗碱性强，可耐浓度不大的碱，不易燃烧，防水性和绝缘性好	60	用于钢、木表面，以喷涂为佳

续表

涂料名称	主要性能	耐温性/(°)	主要用途
耐碱漆	耐碱耐蚀性好	60 以下	用于金属表面
醇酸树脂磁漆	漆膜的保光性、耐气候性和耐汽油性好	150	适用于全属、木材及玻璃布的涂刷
稳定型带锈底漆	可直接涂刷在锈层厚度在 40μm 以下的带锈钢铁表面	60	钢铁表面打底
转化型带锈底漆	可直接涂刷在锈层厚度在 50μm 以下的带锈钢铁表面	—	钢铁表面打底

二、填料材料

填料泛指被填充于其他物体中的物料，广泛用于建筑水暖管道安装工程中，常用填料的性能和用途见表 3-65。

表 3-65 常用填料的性能和用途

序号	填料名称	填料主要性能和用途
1	白厚漆	白厚漆（白铅油）与麻是管道螺纹连接的填料，用以增加连接处的严密性。使用时，先将白厚漆涂于外管螺纹上，然后用亚麻丝或线麻丝顺螺纹旋紧方向，在螺纹上缠绕 5 圈，拧入后上紧即可
2	麻纤维	麻是麻类植物的纤维。常用的有亚麻、大麻、大麻、白麻和油麻。其中亚麻的纤维长而细，强度大，最适宜作管螺纹的填充材料，大麻次之。亚麻或大麻经油浸透晾干后，即成油麻。油麻是铸铁管承插口的里层填料
3	黄粉	黄粉与甘油调和，涂于煤气、压缩空气、乙炔、氨等管道的管螺纹上，可增加其密封效果。黄粉与蒸馏水调和，可用于氧气管道上。黄粉与甘油调和后，宜在 10min 内用完，否则会产生硬化
4	铅粉	铅粉也叫石墨粉，习惯上也称为墨铅粉，呈碎片状，性滑。用机油搅拌成糊状后，涂于橡胶石棉板垫片上，以增加接触面的严密性，而且又可防止垫片黏附于法兰上，方便更换
5	聚四氟乙烯生料带	聚四氟乙烯生料带是聚四氟乙烯树脂与一定量的助剂相混合，并辗制成厚度为 0.1mm、宽度大于 30mm、长度 1～5m 的薄膜带。它具有优良的耐化学腐蚀性能，对于浓酸、浓碱强氧化剂，即使在高温条件下也不会发生作用，它的热稳定性也很好，能在 250℃ 高温条件下长期工作，也具有很好的耐低温性能，因此，它应用于－180～＋250℃ 工作温度的各种管道螺纹包缠的密封材料
6	石棉	石棉是矿物纤维，隔热好、耐腐蚀、不燃烧。石棉按纤维长短可制成石棉绳、石棉布、石棉板、石棉纸、石棉绒、石棉灰等，其中石棉绳是一种使用较广的填料。石墨石棉绳是水暖管道的成型填料

三、保温材料

为了减少热介质（或冷介质）在管道和容器内热（冷）能的损耗，需要用绝热材料包缠在管道和容器的外表面，这项工序称为绝热或保温施工。用于建筑水暖管道和容器保温的材料主要有以下几种：

1. 矿渣棉

矿渣棉是利用工业废料矿渣（高炉矿渣或铜矿渣、铝矿渣等）为主要原料，经熔化、采用高速离心法或喷吹法等工艺制成的棉丝状无机纤维。它具有质轻、导热系数小、不燃烧、防蛀、价廉、耐腐蚀、化学稳定性好、吸声性能好等特点。可用于建筑物的填充绝热、吸声、隔声、制氧机和冷库保冷及各种热力设备填充隔热等。

2. 玻璃棉

玻璃棉是采用石英砂、石灰石、白云石等天然矿石为主要原料，配合一些纯碱、硼砂等化工原料熔成玻璃。在融化状态下，借助外力，吹制甩成絮状细纤维，纤维和纤维之间为立体交叉，互相缠绕在一起，呈现出许多细小的间隙。这种间隙可看作孔隙。因此，玻璃棉可视为多孔材料，具有良好的绝热、吸声性能。

玻璃棉属于玻璃纤维中的一个类别，是一种人造无机纤维。玻璃棉是将熔融玻璃纤维化，形成棉状的材料，化学成分属于玻璃类，是一种无机质纤维，具有成型好、体积密度小、热导率低、保温绝热、吸声性能好、耐腐饰、化学性能稳定。但玻璃棉粉尘对人体的皮肤有刺激性，操作时应注意防护。

3. 膨胀珍珠岩

膨胀珍珠岩是由酸性火山玻璃质熔岩（珍珠岩）经破碎，筛分至一定粒度，再经预热，瞬间高温焙烧而制成的一种白色或浅色的优质绝热材料。其颗粒内部是蜂窝状结构，并可以用不同的黏合剂制成不同性能的制品，其特点是重量轻、绝热及吸声性能好，并且原材料丰富、价格低廉、使用安全、施工方便。

膨胀珍珠岩及其制品具有质轻、无毒、无味保温、隔热、不燃、抗老化、耐腐、耐碱、耐虫蛀、对人畜无危害等特性，符合近年来日益强调的绿色、环保、节能要求，因此，被大量用于工业与民用建筑的水暖管道、墙体、屋面、地面保温和建筑物吸声。

4. 膨胀蛭石

蛭石是一种层状结构的含镁的水铝硅酸盐次生变质矿物，原矿外似云母，通常由黑（金）云母经热液蚀变作用或风化而成，因其受热失水膨胀时呈挠曲状，形态酷似水蛭，故称蛭石。

生蛭石片经过高温焙烧后，其体积能迅速膨胀数倍至数十倍，体积膨胀后的蛭石称为膨胀蛭石，具有独特的构造特性和表面性质，具有耐高温、强度高、耐火、价格低、施工方便、可露天堆放等特点。膨胀蛭石的用途十分广泛，已应用于建筑、冶金、石油、造船、环保、保温、隔热、绝缘、节能等领域。

5. 石棉

石棉是天然纤维状的硅酸盐类矿物质的总称，具有高抗张强度、高挠性、耐化学和热侵蚀、电绝缘和具有可纺性的硅酸盐类矿物产品，是一种被广泛应用于建材防火板的硅酸盐类矿物纤维，也是唯一的一种天然矿物纤维。

石棉由纤维束组成，而纤维束又由很长很细的能相互分离的纤维组成。由于它具有良好的抗拉强度和良好的隔热性与防腐蚀性、高度耐火性、电绝缘性和绝热性，所以是重要的防火、绝缘和保温材料，被广泛应用于建筑水暖工程。

第四章　水暖工程基本操作工艺

建筑水暖管道工程的施工质量如何，与工程设计、施工环境、材料质量等，均有着很大关系。水暖工的操作技能高低，同样对工程施工质量有着直接关系。水暖工的操作技能由基本操作技能和专业操作技能两部分组成，基本操作技能是水暖工的基本功，而专业操作技能是其技术水平高低的体现。

水暖管道工程技术工人的操作技能包括内容非常广泛，本章仅介绍在水暖管道工程中常用的一些工艺。

第一节　管子除锈工艺

水暖管道和给水排水工程中所需要安装的管子，在正式施工作业前应先进行清洗，以清除管子内外表面的油污、灰尘、铁锈和旧涂层等。

管子除锈方法很多，常用的有手工除锈、机械除锈、喷砂除锈和酸洗除锈等。

一、手工除锈

手工除锈是一种最简单的除锈方法，就是用人工的方法将管子表面铁锈清除干净。这种方法操作简单、应用广泛、效果较好。当钢管内外表面有较厚的浮锈时，首先用手锤等手动工具敲击，振动掉表面的厚锈，使锈蚀层脱落。然后使用钢丝刷、钢砂布、粗砂或铲刀等手工工具，用刮、擦、磨等方式，除掉表面上的所有锈蚀后，待露出金属的本色后，再用棉纱将表面擦刷干净。

二、机械除锈

机械除锈是一种生产效率高、除锈效果好、劳动强度低的除锈方法。除锈的动力工具是由动力驱动的旋转式或冲击式的除锈工具，在工程中常见的是电动钢丝刷，如图 4-1 所示。

电动圆盘钢丝刷是通过软轴由电动机驱动，钢丝刷的快速旋转与工件摩擦，将工件表面的锈蚀磨掉。钢丝刷的直径可以根据不同的管径而更换，清洗的管段可长达 12m。

针束除锈器是一种小型风动除锈工具，其 30～40 个针束可以随着不同的曲面自行调节，特别适用于弯曲、狭窄、凹凸不平、角落、缝隙处，用来清

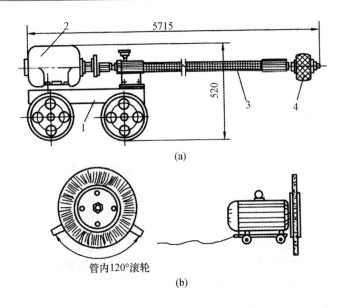

图 4-1 电动圆盘钢丝刷除锈设备
(a) 清扫管子内表面用的扫管机；(b) 钢管内壁除锈设备
1—小车；2—电动机；3—软轴；4—钢丝刷

除锈蚀层、氧化皮、旧涂层及焊渣，具有除锈效果好、工作效率高等特点。这种除锈器在工厂中应用较多。

利用动力除锈工具达不到的地方，可用手工除锈的方法进行补充处理。在采用冲击式除锈工具时，不应对管子表面造成损伤。如使用旋转式除锈工具除锈，不要将工件表面磨得过光。

三、喷砂除锈

喷砂除锈是一种动力式的除锈方法，既可以除去钢管表面的锈蚀层、氧化皮、旧涂层和其他污物，又可以使钢管表面形成均匀的小麻点，这样可以增加涂料和金属的附着力，提高涂料的防腐效果和钢管的使用寿命。

喷砂除锈法，可分为干喷射法和湿喷射法两种，常用的是干喷射法。干喷射法具有操作简单、除锈效果好、生产效率高等优点，但在操作中灰尘大、污染空气，影响周围环境和操作人员的健康。施工人员必须戴防尘口罩、防尘眼镜、风帽等劳动保护用品。

图 4-2 所示为施工现场最简单的干喷射法除锈工艺流程。操作时由一人持喷嘴，另一个人将输砂胶管的末端插入砂堆，压缩空气通过喷嘴时形成真空把砂粒吸入喷嘴，砂与压缩空气充分混合后以高速喷射在工件表面上，以

砂粒的冲击力从而把锈冲掉。

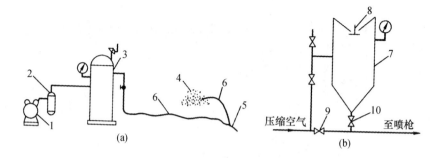

图 4-2　喷砂除锈工艺流程

（a）简易喷砂工艺流程；（b）单室喷砂工艺流程示意图

1—空压机；2—油水分离器；3—储气罐；4—砂堆；5—喷枪；

6—胶管；7—砂罐；8—进砂阀；9—阀门；10—出砂旋塞

四、酸洗除锈

酸洗是一种化学除锈方法，是用适宜的酸液除掉金属表面的金属氧化物。对于钢铁金属工件，就是使其表面的氧化物与酸液发生化学反应，并溶解于酸液中，从而达到除锈的目的。在进行酸洗除锈前，应先将管壁上的油脂清除干净，因为油脂的存在会使酸液不能接触管壁，严重影响除锈效果。洗除锈的工序可分为酸洗、清水冲洗、中和，再进行清水冲洗、干燥，最后进行刷涂或钝化处理。钝化处理是把酸洗过的管子经过中性、干燥处理后浸入钝化液中，使之生成一种致密的氧化膜，从而提高管子的耐腐蚀性能。

酸液除锈的方法主要有槽式浸泡法、系统循环法和涂抹法三种。

第二节　工件矫直工艺

水暖管道工程的工件在运输、装卸、保管、加工和堆放过程中，不可避免地受到各种力的作用，从而产生一些变形。用手工或机械消除原材料或工件不平、不直、翘曲变形的操作称为矫直。

矫直分为手工矫直和机械矫直两种：手工矫直是用手工工具在平台、铁砧或虎钳上进行的，主要包括扭转、延展、伸张等操作工艺；机械矫直是在校直机、压力机上进行的。但是，在水暖管道的施工现场，主要是采用手工矫直的方法。

一、工件矫直常用工具

工件矫直常用的工具种类很多，常见的有矫直平台、软质手锤、硬质手锤、V 形铁、压力机和矫直机等。矫直平台是用来做矫直的基准工具，可以在平台上进行矫直作业，也可以用平台检验工作的矫直效果。对于已加工面、薄板工件和有色金属制件，应采用软手锤进行矫直。对于轴类机械零件和直径较大的钢管，常用压力机和矫直机进行矫直。

工件矫直后要进行检验，所以检验工具也是工件矫直中不可缺少的工具，主要包括平板、平尺、钢板尺、直角尺、水平尺和百分表等。

二、工件矫直常用方法

工件矫直的方法有很多种，应当根据工件的材质、尺寸、形状等方面选择。对于水暖管道工程中的小型条料或型钢等，由于某些原因而造成的扭曲、弯曲等变形时，可以采用下列方法矫直。

（一）扭转法矫直

当工件发生扭曲变形时，应采用扭转法进行矫直，如图 4-3 所示。这种方法是将工件夹持在虎钳上，用专用工具或活口扳手，把工件扭转到原来的形状。如果工件在厚度方向发生弯曲变形时，可用扳直的方法进行矫直，如图 4-4 所示。

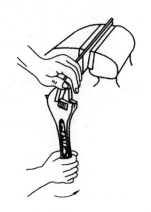

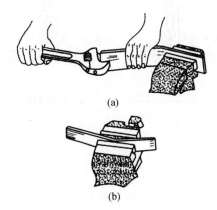

(a)

(b)

图 4-3　扭转法矫直操作示意图　　图 4-4　扳直法矫直操作示意图

（二）延展法矫直

如果条料工件在宽度方向发生弯曲变形时，应采用延展法矫直，如图 4-5

所示。在进行矫直时，必须锤击弯曲里侧，使里侧逐渐伸长而变直。图 4-6 所示是中部凸起变形的板料工件，如果锤击中间凸起部分，由于材料产生延展，会使凸起部分更为严重。因此，必须锤击凸起部分的周围，使其周围产生一定延展，板料才能自然变平。

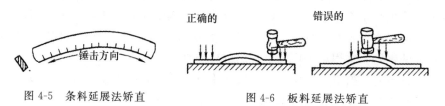

图 4-5　条料延展法矫直　　　　图 4-6　板料延展法矫直

（三）弯曲法矫直

对于棒料、轴类和角铁等的变形，应采用弯曲法矫直。对于直径较小的棒料、厚度较薄的条料，可以把工件夹在虎钳上，用手直接把弯曲部分扳直；也可以用手锤在铁砧上进行矫直。对于直径较大的棒料，应采用压力机进行矫直，如图 4-7 所示。矫直棒料时，要用平垫铁或 V 形铁将棒料支撑起来，支撑的位置要根据变形情况而确定。

用弯曲法对工件进行矫直时，施加的外力 P 使工件的上部因受压而被压缩，工件的下部因受拉而被伸长，从而将弯曲的工件矫直，如图 4-8 所示。

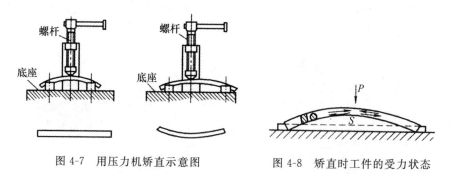

图 4-7　用压力机矫直示意图　　　图 4-8　矫直时工件的受力状态

（四）伸张法矫直

当工件为细长状的线材发生变形时，应采用伸张法矫直，如图 4-9 所示。将弯曲的线材在圆木缠绕一周，将其另一头夹在虎钳上，然后用左手紧握圆木，并使线材在食指和中指之间穿过；随后用左手把圆木向后拉，右手将线材展开，并适当拉紧。线在一定拉力的作用下，即可伸张矫直。在用伸张法矫直线材时，要特别注意安全，防止线材将手指割伤。

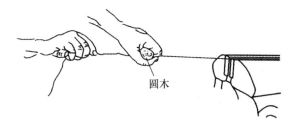

图 4-9　伸张法矫直线材示意图

第三节　管子切断工艺

在水暖管道工程施工中，为了使管子的长度符合实际需要，不可避免要切割管子，因此，管子切割是经常遇到的一个工序。切割质量如何，对于管子的连接和其他加工有着直接影响，必须认真对待。

一、管子切割的基本方法

在水暖管道工程施工中，切割管子的方法很多，如有锯割、磨割、气割、錾切、等离子切割等对于不同的管材适用不同的操作工艺方法。

（一）管子的锯割

管子锯割，是常用的一种切断管子的方法，根据管子直径和施工需要，一般可以采用手工锯割法和机械锯割法。

在进行手工锯割时，右手握住锯柄，左手握住锯弓的前端。在进行推手锯时，身体稍微向前倾斜，利用身体的前后摆动，带动手锯前后运动，从而以锯齿的切削将管子锯断。

在采用机械切割管子时，要将管子固定在锯床上，锯条对准切割线，开动机械即可将管子切断，这种方法适用范围广、切割速度快、切口质量好。

（二）管子的磨割

管子的磨割在安装现场常用一种便携式的切割管机，可以切割直径 15～135mm 的不锈钢管及各种材质的管子。

这种便携式的切割管机的割管效率比较高，一般可比手工锯切管子提高工效 10 倍以上，且管子的切口面比较光滑，只有少量的飞边，用锉刀轻轻一锉便可以除掉。这种便携式的切割管机不仅可以切直口，也可以切斜口，还可以用来切断各种型钢，在水暖管道工程中广泛应用。

（三）管子的錾切

錾切主要用于铸铁管、混凝土管及陶土管等切割，常用的錾子有扁錾、尖錾和克子。这类工具还没有实现标准化，通常都是根据需要和使用习惯，用工具钢烧红锻打后，再经刃磨淬火而制成。

在进行錾切时，管子的切断线处要垫上厚木方，用錾子沿着切断线轻錾1～2圈以刻出线沟，然后沿线沟用力敲打，同时不断地转动管子，连续敲打几圈后直至管子折断为止。对于大口径的铸铁管，需要两人配合操作，一人扶錾子，一人打大锤，边錾边转动管子。錾子一定要扶正，锤的落点要准确。

铸铁管、混凝土管及陶土管都是脆性材料，在进行錾切时，锤击力的大小要适宜，防止管子因用力大而震裂。操作人员要戴上防护眼镜，防止飞溅的碎屑伤人。

（四）等离子切割

等离子切割是一种新型的热切割技术，其原理是压缩空气为工作气体，以高温、高速的等离子弧为热源，将被切割的金属局部熔化，并同时用高速气流将已熔化的金属吹走，形成狭窄切割缝。

等离子弧的温度高达 15000～33000℃，热量要比电弧更加集中。现有的高熔点金属和非金属材料，在等离子弧的高温下均能熔化，对氧-乙炔火焰不能切割的金属和非金属材料都能采用这种方法切割。

二、管子切口的质量要求

管子切割后其切口处的质量，关系到管子再加工时速度和质量，也关系到施工工期和工程造价，因此，在管子切割中应随时检查其质量如何。当设计中无具体要求时，管子切口的质量应达到以下标准：

（1）管子的切口表面应当平整，不得有裂纹、重皮、毛刺、凸凹、缩口、熔渣、氧化铁和铁屑等，如有上述缺陷，应进行清除。

（2）垂直的管子切口必须符合加工规范的要求，切口平面倾斜偏差不得超过管子直径的 1％，且也不得超过 3mm。

第四节　管子套螺纹工艺

钢管的连接方式有焊接连接、法兰连接、卡套连接和螺纹连接，虽然螺纹连接的范围逐渐缩小，但有很多工程仍在采用螺纹连接，因此，管子套螺纹还是一项必须掌握的工艺。管子套螺纹的方法有手工管螺纹加工和机械管螺纹加工两种。

一、手工管螺纹加工

在采用手工管螺纹加工之前，首先要做好两项基础工作：一是要按规定装好板牙，其安装方法如图 4-10 所示；二是将要套螺纹的管子端头毛刺处理干净，并使管口达到平直。然后将管子固定在龙门钳头上，加工螺纹的一端应伸出 150mm，在管端加工螺纹部分涂以润滑油，把铰板装置放到底，并把活动标盘对准固定标盘与管子直径稍大的刻度上。上紧标盘的固定把，随后将后套推入管内，使板牙的切削牙齿对准管子端部，合拢张开的板牙，关紧后套。

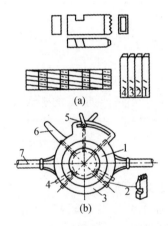

图 4-10　板牙及安装方法示意图
（a）板牙；（b）板牙安装
1—固定标盘；2—板牙、板牙槽；3—活动标盘；4—后卡瓜顶件；
5—标盘固定把子；6—板牙松紧把子；7—手柄

进行第一遍管螺纹加工后，将后套松开，松开板牙，取下铰板。将活动标盘对准固定标盘与管子直径相应的刻度上，使板牙合拢，进行第二遍套螺纹加工。第一遍加工的螺纹深度为螺纹高的 1/2～2/3，第二遍加工的螺纹深度为全螺纹高。

按照加工质量和操作技术要求，任何直径的管子在套螺纹时，不允许一次加工完成。对于 $DN<12mm$ 的小直径管子的加工次数为一两次，对于 $DN=32～50mm$ 的管子的加工次数为两三次，对于 $DN>50mm$ 的大直径管子加工次数为 3 次以上。管子端部加工后的螺纹长度和牙数，应符合表 4-1 中的规定。

表 4-1　管子端部加工后的螺纹长度和牙数

管子规格尺寸		连接一般构件用的短螺纹		长丝用的长螺纹		连接阀门用的螺纹	
in	DN/mm	长度/mm	牙数/个	长度/mm	牙数/个	长度/mm	牙数/个
1/2	15	14	9	50	27	12	8
3/4	20	16	9	55	27	13.5	8
1	25	16	9	60	27	15	8
11/4	30	20	9	65	28	17	8
11/2	40	22	10	70	30	19	9
2	50	24	11	75	33	21	10
21/2	70	27	12	85	37	23.5	11
3	80	30	13	100	44	26	12

二、机械管螺纹加工

机械加工管子螺纹通常采用电动套丝机进行，也可以用车床车削的方法。采用电动套丝机加工的螺纹，比手工加工的螺纹质量好、效率高，大大减轻工人的劳动强度，在工程中得到广泛应用。我国目前市场上销售的电动套丝机牌号有 TQ2 型螺纹加工机、TQ3 型螺纹加工机和 TQ3A 型螺纹加工机。

为确保管子螺纹的加工质量和生产效率，为方便管子连接时准确顺利，在机械加工螺纹时，要注意以下事项：

（1）螺纹尺寸较小，加工精度要求较高，电动套丝机应当低速运行，要根据套丝质量情况选择适宜的速度，不得逐级加速，以防爆牙或管端变形。

（2）在螺纹加工时，加工螺纹的端部一定要加润滑油。有的螺纹加工机设有乳化液加压泵，采用乳化液作为冷却剂及润滑剂。

（3）对于套的管子要确实固定牢靠，在正式套丝前要进行认真检查。在夹紧固定管子时，千万不可用锤击的方法进行旋紧或放松。

（4）在加工长度较长的管子时，管子的非套丝端一定要垫好、调平，不能在悬空的状态下进行操作，以免管子掉落伤人。

（5）管子套丝完成后，要将进刀手柄及管子夹头松开，再将管子缓缓退出，以防止出现碰伤螺纹现象。

（6）对于直径大于 25mm 的管子，套丝要分两次进行，切不可一次套成，以免损坏板牙或产生烂牙。

（7）管子套丝完成后，应立即用内管口铣头处理毛刺。全部完成或停止套丝后，要切断电源，清理干净切削下来的碎屑。

第五节　管子弯曲工艺

在水暖管道工程中用来改变管路走向的弯管称为弯头。弯头是管道工程中最常用的配件之一，按制作方法不同，可分为冷弯弯头、热弯弯头、焊接弯头、压制弯头和推拉弯头等。弯头大多数是在安装现场制作。管子的弯曲在管道安装工程中是一项极为重要的工作。在实际的管道工程施工中，常见的管子弯曲方法有冷弯弯管、热弯弯管、手工热弯、机械热弯。

一、管子冷弯曲工艺

管子冷弯曲工艺与管子热弯曲工艺相比，具有弯曲速度快、不需要加热设备、弯管不用加热、管内不要充砂、不存在烫伤危险、操作比较简单、经济效益较好等优点，但只适用于弯曲管径小、管壁薄的管子，管径一般不超过200mm。

目前，在水暖管道工程中采用的弯管机有手动弯管机、电动弯管机和液压弯管机等。

（一）手动弯管机

手动弯管机是一种自制的小型弯管工具，一般可煨制公称直径不超过25mm的管子，如图4-11所示。这种弯管工具由固定导轮、活动导轮、手柄、钢夹套等组成。固定导轮和活动导轮的边缘都有向里凹陷的半圆槽，半圆槽的直径和被弯曲管子外径相同。两轮相并则成为圆孔，孔形应能使被弯曲的管子从中间穿过。

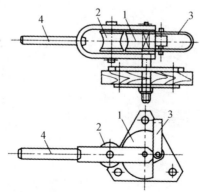

图4-11　固定式手动弯管机结构示意图
1—固定导轮；2—活动导轮；3—钢夹套；4—手柄

在进行弯曲管子时，固定导轮用销子或螺栓固定在工作台上，使其不能转动，固定导轮的半径应当与被弯曲管子半径相等，将管子的一端固定在管子夹持器内，转动钢夹套并带动活动导轮，使其围绕固定导轮转动，直至弯制成需要的角度。

手动弯管机的每一对导轮只能弯曲一种外径的管子（管子的外径改变后，导轮也要进行更换），其最大弯曲角度为180°。

（二）电动弯管机

电动弯管机是一种在管子不加热、不充砂的情况下进行弯曲的弯管专用设备，可弯制的管子外径一般不超过200mm。这种弯管机具有弯管速度快、节能效果明显、产品质量稳定等特点。目前使用的电动弯管机有蜗杆驱动的弯管机，可弯曲直径为15～32mm的钢管；加芯棒的弯管机，可弯曲壁厚5mm以下、直径为32～85mm的管子。另外，还有WA27—60型弯管机、WB27—108型弯管机和WY27—159型弯管机等。

用电动弯管机弯曲管子时，先把要弯曲的管子沿导板放在弯管模和压紧模之间，如图4-12（a）所示，压紧管子后启动开关，使弯管模和压紧模带动管子起绕着弯管模旋转，达到需要的弯曲角度后停车，即将管子弯曲成功，如图4-12（b）所示。

弯曲管子时使用的弯管模、导板和压紧模，必须与被弯曲管子的外径相等，以免管子产生不允许的变形。当被弯曲的管子外径大于60mm时，必须在管内放置弯曲芯棒，芯棒外径比管子的内径小1～1.5mm，放在管子开始弯曲的稍前方，芯棒的圆锥部分与圆柱部分的交界线，要放在管子开始弯曲的位置上，如图4-13所示。

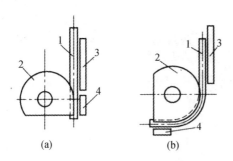
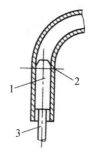

图4-12　电动弯管机弯管示意图　　　图4-13　弯管时弯曲芯棒的位置
1—管子；2—弯管模；3—导板；4—压紧模　　1—芯棒；2—管子的开始弯曲面；3—拉杆

（三）液压弯管机

液压弯管机由柱塞液压泵、液压油箱、活塞杆、液压缸、弯管胎、夹套、顶轮、进油嘴、放油嘴、针阀、复位弹簧、手柄等组成。液压弯管机是目前比较先进的弯管设备，具有结构紧凑、体积较小、重量较轻、便于操作等特点。

目前，在水暖管道工程安装中，常用的是 WG－60 型和 CDW27Y 型液压弯管机。WG－60 型弯管机是一种小口径钢管弯曲较好的设备，可以弯曲 $DN15\sim50mm$ 的钢管，弯管角度为 $0\sim180°$，最大工作压力为 45MPa，最大工作荷载为 90kN，最大工作行程为 250mm。

二、管子热弯曲工艺

热弯曲是将管子加热到一定温度后，对管子再进行弯曲的加工工艺。管子加热后，增加其塑性，可弯制任意角度的弯管。在没有冷弯设备的情况下，对于管径大于 80mm、厚管壁的管子，可以采取热弯曲的方法。热弯曲按弯曲方法不同，可分为手工热弯曲和机械热弯曲。

（一）手工热弯曲工艺

手工热弯曲是一种比较原始的弯管制作方法，这种方法虽然效率较低、浪费能源，但具有很强的灵活性，在有色金属和塑料管弯曲中有明显的优越性。手工热弯曲工艺分为准备工作、充砂打砂、管子加热、弯曲成形和除砂清理五道工序。

1. 准备工作

（1）对管材的要求。弯曲所用的管材，除规格符合要求外，应无锈蚀、无外伤、无裂纹。对于采用高压力和中等压力弯曲的管子，应选择壁厚为正偏差的管材。

（2）对砂子的要求。弯曲管子所用的砂子，其耐热度要在 1000℃ 以上，粒度要符合表 4-2 中的规定。

表 4-2　钢管充填砂的粒度要求　　　　　　　　　　（mm）

管子公称尺寸	<80	80~150	>150
砂子粒度	1~2	3~4	5~6

（3）对灌砂子平台的要求。灌砂子平台高度应低于弯曲最长管子的长度 1m 左右，以便于向管中装砂。灌砂子平台由地面算起，每隔 2m 左右分为一

层，这个间距可使操作人员能站在平台上方便地作业。

（4）对弯管平台的要求。弯管平台多数用混凝土浇筑并预埋管桩而制成，也可用钢板铺设，上面设置足够的圆孔或方孔，以供插入活动挡管桩之用。

（5）对加热炉的要求。加热炉是用来加热管子的，一般用耐火砖砌筑而成。加热炉应设有风管、风闸板及鼓风机，以备加热并送风，有条件的也可采用燃气加热炉。

（6）对牵引设备的要求。对牵引施工所用的绳索、绞磨和滑轮等，其规格、数量、质量和安全等方面，均应符合有关规范的要求。

2. 充砂打砂

为防止在弯管时管子因受到"外拉内压"而发生扁化变形，在弯管前必须将烘干的砂子将管腔充填密实。充填砂子时将管子的一端用木塞、钢板点焊、螺丝堵头等方式堵塞，将堵塞的一端着地，稍微倾斜地靠在灌砂子的平台上，管子上端用绳子固定在平台上部，从上向下进行灌砂，随灌随用手锤锤击钢管，使砂子振实。当砂子不再下沉时，将上管口封好。

3. 管子加热

管子加热一般采用地炉进行。加热钢管可用焦炭作为燃料；加热铜管宜用木炭作为燃料；加热铝管宜用焦炭打底，上面铺上木炭以调节温度，也可以用氢气或蒸汽加热。当管径小于 50mm 且弯管数量较少时，也可用氧-乙炔焰加热。

在管子加热前将炉内的燃料加足，加热过程中一般不再添加燃料。待炉内燃料燃烧正常后，再将管子放进炉内，燃料应沿管子周围在加热长度内均匀分配，并在炉上部盖上反射钢板，以减少热量的损失，加速加热过程。管子加热的长度一般为弯曲长度的 1.2 倍。

在加热中要经常转动管子，使其受热均匀。加热温度一般为 1000～1050℃，既不要过低，也不要过高。可用观察颜色方法判断管子温度，管子受热颜色与温度对应关系见表 4-3。

表 4-3　管子受热颜色与温度的对应关系

温度/℃	550	650	700	800	900	1000	1100	＞1200
发光颜色	微红	深红	樱桃红	浅红	深橙	橙黄	浅黄	发白

施工现场加热管子应采用相应粒径的焦炭，焦炭的粒径应在 50～70mm，管子直径大，用大粒径焦炭，直径小，用小粒径焦炭，但不能用烟煤代替。钢管加热到弯曲温度所需的时间和燃料用量，可参考表 4-4 中的数值。

表 4-4 钢管加热到弯曲温度所需的时间和燃料用量

公称直径/mm		100	125	150	200	250	300	350
燃料 /kg	焦炭	6	9	14	23	35	55	71
	木炭	5	8	12	20	32	48	62
	泥炭	11	17	26	43	68	103	133
加热时间/min		40	55	75	100	130	160	190

4. 弯曲成形

管子弯曲成形在平台上进行，把加热好的管子插入管桩间，按照弯曲的位置放好后，牵动绳索使管子弯曲成形。成形过程中应由有经验的工人观察弯曲状况，并指挥牵引程度。弯曲时一般用样板控制弯曲角度，考虑管子冷却时有回弹，样板角度可大于弯曲角度 2°～3°。

在热弯曲过程中，如果发现弯曲不均匀时，可在弯曲较大的部分点水冷却，以使弯曲均匀美观；如果出现椭圆度大、有鼓包或明显皱折时，应立即停止弯曲操作，趁热用手锤进行整修。但对合金钢管不得用水冷却，用水冷却可能会使管子出现微小的纤维裂纹。

管子弯曲成形后，应放在空气中或盖上一层干砂，使其逐渐冷却，并在弯曲的部位涂上一层废机油，以防止此部分产生氧化。

5. 除砂清理

弯曲成形的管子，冷却后取下端部的堵头，将管内的砂粒倒干净，再用圆形钢丝刷系上铁丝拉扫，用压缩空气将管内的灰尘吹出，将管中所有杂物彻底清除。对于重要的管道安装部位，在弯管安装时应进行"通球"试验，以确保管道的畅通。

（二）机械热弯曲工艺

机械热弯曲主要使用火焰弯管机和中频感应电热弯管机，一般是在工厂内集中进行加工。管内不需要装砂子，适用于大直径的管子弯曲，具有生产效率高、加工质量好、劳动强度小等优点。

1. 火焰弯管机

火焰弯管机的传动系统由调速电动机、减速箱、齿轮、蜗杆蜗轮等组成，从而带动主轴旋转。主轴与弯管机构连接，通过托辊、靠轮、拐臂、夹头等使管子转向弯曲。管子在转向弯曲前是通过火焰圈加热，使管子达到弯曲的温度。在进行弯管时，夹头的规格随着管子的直径大小而更换，弯曲半径则由调整夹头与主轴的水平距离来控制。

2. 中频感应电热弯管机

中频感应电热弯管机是在火焰弯管机的基础上改制而成的，所不同的是火焰圈换成由紫铜制成的感应圈，两端通入中频电流，中间通入冷却水。这种弯管机加工质量好、生产效率高，可弯曲外径 325mm、壁厚 10mm 的管子。

三、管螺纹加工工艺

管螺纹加工也称为套丝，是指在管子端头切削管螺的操作工艺。随着科学技术的发展，螺纹连接的范围已大大缩小，将逐渐被卡套式连接所代替。螺纹连接的应用范围是：公称直径 $DN \leqslant 100mm$，工作压力 $P \leqslant 1.0MPa$ 的给水管道；公称直径 $DN \leqslant 650mm$，工作压力 $P \leqslant 1.0MPa$ 的热水管道；公称直径 $DN \leqslant 50mm$，工作压力 $P \leqslant 0.6MPa$ 的蒸汽管道；公称直径 $DN \leqslant 100mm$，工作压力 $P \leqslant 0.005MPa$ 的煤气管道。

管螺纹加工有手工加工和机械加工两种方法。

（一）管螺纹的手工加工

管螺纹加工之前，首先要装好板牙，安装方法如图 4-14 所示，同时将管子端头的毛刺处理掉，使管口平直，将管子固定在龙门钳头上，需加工螺纹

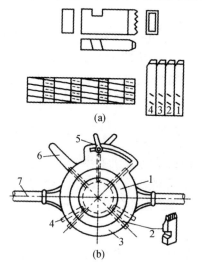

图 4-14　板牙及其安装示意图

1—固定标盘；2—板牙；3—活动标盘；4—后卡爪顶；

5—标盘固定把手；6—板牙松紧把手；7—手柄件

的一端应伸出 150mm 左右，加工螺纹部分涂以润滑油，把铰板装置放到底，并把活动标盘对准固定标盘与管子直径稍大一些的刻度上。上紧标盘的固定把，随后将后套推入管内，使板牙的切削牙齿对准管端，这时使张开的板牙合拢，并关紧后套，进行第一遍管螺纹加工。第一遍管螺纹的加工切削深度约为 1/3～1/2 螺纹高。

第一遍加工好后，将后套松开，松开板牙。将活动标盘对准固定标盘与管子直径相应的刻度上，使板牙合拢，进行第二遍管螺纹加工。第二遍管螺纹的加工切削深度应为螺纹高度。

为了使螺纹连接紧密，螺纹一般加工成锥形。螺纹的锥度是在套丝过程中从最后 1/3 长度处逐渐松开板牙来达到的。

按照一般操作技术要求，小口径管道 $DN<12mm$ 的加工次数为一两次；$DN=32～50mm$，为两三次；$DN>50mm$，应 3 次以上。这样操作可防止板牙过度磨损，套出无断丝、无龟裂而达到光滑标准的螺纹。

管螺纹的加工长度与被连接件的螺纹长度有关。连接各种管件的螺纹一般为短螺纹，如连接三通、弯头、阀门等部件；当采用长丝连接时，要采用长螺纹。管子端部加工后的螺纹长度尺寸见表 4-5。

表 4-5　管子端部加工后的螺纹长度尺寸

管子规格尺寸		连接一般管件用的短螺纹		长丝用的长螺纹		连接阀门的螺纹	
/in	DN/mm	长度/mm	牙数	长度/mm	牙数	长度/mm	牙数
1/2	15	14	9	50	27	12	8
3/4	20	16	9	55	27	13.5	8
1	25	16	9	60	27	15	8
11/4	30	20	9	65	28	17	8
11/2	40	22	10	70	30	19	9
2	50	24	11	75	33	21	10
21/2	70	27	12	85	37	23.5	11
3	80	30	13	100	44	26	12

（二）管螺纹的机械加工

机械加工管螺纹通常用电动套丝机进行，必要时也可用车床车制。采用电动套丝机加工的螺纹质量，比手工加工的螺纹好，生产效率也较高，大大减轻了工人劳动强度，在管螺纹加工量大时宜采用。我国目前市场上销售的电动套丝机牌号有 TQ2、TQ3 和 TQ3A 型等，按规格型号可分为 2 英寸电动套丝机、3 英寸电动套丝机、4 英寸电动套丝机、6 英寸电动套丝机等。

套丝机由机体、电动机、减速箱、管子卡盘、板牙头、割刀架、进刀装置和冷却系统组成。电动切管套丝机是一种可移动的固定式电动工具，它适用于各类建筑工程，以及自来水、煤气管、电气设备等安装工程，可以实现钢管绞削管螺纹及钢管切断、倒角，三道工序一次连续完成。

我国很多电动套丝机生产厂家，已生产出采用国际标准设计制造，结构合理、操作简易、维护方便、外型美观、使用安全可靠的升级换代改型产品。

四、管子坡口加工工艺

为了保证焊缝的焊接质量，无论何种材质的管材，当厚度超过允许标准时，都需要进行坡口的加工。坡口形式分为I形、V形、双V形、U形、X形和带垫板的V形坡口等。当设计图纸对坡口尺寸有要求时，应当按设计图纸的规定加工。当设计无具体规定时，可按表4-6的规定进行。

（一）管子坡口的加工方法

管子坡口加工可采用车床或管道坡口机、气割、锉削、磨削、錾削等方法进行。管道坡口机分为手动和电动两种。手动管道坡口机用于管径小于100mm的管子坡口加工。用手动坡口机加工管子坡口时，首先将管子固定在管子台虎钳上，在进行操作时按管径大小调整刀距，顺管子圆周切割，可以一次加工成，也可以多次加工成。

用电动坡口机加工管子坡口时，先将管子夹持在坡口机上，注意管端与刀口之间要留出2～3mm的间隙，防止因一次进刀量过大而损坏刀具。在加工的过程中，应仔细地将刀对准管端平面，进刀的速度不要太快，并应加注切削液冷却刀具，以防止刀具损坏；在进刀结束时，应保持在原位继续旋转几圈，以使管子坡口比较光滑。

用氧－乙炔焰进行管子坡口加工时，将割嘴沿着管子圆周按坡口需要的角度顺次切割，割出坡口后，再用角向砂轮机磨去氧化皮。

直径较小的管子可用手工方法加工坡口。首先将管子固定在管子台虎钳上，然后用锤子敲打扁錾，使扁錾按照所需的坡口角度顺次錾削，最后再用锉刀将不平地方修整。

（二）管子坡口的技术要求

（1）中低压碳素钢管道可采用坡口机或氧-乙炔焰切割方法加工坡口。当采用氧-乙炔焰切割方法时，必须注意对坡口处氧化铁渣的处理。坡口切割后采用角向磨光机对坡口上的氧化铁、坡口的不平度进行处理，这样就会得到满意的质量标准。如果氧-乙炔焰切割坡口后不做任何处理，将会对焊接工作增加困难，并且难以保证焊接质量。

表 4-6　钢制管道焊接常用的坡口形式和尺寸

厚度 T	坡口名称	坡口形式	坡口尺寸			备注
			间隙 c	钝边 p	坡口角度 $\alpha(\beta)/(°)$	
1～3	1 形坡口		0～1.5	—	—	单面焊
3～6			0～2.5			双面焊
3～9	V 形坡口		0～2	0～2	65～75	
9～26			0～3	0～3	55～65	
6～9	带垫板的 V 形坡口	$\delta=4\sim6\quad d=20\sim40$	3～5	0～2		
9～26			4～6	0～2	45～55	
12～60	X 形坡口		0～3	0～3	55～65	
20～60	双 V 形坡口	$h=8\sim12$	0～3	1～3	65～75 (8～12)	
	U 形坡口	$R=5\sim6$	0～3	1～3	(8～12)	

（2）为了保证坡口的正确角度，在切断前可做一标准样板（用铁板制作）。用这个样板检查坡口的角度。从焊接技术条件来分析，当坡口角度切割过大时会增加焊条的熔注量，严重浪费焊条及电能，焊口处的力学性能也难以稳定；当坡口角度切割过小时，难以保证熔接的有效面积，甚至导致管口焊接穿透率不好，为此必须确保坡口质量。

（三）管子坡口的保护

管端开坡口后应及时进行安装，并且应当尽量避免长距离运输，尤其较大口径的管道，开口后的管端是不好保护的，开坡口后的管口在装卸、搬运、拼装、储存、移动时均应精心保护。一旦发现管口碰撞变形时，应采取冷矫式热矫方法给以修复，如果损坏较为严重应将坡口端切割掉，重新再加工坡口。如果开坡口后的管道存放时间较长，并且已开始锈蚀，在拼装焊接前应用砂布把锈蚀清理干净。

五、手工电弧焊施工工艺

手工电弧焊操作的工艺流程：焊接引弧→焊缝起焊→进行运条→焊缝连接→焊缝收尾。

（1）焊接引弧。手工电弧焊焊接时引燃焊接电焊的过程称为引弧。常用的引弧方法有两种：一种为划擦法；另一种为直击法。划擦法是一种工艺简单、易于掌握的引弧方法。

1）划擦法。划擦法的动作好像擦火柴。先将焊条前端对准焊件，然后将手腕扭转，使焊条在焊件的表面上轻微划擦一下，即可引燃电弧。当电弧引燃后，应立即使焊条末端与焊件表面保持 3～4mm 的距离，以后只要使弧长约等于该焊条直径，就可使电弧稳定燃烧，划擦法引弧如图 4-15 所示。

2）直击法。直击法是将焊条前端对准焊件，然后将手腕下弯，使焊条轻微碰一下焊件，随即迅速把焊条提起 3～4mm，即可引燃电弧。当产生电弧后，使弧长保持在与所用焊条直径相适应的范围内，直击法引弧如图 4-16 所示。

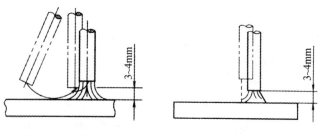

图 4-15　划擦法引弧　　　　图 4-16　直击法引弧

（2）焊缝起焊。起焊（起头）指焊缝开始的焊接。因为焊件在未焊之前温度较低，熔深很浅，这样会导致焊缝强度减弱。为避免这种不利情况，要对焊缝的起头部位进行必要的预热，即在引弧后先将电弧稍微拉长一些，对焊缝端部进行适当预热后，再适当缩短电弧长度，进行正常焊接。

（3）进行运条

1）焊条的基本运动。焊缝起焊后，即进入正常的焊接阶段。在正常焊接阶段，焊条一般有 3 个基本的运动，即沿焊条中心线向熔池送进，沿焊接方向逐渐移动及做横向摆动，如图 4-17 所示。

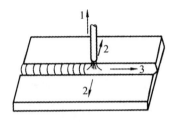

图 4-17　焊条的 3 个基本运动方向

1—向熔池方向送进；2—横向摆动；3—沿焊接方向移动

2）运条方法。在实际焊接操作中，运条的方法有多种，如直线形运条法、直线往复运条法、锯齿形运条法、月牙形运条法、三角形运条法、圆圈形运条件和 8 字形运条法等，需要根据具体情况灵活选用。

（4）焊缝连接。在操作时，由于受焊条长度的限制或操作姿势的变换，一根焊条往往不可能完成一条焊缝。焊缝的接头就是后焊焊缝与先焊焊缝的连接部分，焊缝的连接一般有以下 4 种方法：

1）后焊焊缝的起焊与先焊焊缝的结尾相接，如图 4-18（a）所示。这种焊缝的连接方法是在先焊焊缝弧坑稍前处（约 10mm）引弧，电弧长度要比正常焊接时稍微长一些，然后将电弧移到原弧坑的 2/3 处，填满弧坑后即可转入正常焊接。此法适用于单层及多层焊的表层接头。

2）后焊焊缝的起头与先焊焊缝的起头相接，如图 4-18（b）所示。这种接头的方法要求先焊的焊缝起焊处略低些，在进行接头时，在先焊焊缝的起焊前 10mm 处引弧，并稍微拉长电弧，然后将电弧引向起焊处，并覆盖它的端头，待起头处焊缝焊平后，再向先焊焊缝相反的方向进行移动。

3）后焊焊缝的结尾与先焊焊缝的结尾相接，如图 4-18（c）所示。这种接头的方法要求后焊焊缝焊到先焊焊缝的收尾处时，焊接速度要适当放慢，以便填满前焊焊缝的弧坑，然后以较快的焊接速度再略向前焊，超越一小段后熄弧。

4）后焊焊缝的结尾与先焊焊缝的起头相接，如图 4-18（d）所示。这种接头的方法与第三种情况基本相同，只是在前焊焊缝的起头处与第二种接头一样，应稍微低一些。

（5）焊缝收尾。焊缝收尾是指一条焊缝焊完后，应把焊缝尾部的弧坑填

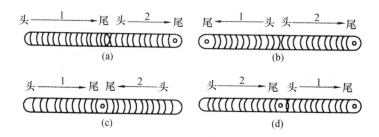

图 4-18　4 种焊缝连接方式示意图

(a) 头尾相接；(b) 头头相接；(c) 尾尾相接；(d) 尾头相接

1—先焊焊道；2—后焊焊道

满。如果收尾时立即拉断电弧，则弧坑会低于焊件的表面，焊缝强度减弱，易使应力集中而造成裂缝。所以，收尾动作不仅是熄弧，还要填满弧坑。收尾的方法一般有以下 3 种：

1）划圈收尾法。收尾时，焊条做圆圈运动，直到填满弧坑后再拉断电弧，此法适用于厚板焊接的收尾，对于薄板则有烧穿的危险。

2）反复断弧收尾法。当焊到焊缝的终点时，焊条在弧坑上反复做断弧、引弧动作三四次，直到填满弧坑为止。此法适用于薄板焊接和大电流焊接。但碱性焊条不宜采用此法。

3）回焊收尾法。当焊接到焊缝的终点时，焊条立即改变角度，向回焊一小段后熄弧。此方法适用于碱性焊条。

第五章　室内外给水管道安装工艺

建筑给水系统的主要任务是将城镇给水管网中的水引入一幢建筑或一个建筑群，供人们生产、生活和消防之用，并满足各类用水的水质、水量和水压等要求。要达到以上三项基本要求，就必须对室内外给水管道的安装工艺严格把关。

第一节　室内给水管道安装工艺

室内给水的基本任务，是解决建筑物内部的用水问题，就是在满足用户对水质、水量和水压要求的条件下，经济、合理地将水由室外给水管网输送到装置在建筑物内的各种配水龙头、生产用水设备或消防设备处。

一、室内给水管道安装的施工准备

室内给水管道安装的施工准备工作，包括施工材料准备、施工机具准备和作业条件准备。

（一）施工材料准备

（1）铸铁给水管及管件的数量、规格和种类等，应符合设计用量和压力要求。管壁的厚度要均匀，内外应光滑、整洁，不得有砂眼、裂纹、毛刺和疙瘩等缺陷；承插口的内外径及管件造型应规矩，管内外表面的防腐涂层应整洁、均匀，附着在管壁上非常牢固。管材及管件均应有出厂合格证。

（2）镀锌碳素钢管及管件的数量、规格和种类等，应符合设计用量和压力要求。管壁内外镀锌均匀，无锈蚀、无飞刺。管件不得有偏扣、乱扣、螺纹不全或角度不准等现象。管材及管件均应有出厂合格证。

（3）水表的规格应符合设计要求，并经国家计量部门确认，热水系统应选用符合温度要求的热水表。表壳上不得有砂眼、气孔和裂纹等铸造缺陷，水表的玻璃盖无损坏，铅封处完好无损，有出厂合格证。

（4）阀门的规格型号和数量应符合设计要求，热水系统用的阀门应符合温度要求。阀体不得有砂眼、气孔和裂纹等铸造缺陷。阀门应开关灵活，关闭严密。填料密封完好，无渗漏现象，手轮完整无损，有出厂合格证。

（二）施工机具准备

（1）施工机械，包括套丝机、砂轮锯、台钻、电锤、手电钻、电焊机、电动试压泵等。

（2）施工工具，包括套丝板、管钳、压力钳、手锯、手锤、活扳手、链钳、弯管器、手压泵、捻凿、大锤、断管器具等。

（3）其他用具，包括水平尺、线坠、钢卷尺、小线、压力表等。

（三）作业条件准备

（1）室内给水工程施工图已经批准，办理正式开工的各种手续齐全，并经设计、施工和监理等有关部门进行图纸会审。

（2）室内给水工程已编制施工组织设计或施工方案，并经上级主管部门批准，已向具体操作班组或人员进行技术、安全、环保等方面交底。

（3）室内给水工程安装使用的管材、器具、设备等已经检查并确认合格，并经监理工程师或专业技术人员核查确认。

（4）施工现场的材料堆放，预制加工场地、水电等施工条件已满足施工的要求；施工人员、施工机具已准备齐全，操作人员已经参加了岗位培训，特殊岗位已达到持证上岗的要求。

（5）地下管道在房心土回填夯实或挖到管道底部标高时敷设，沿管道敷设位置应清理干净，管道穿墙处已预留管道孔洞或安装管套，其洞口尺寸和套管规格应符合要求，坐标和标高均应准确无误。

（6）明装管道的托、吊架必须在安装层的结构顶板完成后进行。沿管线安装位置的模板及杂物清理干净，托吊卡件均已安装牢固，位置正确。

（7）暗装管道应在地沟尚未盖沟板或吊顶未封闭前进行安装。暗装竖井管道应将竖井内的杂物清除干净，并有防坠落措施。

（8）立管安装应在主体结构完成后进行。高层建筑在主体结构达到安装条件后，适当插入进行，每层均有明确的标高线。

（9）在阀门安装前，应做强度和严密性试验。试验应在每批（同型号、同牌号、同规格）数量中抽查 10%，且不少于 1 个。对于安装在主干管上起切断作用的闭路阀门，应逐个进行强度和严密性试验。

（10）支管（包括墙内暗管）的安装应在墙体砌筑完毕，墙面尚未装修前进行。

（11）与管道连接的设备已固定就位，并经验收合格后再进行接管工作。

二、室内给水管道安装的一般规定

（1）室内给水管道的安装，一般适用于工作压力不大于1.0MPa的给水系统和消火栓系统管道安装工程的质量检验与验收。

（2）给水管道必须采用与管材相适应的管件。生活给水系统所涉及的材料必须达到饮用水的卫生标准。

（3）管径小于或等于100mm的镀锌钢管应采用螺纹进行连接，套螺纹时破坏的镀锌层表面及外露螺纹部分应进行防腐处理；管径大于100mm的镀锌钢管应采用法兰或卡套式专用管件连接，镀锌钢管与法兰的焊接处应进行两次镀锌。

（4）给水铸铁管管道应采用水泥捻口，或采用橡胶圈接口方式连接。

（5）给水塑料管和复合管可以采用橡胶圈接口、黏结接口、热熔连接、专用管件连接及法兰连接等形式。塑料管和复合管与金属管件、阀门等的连接，应采用专用管件连接，不得在塑料管上套丝。

（6）铜管连接可以采用专用接头或焊接，当管径小于22mm时，宜采用承插或套管焊接，承插口应迎着水的流向安装；当管径大于或等于22mm时，宜采用对口焊接。

（7）给水立管和装有3个或3个以上配水点的支管始端，均应安装可拆卸的连接件。

（8）冷水管与热水管在同时安装时，应符合下列规定：①上下平行安装时，热水管应在冷水管的上方；②垂直平行安装时，热水管应在冷水管的左侧。

三、室内给水管道安装的操作工艺

建筑工程中管道安装应结合具体条件，合理安排施工顺序。在一般情况下，应遵循"先地下、后地上；先大管、后小管；先干管、后支管"的顺序进行。当管道敷设发生矛盾时，应按有压力管让无压力管、电管让水管、水管让风管、低温管道让高温管道、支管让干管等原则进行。

室内给水管道的工艺流程为：准备工作→预留孔洞预埋件→支架制作与安装→管道及设备安装→管道试压→管道防腐→冲洗及消毒→工程验收。

四、给水钢管管道安装工艺

（一）干管安装

1. 给水铸铁管道的安装

在干管进行安装之前先要打扫管腔，将其里面的杂物全部清理干净，并将承插口内侧及外侧端头的沥青除掉，管节按照承插朝来水方向顺序排列，连接的对口间隙不得小于3mm。在管道找平整、找顺直后，可将管道加以固定。管道的拐弯和始端处应用支撑顶牢，防止在进行捻入麻绳时产生轴向移动，所有管口随时封堵好。

在捻入油麻绳前先清除承插口内的污物，将油麻绳拧成麻花状，用钢钎将其捻入承插口内，一般要捻入两圈以上，约为承插口深度的1/3，承插口周围的间隙应保持均匀，油麻绳捻入密实后再进行捻灰。

捻入的灰浆用强度为32.5以上的水泥配制而成，水灰比为1∶9，在灰浆搅拌均匀后，用凿子将灰浆填入承插口，并随填入、随捣实，填满后用锤进行打实，直至承插口内全部打满。承插口内的灰浆密实，应进行养护，用湿土覆盖或用湿麻绳等缠住接口，定时浇水养护，常温下一般养护3～5天，冬季应采取防冻措施。

采用软铅接口的给水铸铁管在承插口内将油麻绳打实后，用定型的卡箍或包有胶泥的麻绳紧贴承插口，缝隙处用胶泥抹严，用熔化铅的锅将铅锭加热至500℃左右，将铅水缓慢灌入承插口内，使空气排出。

对于大直径的管道，灌铅的速度可适当加快，防止铅水出现中途凝固。每个承插口处应一次灌满，凝固后立即将卡子或泥模拆除，检查灌铅的质量是否符合要求，合格后用工具将承插口打实。

给水铸铁管和镀锌钢管在进行连接时，同管径铸铁管与钢管的接头做法如图5-1所示，不同管径铸铁管与钢管的接头做法如图5-2所示。

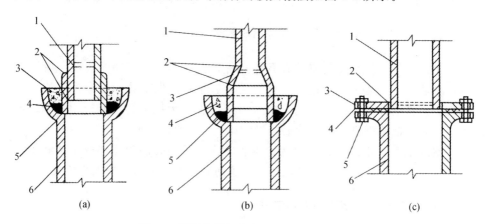

(a)　(b)　(c)

图 5-1　同管径铸铁管与钢管的接头做法

(a) 承插管；(b) 套袖；(c) 法兰盘

(a)：1—钢筋管；2—水泥；3—浸油麻；4—煨成卷口；5—铸铁管

(b)：1—钢筋管；2—水泥；3—煨成卷口；4—浸油麻；5—套袖；6—铸铁管

(c)：1—钢筋管；2—焊接处；3—橡胶垫圈；4—焊接法兰盘；5—螺栓；6—铸铁管

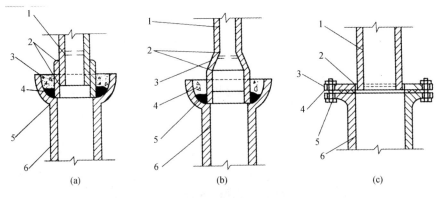

图 5-2 不同管径铸铁管与钢管的接头做法

(a) 直套管；(b) 异径管；(c) 法兰管

(a)：1—钢管；2—焊接处；3—水泥；4—浸油麻；5—煨成卷口；6—铸铁管

(b)：1—钢管；2—焊接处；3—异径管；4—水泥；5—浸油麻；6—铸铁管

(c)：1—钢管；2—焊接处；3—橡胶垫圈；4—焊接法兰盘；5—螺栓；6—铸铁管

2. 给水镀锌管道安装

给水镀锌管道在安装时，一般应从总进水口处开始操作，总进口端头应加好临时丝堵，以备水压试验时使用。设计如果要求沥青防腐或加强防腐时，应在预制后、正式安装前完成防腐工作。把预制完毕的管道运到需要安装的部位，并按照编号依次进行排列。在安装前要认真清扫管腔，将管内的杂物清理干净，螺纹连接管道，抹上铅油、缠好麻线后，用管钳按照编号依次拧紧，螺纹外露 2～3 丝即可。安装完毕后找平整、顺直，经过复核，接口的位置、方向等确实无误后，清除接口的麻线头，并将所有的管口加上临时丝堵。

3. 引入管穿墙的安装

引入管又称为进户管，通常采用埋地敷设，需要穿越建筑物基础。基础预留孔洞应考虑留有基础沉降量，其具体做法如图 5-3 所示。当有防水要求时应采用图 5-3 (c) 所示的做法。

4. 无镀锌碳素钢管安装

当给水大管径管道采用无镀锌碳素钢管时，应采用焊接法兰连接，管材和法兰根据设计压力大小，选用焊接钢管或无缝钢管。这种管道安装完毕先进行水压试验，如无渗漏，按一定规律进行编号，然后再拆开法兰进行镀锌加工。经过镀锌处理的管道不得再刷漆及污染，镀锌结束经检查合格后，按照编号进行二次安装。

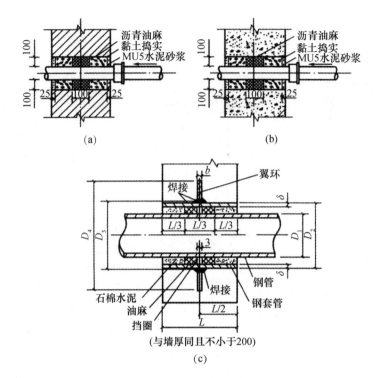

图 5-3　给水管道穿墙的做法

（a）穿砖墙基础；（b）穿混凝土基础；（c）防水套用于钢管

（二）立管安装

室内给水管道的立管安装，按设计要求可分为立管明装、立管暗装等形式。

（1）立管明装。每层从上至下统一吊线安装固定卡件，将预制好的立管按编号分层排开并按顺序安装，对好调直时的印记，使螺纹外露 3 丝螺纹，清除接头处的麻头，校核预留接口的高度、方向是否正确。外露螺纹和镀锌层出现破损处应涂刷防锈漆，支管的甩口处均应设置临时丝堵。立管截门安装朝向应便于操作和修理。立管安装完毕后，要再用线坠校正垂直，配合土建堵好楼板上的孔洞。

（2）立管暗装。竖井内立管安装的固定件宜在管井口设置型钢，上下统一进行固定件的安装。安装在墙内的立管在结构施工中需要预留管槽，立管安装后要吊垂直，用固定件进行固定。支管的甩口处均应露明并加上临时丝堵。

（3）热水立管安装。热水立管的安装应按设计要求加好套管。立管与导管的连接要采用两个弯头，如图 5-4 所示。当立管直线长度大于 15m 时，一般要采用三个弯头，如图 5-5 所示。立管如有伸缩器，其安装与干管相同。

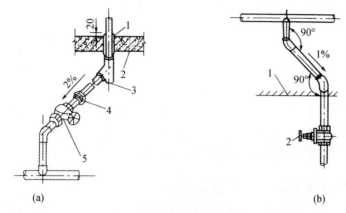

图 5-4　立管与导管连接示意图（一）

1—套管；2—沟盖板；3—放水堵；4—活接头；5—闸阀或截止阀

1—顶棚；2—闸阀或截止阀

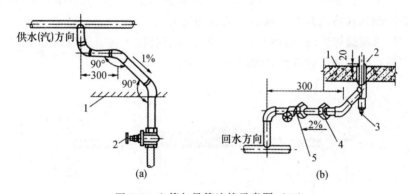

图 5-5　立管与导管连接示意图（二）

1—顶棚；2—闸阀或截止阀

1—套管；2—沟盖板；3—放水堵；4—活接头或法兰盘；5—闸阀或截止阀

（三）支管安装

从给水立管上接出，连接用水设备的管道称为支管，连接单个用水设备的给水管也称为支管，连接数个用水设备的给水管称为横支管。支管安装可分为支管明装、支管暗装和热水支管安装三种。

（1）支管明装。将预制好的支管从立管接口处依次逐段进行安装，有截门的应将截门盖卸下后再安装。核定不同卫生器具的冷水和热水预留高度、位置是否正确，经过找正、找坡后栽支管卡件，同时上好临时丝堵。支管如果需要装有水表，应先装上连接管，试压合格后在交工前再拆去连接管，换装上水表。

（2）支管暗装。当横向支管暗装于墙槽中间时，应将立管上的三通接口向墙外侧拧至一个适当的角度，当横支管，安装好后，再推动横支管，使立管三通转回到原位，横向支管找平整、找端正后，用预埋钉固定。给水支管的安装一般先进行到卫生器具的进水阀处，以下管段待卫生器具安装后再进行连接。

（3）热水支管安装。热水支管的穿墙处应按照规范要求设置套管。安装的热水支管应当在冷水支管的上方，支管预留口位置应当做到左边是热水管、右边是冷水管。其余安装方法与冷水支管相同。

五、给水硬聚氯乙烯管安装工艺

（一）给水硬聚氯乙烯管安装的一般规定

（1）给水硬聚氯乙烯（PVC－U）管道的连接，可采用承插式橡胶圈柔性接头、插入式溶剂黏结接头、法兰接头等形式。

（2）承插式橡胶圈柔性接头，主要适用于公称外径 $d_0 > 63mm$ 的管道连接。承插式橡胶圈柔性连接，如图 5-6 所示。

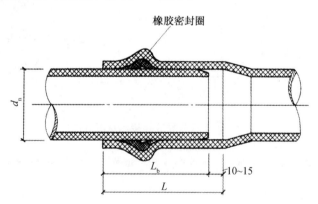

图 5-6　橡胶圈柔性连接示意图

（3）插入式溶剂黏结接头，主要适用于公称外径 d_0 为 $20 \sim 200mm$ 的管道连接。当采用溶剂黏结方法时，一般采用生产管材厂家制造的承插口管。当采用平口管在现场加工承插口时，施工单位提出的加工方法和设备，应得到监理和建设单位的认可后才能使用。插入式溶剂黏结接头，如图 5-7 所示。

（4）管道的法兰连接一般用于与金属管、阀门、消火栓等附件的过渡性

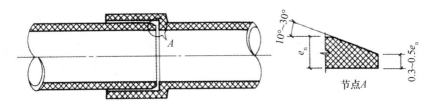

图 5-7　插入式溶剂黏结接头示意图

连接。管道过渡性连接，如图 5-8 所示。塑料管与其他材质的给水管连接，如图 5-9 所示。

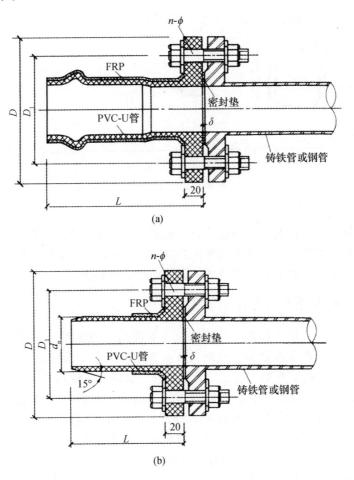

(a)

(b)

图 5-8　管道法兰过渡性连接示意图

（a）PVC－U 塑料管与金属管法兰连接（承盘连接）

（b）PVC－U 塑料管与金属管法兰连接（插盘连接）

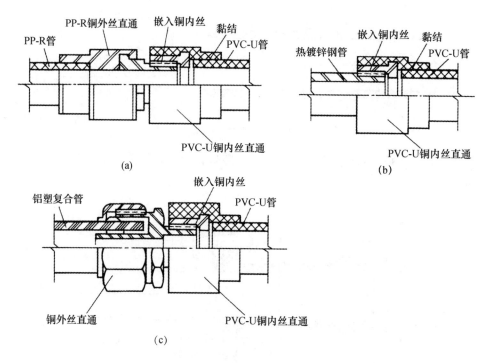

图 5-9　塑料管与其他材质的给水管连接
(a) 与 PP－R 管连接；(b) 与镀锌钢管连接；(c) 与铝塑复合管连接

（5）管材的切割面要平整且垂直于轴线。插入式接头的插口端应有适宜的倒角，倒角坡口后管端厚度为管壁厚度的 $1/3\sim1/2$，倒角一般为 $15°$ 左右。倒角加工完毕后，要彻底清理残屑，管端也不得有毛刺。

（二）给水硬聚氯乙烯管安装的准备工作

（1）熟悉有关施工图纸。在进行管道安装前，为顺利、正确、快速安装管道，首先要熟悉建筑结构、设备安装和管道安装等有关施工图纸，正确领会设计意图，同时了解施工方案、管线布置、管道安装的特殊要求等。

（2）认真进行备料工作。根据施工图中的要求准备材料和施工机具，应对材料外观和接头配合公差进行认真检查，并清除其表面的污垢和杂物。当施工现场与材料存放处温差较大时，应在管道安装前将它们在现场放置一定时间，使其温度基本接近施工现场的环境温度。

所准备的材料和施工机具规格、性能、质量和数量等方面，应满足管道安装的设计要求。

（3）配合土建预留孔洞。配合土建工程施工预留孔洞和预埋件，这是确保管道安装位置准确、施工方便快捷的关键。对于管道穿墙、楼板及墙体暗装管道，预留孔洞（槽）应符合下列规定：①预留孔洞尺寸应比管道外径大50～100mm；②嵌墙内暗管墙槽尺寸宜为 D（管外径）+60mm，深度宜为 D +30mm；③架空管顶部上空不宜小于100mm。

（三）给水硬聚氯乙烯管安装的工艺流程

给水硬聚氯乙烯管安装工艺流程为：施工准备→埋地进户管→安装干管→安装立管→安装支管→管道水压试验→冲洗消毒→竣工验收。

（四）给水硬聚氯乙烯管安装的操作要点

1. 给水硬聚氯乙烯管的干管安装

（1）埋地管道室内地坪±0.000以下的硬聚氯乙烯管可分两段进行安装，首先进行室内地坪±0.00以下到基础外墙段的敷设；等待土建结构工程施工完成后，再进行户外段引入管的敷设。

（2）当引入管在穿越基础预留洞时安装如图5-3所示；当引入管穿越地下室、水池壁时，应设置防水套管，对有均匀沉降及受振动的墙体，应设置柔性防水套管，其具体做法如图5-10所示。

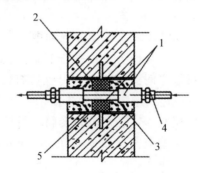

图 5-10　管道穿越水池壁
1—镀锌钢管及配件；2—油麻；3—石棉水泥填料；
4—PVC-U 管及配件；5—钢制带翼环套管

（3）硬聚氯乙烯管出地坪处应设置金属套管，其高度应高出地坪100mm。

（4）室内地坪以下的管道铺设应在土建工程回填土夯实后，重新开挖沟槽进行，严禁在回填之前或未经夯实的土层中铺设。

铺设管道的沟底应平整，不得有突出的尖硬物体，沟底可铺100mm厚的砂垫层。

在进行埋地管道回填时，先用砂土或颗粒径不大于12mm的土壤回填到管顶上侧300mm处，经夯实后方可回填原土。室内埋地管道的埋深不宜小于300mm。

（5）在一般情况下，给水管道不宜穿越伸缩缝、沉降缝，如果管道必须穿越时，必须采用软性接头法和活动支架法。软性接头法如图 5-11 所示，活动支架法如图 5-12 所示。

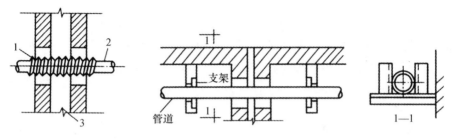

图 5-11　软性接头法
1—软管；2—塑料管道；
3—沉降缝

图 5-12　活动支架法

2. 给水硬聚氯乙烯管的立管安装

（1）根据地下给水管道各立管甩头的位置，准确逐层预留孔洞或埋设套管，并应保证各层楼板预埋套管的中心位置在同一条铅垂线上，以便垂直方向管道的顺利安装。

（2）按照各层标高线确定各横向支管位置和中心线，并在墙上画出中心线标高。给水立管以楼层管段长度为单位进行预制。在操作台上组装各层立管所带管件、配件。塑料管之间的连接宜采用胶黏剂黏结；塑料管与金属配件、阀门之间的连接应采用螺纹连接或法兰连接。

（3）给水塑料管道穿楼板时，必须设置套管，材质可采用塑料管；穿屋面时必须采用金属套管，套管应高出楼地面 30～50mm，应高出屋面不小于100mm，并应采取严格防水措施。

（4）管道安装前应设置管卡在金属管配件与塑料管连接部位，管卡应设置在金属配件的一端，并尽量靠近金属配件。如果采用金属卡固定管道时，金属卡与塑料管之间应采用塑料带或橡胶隔垫，不得使用硬质的隔垫。塑料管常用的支架形式如图 5-13 所示。

塑料管及复合管支架的最大间距，应符合表 5-1 中的规定。

表 5-1　塑料管及复合管支架的最大间距

管径/mm		12	14	16	18	20	25	32	40	50	63	75	90	100
最大间距/m	立管	0.50	0.60	0.70	0.80	0.90	1.00	1.10	1.30	1.60	1.80	2.00	2.20	2.40
	水平管 冷水管	0.40	0.40	0.50	0.50	0.60	0.70	0.80	0.90	1.00	1.10	1.20	1.35	1.55
	水平管 热水管	0.20	0.20	0.25	0.30	0.30	0.35	0.40	0.50	0.60	0.70	0.80	—	—

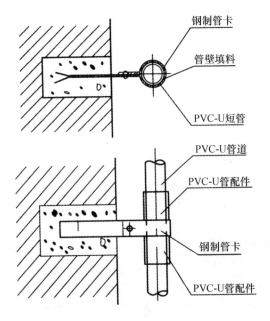

图 5-13 塑料管道固定支架示意图

3. 给水硬聚氯乙烯管的支管安装

（1）支管应当从给水立管甩口处依次逐段进行安装，根据管段长度适当加好临时固定卡，核定不同卫生器具的冷水与热水预留口的高度，然后上好临时丝堵。支管装有水表位置先安装上连接短管，试压后交工前将短管拆下，再换装上水表。

（2）硬聚氯乙烯（PVC－U）管道与其他金属管道并行敷设时，应设置在金属管道的内侧，两者之间的净间距不应小于100mm。

（3）埋设横向支管的托（钩）架，并在硬聚氯乙烯（PVC－U）管与金属卡间垫上橡胶垫或塑料带。

（4）在硬聚氯乙烯（PVC－U）管道的各个配水点、受力点处，必须采取可靠的固定措施。

（5）支管暗装时画线定位后，应剔出管槽，将支管敷在槽内，经找正、找坡后，用勾钉进行固定，验收合格后用水泥砂浆填实抹平。

4. 水表安装

水表通常设置在建筑物的引入管上，住宅和公寓建筑的分户配水支管上，综合性建筑的不同功能区的给水分支管上，浇洒道路和绿化用水的配水管上，锅炉和水加热器的冷水进水管上等，主要用于计量用水量、节约用水和核算成本。水表安装应满足以下要求：

（1）根据工作原理可将水表分为流速式和容积式两类，在建筑给水系统中普遍使用的是流速式水表。流速式水表是根据管径一定时，水流速度与流量成正比的原理制成的。流速式水表，按叶轮构造不同，可进一步分为旋翼式、螺翼式和复式三种；按水流方向不同，可分为立式和水平式两种。在给水管道中安装的水表为水平式，因此，流速式水表必须水平安装。

（2）螺翼式水表的前端应有 8～10 倍水表接管直径的直线管段长度，其他类型水表前后直线管段长度则不小于 300mm。

（3）住宅建筑分户水表前应装设检修阀门，阀门与水表之间宜装设可曲挠橡胶接头等减振降噪装置和配件。

（4）水表在安装时必须注意安装的方向性，流速式水表外壳上的箭头方向即代表介质流动的方向。

（5）进水总表的前边应设置过滤器，在住宅进户水表的前边也要设置过滤器。

（6）水表应安装在观察方便、便于检修、不受暴晒、不冻结、不被任何液体及杂质所淹没和不易受损坏的地方。水表壳的外表面与墙面的净距为 10～30mm。

（7）卧式水表在室内支管明装，如图 5-14 所示。

5. 硬聚氯乙烯管道安装的注意事项

（1）成捆堆放的预制好的塑料管段，应放在室内适宜地方妥善保管，不得在粗糙地面上拖拉或剧烈投掷，避免同金属材料混放。塑料管材存放时，应防水、防冻、防过热及防止化学物品侵蚀。

（2）用于黏结塑料管道的胶黏剂，多数是有毒性物质，在黏结管道操作时，操作人员应站在上风口处，并按要求戴防护手套、防护眼睛罩和口罩。

（3）在地下干管下管之前，应将各分支管的甩口处堵好，防止泥砂落入管内。

六、给水铝塑复合管安装工艺

铝塑复合管是近几年发展起来的一种新型管材，是在 PE 管中加入一层薄铝层，内外层均为聚乙烯塑料，铝层内外采用热熔胶黏结，通过专用机械加工方法复合为一体的管材。这种管道无毒无味、柔软可弯、耐高低温、内壁光滑、质量较轻、耐蚀性强，在给水工程中应用极为广泛。

（一）给水铝塑复合管的敷设要求

（1）给水铝塑复合管在室内敷设时，宜采用暗装的方式。暗装的方式包

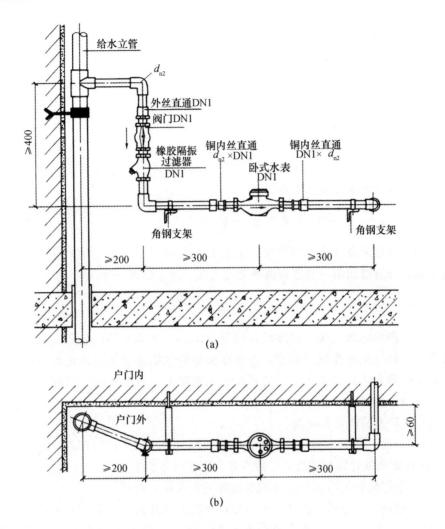

图 5-14 卧式水表支管明装示意图

（a）立面图；（b）平面图

括直接埋入和明式敷设形式：直接埋入是指嵌入墙内敷设或地面找平层内，不得将管道直接埋在结构层内；明式敷设是指将管道敷设在管道井、吊顶、墙面等位置。

（2）给水铝塑复合管不宜在室外明式敷设。当确实需要在室外明式敷设时，管道不得受阳光的直接照射，应采取有效的遮光措施。寒冷地区室外明式敷设管道应有可靠的防冻措施。

（3）直埋敷设的管道外径不宜大于 25mm。嵌入墙内敷设的横向管道距地面高度不宜大于 450mm，并应遵守热水管在上、冷水管在下的安装规定。

（4）直接埋入敷设的管道应采用整条直管，中途不宜设三通再接出分支管。阀门应设置在直埋管道的端部。

（5）明式敷设管道时应远离热源，立管与灶边的净距离不得小于400mm，距燃气热水器的净距离应大于200mm，不能满足以上的净距离要求时，应采取可靠的隔热措施。

（6）当铝塑复合管穿越楼板、屋面时，应设置固定支撑件，并做好防水措施。管道穿墙、穿梁时应设置套管。

（7）铝塑复合管管道上连接的阀门、水表等附件应固定牢固，不应将附件自重和操作力矩传递给管道。

（二）给水铝塑复合管管道安装的工艺流程

给水铝塑复合管管道的安装工艺流程比较简单，主要包括：准备工作→管道调直→管道切断→管道弯曲→管道连接→水压试验→冲洗消毒。

（三）给水铝塑复合管的预制加工

（1）在预制加工前，按照设计图纸要求画出管道分路、管径、变径、预留管口、阀门位置等施工草图，在实际安装的结构位置做出标记，按标记分段量出实际安装的准确尺寸，记录在施工草图上，然后按施工草图测得的尺寸进行管段预制加工。

（2）管道的调直和切断。

1）管径不大于20mm的铝塑复合管，可以直接用手进行调直；管径大于20mm的铝塑复合管的调直，一般在较为平整的地面上进行。

2）铝塑复合管的切割应采用专用管子剪或管子割刀。

3）铝塑复合管具有优良的可塑性，管道公称外径不大于32mm时，可用手直接进行弯曲，为防止管子变形加剧，弯管前应先在管内放置专用弹簧（图5-15），以管子轴心计不得小于管道外径的5倍；当管道公称外径大于32mm时，宜采用弯管器弯曲，并应一次弯曲成型，不得多次弯曲。

（四）给水铝塑复合管的连接及安装

铝塑复合管的连接方式有卡套式连接、卡压式连接和螺纹挤压式连接等。常用的是卡套式连接和卡压式连接。

1. 卡套式连接

卡套式连接又称螺纹式连接，其连接件是由阳螺纹和倒牙管体的本体、金属紧箍环和锁紧螺母组成的，主要适用于外径不大于32mm的管道连接。

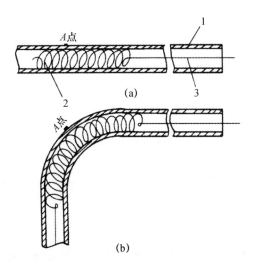

图 5-15　铝塑复合管的弯曲

（a）弯管前；（b）弯管后

1—铝塑复合管；2—弯管弹簧；3—抽拉钢丝

铝塑复合管的卡套式连接，如图 5-16 所示。

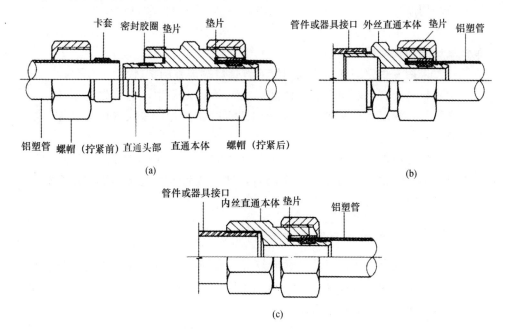

图 5-16　铝塑复合管的卡套式连接

（a）直通连接；（b）外丝直通连接；（c）内丝直通连接

（1）按照设计要求的管子规格和现场实测的管道长度，用专用的剪刀将所用的管子切断。并检查管口处有无毛刺、是否圆整，如果发现管口处有毛刺、不平、不圆整等质量缺陷，应及时进行修整。

（2）用专用刮刀将管口处的聚乙烯内层削成坡口，坡口角度为 20°～30°，且管材坡口长度不大于公称壁厚的 1/2，一般为 1.0～1.5mm，用清洁的纸或布将坡口处的残屑擦干净。

（3）用整圆器将管口整圆，然后将锁紧螺母和 C 形紧箍环套在管上，用力将管芯插入管内，使管口达管芯的根部。

（4）将 C 形紧箍环移至距管口 0.5～1.5mm 处，再将锁紧螺母与管件本体拧紧。

2. 卡压式连接

卡压式连接又称加压式连接，由管件本体、不锈钢套和 O 形密封件组成。铝塑复合管卡压式连接的方法步骤如下：

（1）按照设计要求的管子规格和现场实测的管道长度，用专用的剪刀将管子切断。检查管口处有无毛刺、是否圆整，如发现管口有毛刺、不平、不圆整等缺陷，应及时进行修整。

（2）用专用刮刀将管口处的聚乙烯内层削成坡口，坡口角度为 20°～30°，且管材坡口长度不大于公称壁厚的 1/2，一般为 1.0～1.5mm，用清洁的纸或布将坡口处的残屑擦干净。

（3）采用专用整圆扩口器或用绞刀将管口端部整圆扩口。

（4）将已套有不锈钢套的芯体部分压入管口内径中，也可先将不锈钢套子套进管子，再压入芯体部分。要特别注意：管件芯体压入管内的深度一定要到位。

（5）按专用加压工具的操作细则装好加压工具，将加压钳头套在管件，上下摇动加压钳手柄，使钳口完全闭合，即完成管件的连接。铝塑复合管卡压式连接的过程，所图 5-17 所示。

（五）给水铝塑复合管的安装注意事项

（1）铝塑复合管明设部位应远离热源，无遮挡或隔热措施的立管与炉灶的距离不得小于 400mm，距燃气热水器的距离不得小于 200mm，当不能满足以上要求时应采取隔热技术措施。

（2）铝塑复合管穿越楼板、屋面、墙体等部位，应按设计要求配合土建施工预留孔洞或预埋套管，孔洞或套管的内径宜比铝塑复合管的公称外径大 30～40mm。

（3）铝塑复合管在穿越楼板、屋面部位时，应采取防渗措施，并应按下列规定施工：

1）为防止管道在孔洞口处发生移动和摇晃，在贴近屋面或楼板的底部，应设置可靠的固定支承件。

2）预留孔洞或套管与管道之间的环形缝隙，应用 C15 细石混凝土或 M15 膨胀水泥砂浆分两次嵌缝，第一次嵌缝至板厚的 2/3 高度，待达到设计强度的 50% 后进行第二次嵌缝至板面平，并用 M15 的水泥砂浆抹高、宽不小于 25mm 的三角灰。

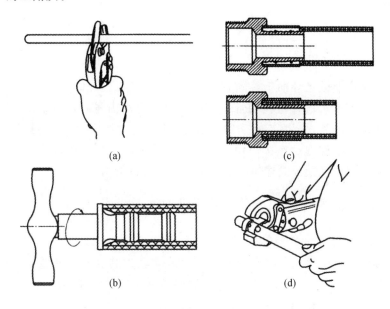

图 5-17　铝塑复合管卡压式连接的过程

（a）切割管道；（b）整圆与倒角；（c）套管；（d）加压连接

（4）布置在管井中的铝塑复合管立管，应在立管上引出支管的三通配件处设置固定支承点。

（5）冷水管、热水管的立管平行安装时，热水管应安装在冷水管的左侧。

（6）铝塑复合管给水立管的始端，应安装可拆卸的连接件（活接头），以方便在使用中的维修。

（7）铝塑复合管的可塑性好，易于产生弯曲变形，因此，在安装立管时，应及时将立管卡牢，以防止出现立管位移，或因受外力作用而产生弯曲及变形。

（8）敷设在管道井内的管道，其表面与周围墙面的净距不应小于 50mm。当有防止结露保温要求时，还应安装保温层。

（9）暗装的铝塑复合管给水立管，在隐蔽前应进行水压试验，试验合格后经监理认可，方可进行隐蔽。

（10）铝塑复合管立管的最大支承间距应符合表 5-1 中的规定。

（11）厨房、卫生间是各种管道比较集中的地方，管道安装时各专业工种应协同配合，合理安排施工顺序，细心、有序地进行操作，防止因打钉、钻孔而损伤管道和损坏土建工程防水层。

（12）嵌入墙内敷设和在楼（地）面找平层内敷设的给水支管安装完毕后，宜在墙面和地面管道所在位置画线显示，防止住户进行二次装修时损坏管道。

七、给水铜管管道安装工艺

在国家产业政策导向下，随着我国经济的快速增长和人民生活水平的迅速提高，建筑给水铜管管材和管件具有广阔的应用前景。建筑给水铜管是应用达百年历史的管材，具有抗腐蚀、水力性能好、机械强度高、耐高温高压、连接方便、卫生健康、经久耐用、寿命长、完全可再生、综合性价比高等特点，是中高档住宅及公共建筑冷、热水系统理想的管材。

（一）给水铜管管道安装的准备工作

1. 给水管材和管件的检验

为确保给水铜管管材和管件的质量，在进场时应按照《建筑给水铜管管道工程技术规程》（CECS 171：2004）中的有关规定进行检验，这是一项非常重要的施工准备工作。

（1）购进的铜管管材和管件应有产品合格证、批号、规格、数量、生产日期及生产厂家和检验代号。

（2）所购进的管材外表面及内壁应光洁、无裂纹、无脱皮、无凹陷等质量问题，且应色泽均匀。

（3）建筑给水用铜管管材、管件的质量，应符合现行国家标准《无缝铜水管和铜气管》（GB/T 18033—2007）、《铜管接头》（GB/T 11618.1—2008）和行业标准《建筑用铜管管件》（承插式）（CJ/T 117—2000）、《塑覆铜管》（YS/T 451—2012）等有关标准的规定。

（4）建筑给水用铜管管材、管件外表缺陷的允许度应符合下列具体规定：

1）纵向划痕深度：当管壁厚度小于或等于 2mm 时，纵向划痕深度应不大于 0.04mm；当管壁厚度大于 2mm 时，纵向划痕深度应不大于 0.05mm。

2）管子表面有斑疤碰伤、起泡及凹坑时，其深度应不超过 0.03mm，其面积不应超过管子表面的30％。

3）偏横向的凸出高度或凹入深度，均不应大于0.035mm。

4）铜管的椭圆度和壁厚的不均匀度，不应超过外径和壁厚的允许偏差。

（5）建筑给水铜管的管材牌号及化学成分，应符合表5-2中的规定。

表5-2 建筑给水铜管的管材牌号及化学成分

牌号	主要成分/%		杂质成分不大于/%									
	Cu＋Ag	P	S	Bi	Sb	As	Fe	Ni	Pb	Sn	Zn	O
T2	≥99.90	—	0.005	0.005	0.001	0.002	0.005	0.005	0.005	0.002	0.005	0.060
TP2	≥99.90	0.015～0.049	0.005	0.005	0.001	0.002	0.005	0.005	0.005	0.002	0.005	0.010

2. 给水铜管管道施工的作业条件

（1）与给水管道安装有关的土建工程已施工完毕，并经有关人员验收合格，能保证给水管道安装连续进行。

（2）与给水管道连接的设备已安装就位、校正和固定，为给水管道的安装打下良好基础。

（3）给水管道的施工方案已编制完成，并经上级和监理工程师同意。必要的技术培训已进行，能按要求持证上岗。

（4）进场的管材、管材等材料已检验合格，清洗及需要脱脂的工作已完成；施工所需要的劳动力、施工机具、材料等全部准备齐全，施工现场符合要求。

（5）采用胀口、翻边、支吊架预制加工已完成，检查合格。

（二）给水铜管管道安装的工艺流程

给水铜管管道安装的工艺流程比较简单，主要包括：铜管调直→铜管切割→铜管弯曲→支架安装→管道及附件安装→试验水压→系统冲洗→试通水。

1. 铜管的调直

对于弯曲的铜管应当调直加工后再切割和安装。铜管的调直可用调直器进行，或采用木槌、橡皮槌子在铺木垫板的平台上沿管身轻轻敲击调直，但不得使用铁锤敲打。在调直的过程中，应注意用力不能过大，不得使铜管表面上出现锤痕、凹坑、划痕或粗糙痕迹等缺陷。

2. 铜管的切割

铜管的切割可采用不少于13齿/cm的钢锯或切管器。切管器常用于切割小口径铜管和软铜管，钢锯则用于切割较大口径的铜管和硬铜管。

图5-18为滚轮式切管器，其切割的管子应是直管，在进行切割时，割刀

（割轮）与管子垂直切割，并缓缓增大切割力度。管子切断后，应用刮刀、圆锉或半圆锉清理管口外边产生的毛刺。

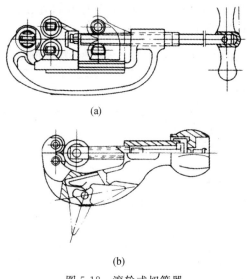

(a)

(b)

图 5-18　滚轮式切管器

（a）通用型割刀；（b）轻型割刀

3. 铜管的弯曲

铜管的弯曲是将其弯曲成所需要的形状弯管。当铜管的公称直径不大于40mm 时，可用手提式弯管器或便携式弯管器即可；当铜管的公称直径大于40mm 时，管子弯曲比较困难，则应利用棘轮或齿轮装备。铜管弯曲后其直边的长度不应小于管径，且不少于 30mm。

4. 铜管的连接

建筑给水铜管为薄壁管道，常用的连接方式是钎焊承插连接，并且有配套的各种承插接口的铜管件，连接的强度和严密性安全、可靠。对于管径小于25mm 的支管，也可采用卡套式连接、卡压式连接、螺纹式连接和卡箍式连接。

（1）钎焊承插连接。铜管钎焊承插连接，可分为锡钎焊连接和银钎连接等。铜管的纤焊连接操作步骤如下：

1）进行断管及管口处理。用适宜的切断管子工具将铜管割断，并用刮刀、锉、砂布等将管口表面的毛刺、污物清理干净。

2）在清理干净的管子外表面及管件内表面处，均匀地涂抹上糊状或液体的钎剂，采用铜磷钎料或低银磷钎料焊铜管与紫铜件时，可以不涂抹钎剂。

3）将铜管插入管件中，插到底后再进行适当旋转，以便保持均匀的间隙，如果涂有钎剂，应将挤出接缝的多余钎剂用清洁抹布擦净。

4）用气体火焰对铜管接头处实施均匀加热，一直加热到钎焊温度。在采用锡钎焊时，也可用电加热，将接头处加热到钎焊温度。

5）用钎料接触被加热到高温的接头处，以判定接头处的温度。如果钎料不熔化，表示接头处温度尚未达到钎焊温度，应继续对接头进行加热；如果钎料能迅速熔化，表示接头处的温度已经达到钎焊温度，即可一边继续对接头处加热，以保持接头处温度在钎焊温度以上，一边向接头处的缝隙处添加钎料，利用接头处的热量将钎料熔入缝隙，直至将缝隙填满，切忌用火焰直接熔化钎料涂于缝隙的表面。

6）经检查，缝隙内的钎料填满后，将火焰移开并停止加热，使接头在静止的状态下冷却结晶，防止熔化钎料在冷却结晶时受到振动而影响钎焊质量。

7）将钎焊好的铜管接头处的残渣清理干净，必要时可涂刷清漆进行保护。

（2）铜管卡套式连接。可分为非加工压紧式卡套连接和加工压紧式卡套连接。

1）非加工压紧式卡套连接。连接时先将管子切口处的毛刺清理干净，并使端面与管子轴线保持垂直。管件装配时卡环的位置要放置正确，并将锁紧螺母拧紧。这种连接方式是靠螺纹对卡环的压紧力来使接头处严密，因此，接头不得直接埋入墙体内，宜将接头敷设于检修方便的位置，以便由于压紧力松弛而产生渗漏时，可通过进一步旋紧螺母来保持接口的严密。

2）加工压紧式卡套连接。这种连接方式，在施工前必须对管端进行成形加工。在进行成形加工时，切割后的管端经修整后，用专用成形工具，将管端加工成杯形承插口或锥形插口，承插口尺寸应符合表 5-3 中的规定。铜管杯形承插口如图 5-19 所示。

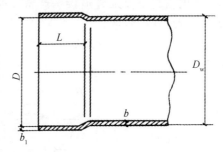

图 5-19　铜管杯形承插口

表 5-3　铜管承插口的尺寸　　　　　　　　　　　　　　　　（mm）

公称直径 DN	管子外径 D_w	D		L	b	
		D_{max}	D_{min}		$PN1.0MPa$	$PN1.6MPa$
6	8	8.15	8.03	7	0.75	
8	10	10.20	10.05			
10	12	12.20	12.05	9		
15	16	16.20	16.05	11		
	19	19.20	19.05	13		
20	22	22.25	22.05	15		

续表

公称直径 DN	管子外径 D_W	D		L	b	
		D_{max}	D_{min}		PN1.0MPa	PN1.6MPa
32	28	28.25	28.05	16	1.0	1.0
40	35	35.35	35.10	18	1.0	1.0
50	44	44.35	44.10	22	1.0	1.5
65	55	55.40	55.10	25	1.0	1.5
80	70	70.40	70.10	28	1.5	2.0
80	85	85.40	85.40	30	1.5	2.5
100	105	105.40	105.40	32	2.0	3.0
100	108	108.60	108.25	32	2.0	3.0
125	133	134.20	133.70	36	2.5	4.0
150	159	160.20	159.70	42	3.0	4.5
200	219	220.80	220.00	45	4.0	6.0

　　加工压紧式卡套连接是靠杯形承插口或锥形承插口的管端与管件的相应结合面的密封来保证管道接头严密性的,因此,管端成形的质量如何,直接影响铜管的连接质量。

　　非加工压紧式卡套连接和加工压紧式卡套连接示意,如图5-20和图5-21所示。

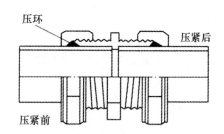

图 5-20　非加工压紧式卡套连接

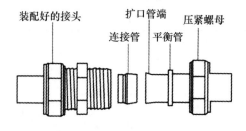

图 5-21　加工压紧式卡套连接

（3）铜管卡压式连接。铜管卡压式连接是将卡压式铜管管件与铜管连接后，再用专用压接机械将铜管和管件压接在一起的连接方法。在进行连接时，管子切口端面与管子轴线垂直，切口处的毛刺应清理干净，然后将管子插进卡压式管件内，并轻轻转动管子，使管子与管件的结合段同心，使连接的管子与压接式管件端部的O形密封圈处在融洽位置，然后用专用压接工具，通过专用压接工具，在管壁上产生恒定的压力，使管材和管件的外形产生形变，压接成六边形，同时使O形密封圈产生压缩变形，使连接处得到密封。卡压式连接如图5-22所示，卡压式管件安装如图5-23所示。

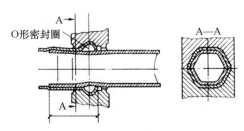

图 5-22　卡压式连接示意图

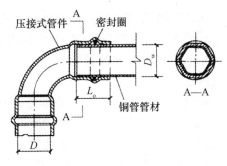

图 5-23　卡压式管件安装示意图

（4）铜管螺纹式连接。铜管的螺纹连接是利用牙形、角度为55°的螺纹密封的管螺纹，通过螺纹本身具有自密封性的连接方式，主要用于铜管与卫生器具、铜管与设备接口、厚壁铜管之间的连接。铜管与卫生器具、铜管与设备接口的连接，多采用成品螺纹管件连接。铜管螺纹式连接如图5-24所示。

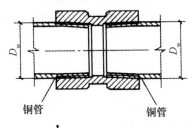

图 5-24　铜管螺纹式连接示意图

（5）铜管卡箍式连接。当铜管的规格较大时，可采用卡箍式连接。卡箍式连接也称为沟槽式连接，这种连接方式是用专用的沟槽成型机械，将铜管端头处轧制一道深度与宽度相符的沟槽，连接标准环状沟槽，然后用相匹配的沟槽连接件，将两根铜管连接在一起。铜管卡箍式连接如图 5-25 所示。

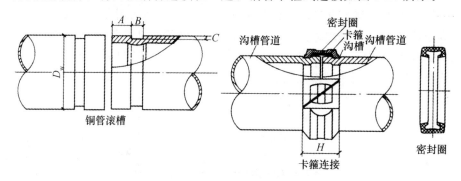

图 5-25　铜管卡箍式连接示意图

（三）给水铜管管道的敷设与布置

在建筑给水工程中采用铜管管道，是一种档次较高的给水管道安装。为达到给水铜管管道的设计要求，在敷设与布置中应做到以下方面：

（1）为实现科学用水和合理布置，尽量减少水头损失，立管应布置在用水量最大的卫生器具或用水设备附近。

（2）铜管管道可以暗装，也可以明装，在实际施工中，应尽量采用暗装方式。当采用明装时，在一定的条件下，铜管外表面很容易生成铜绿，严重影响其美观；另一方面，铜管材质较软，抗冲击能力差，受到意外碰撞、拉伸、脚蹬会导致管道变形，甚至使管道裂纹出现渗漏。

（3）铜管管道暗装敷设时，干管和立管应敷设在吊顶、管井和管窿内，支管宜敷设在地面找平层内、装饰夹墙内或沿墙开凿的管槽内。

（4）避免布置成独立的或很少供水的长距离分支主干管，因为这样的布置会使系统内的水长期处于滞流或半滞流状态，甚至导致铜管出现内壁腐蚀。

（5）为避免或减少电化学腐蚀，在给水铜管管道系统中，不要使铜管与钢材发生直接接触。如在铜管系统中不要连接普通碳素钢，必须连接时应采取绝缘措施。

（6）给水铜管不得浇筑在钢筋混凝土结构内，除硬钎焊连接的铜管外，其他方式连接的铜管均不得暗装在墙槽内或地面垫层内。

（7）为减少土壤对铜管产生酸碱腐蚀，或坚硬物体对铜管管道造成机械损伤，埋地铜管应采用塑封型的铜管。

（8）引入铜管在穿越条形基础时，管道的上方应留有建筑物的沉降量，预留高度应经过计算确定，但不得小于150mm；引入铜管在穿过有地下室的外墙、基础或水池池壁时，应设置防水套管。

（9）管道穿越承重墙、楼板时应设置套管，穿墙套管两端与墙面相平，穿楼板套管下端与楼板底面相平，套管上部应高出饰面100mm。铜管穿楼板、屋面套管安装如图5-26所示。

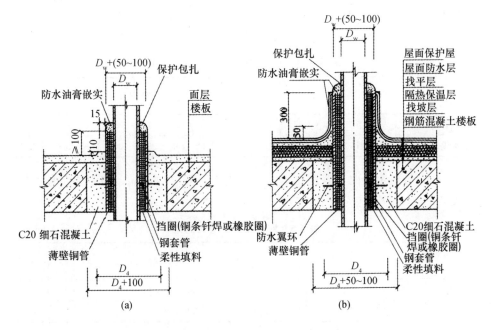

图 5-26 铜管穿楼板、屋面套管安装

（a）穿楼板（现浇刚性防水套管）；（b）穿屋面（现浇刚性防水套管）

（10）卫生间、厨房等配水点，可采用分水器并联、串联供水。与配水器连接的分支管，在室内地坪垫层或墙槽内敷设。配水支管上不允许设有可拆卸的管件，管子宜用塑封铜管。

（11）直埋暗管在封闭后，应在墙面或地面上标明暗管敷设的位置和走向，以利于进行保护和今后的维修。

（12）管道不得布置在遇水会引起燃烧、爆炸或损坏的原料、产品上方，并应避免在生产设备的上方通过，不得穿越生产设备的基础。

（13）为便于管中的流水畅快，横向管道敷设应有0.2%～0.5%的坡度，并应坡向泄水装置。

（14）铜管管道敷设应满足检修方便的要求，并且不得影响建筑物分隔使用功能的特殊需要。给水铜管不得穿越变配电房，不得敷设在烟道、风道、电梯井、电梯机房内；不宜穿越橱窗、壁柜；不得穿过大便槽、小便槽。立管与大便槽、小便槽的距离不得小于 0.5m。

（15）给水铜管管道不宜穿越沉降缝、变形缝，如果必须穿越时，应设置补偿管道伸缩装置或剪切变形的装置。

（16）管道敷设安装过程中，应离开墙面和柱面有一定距离，距离大小应根据管道支架的安装要求和管道的固定要求等条件确定，并要满足管道安装操作和维护检修的需求。管道中心与墙面、柱面的距离可参照表 5-4 中的数值。管道架空敷设时，管顶上部的净空高度不宜小于 200mm。

表 5-4　管道中心与墙面、柱面的距离　　　　　　　　（mm）

公称直径 DN	15	20	25	32	40	50	65	80	100	125	150	200	250	300
垂直管道	90	95	100	110	115	120	130	145	155	170	180	210	240	265
水平管道	130	135	150	160	165	170	180	195	205	220	230	260	300	325

（17）管道敷设时设置的支承位置要正确，安装要牢靠，间距要合理。铜管支架的最大间距应符合表 5-5 中的规定。

表 5-5　铜管支架的最大间距　　　　　　　　（mm）

公称直径 DN		15	20	25	32	40	50	65	80	100	125	150	200	250	300
支架间距/ m	垂直管	180	240	300	300	300	300	350	350	350	350	400	400	450	450
	水平管	120	180	180	240	240	240	300	300	300	300	350	350	400	400

（四）给水铜管管道安装的注意事项

为确保给水铜管管道的安装质量和使用功能，在给水铜管管道的安装过程中，应注意以下事项：

（1）铜管的热伸长及补偿。材料试验证明：铜管的线膨胀系数为 0.0176mm/（m·℃），约为钢管的 1.5 倍，当温差为 60℃ 时，1m 长的铜管可伸长 1.056mm。在一定长度的直线段上，由于温度上升，会造成管道弯曲和偏移，产生的热应力很容易造成管道接口或支架的破坏。在通常情况下，热水管道 10m 以上的直线铜管就要考虑温度变化引起伸缩的补偿。热水管道应尽量利用自然补偿吸收管道的热变形量，自然补偿的类型如图 5-27 所示。

（2）铜管管道应合理配制补偿装置与支承，以便控制管道的伸缩方向和补偿。铜管补偿器与支承的配制，如图 5-28 所示。

（3）管道的固定支架间距应根据直线管段的热伸长量、设计补偿器的数

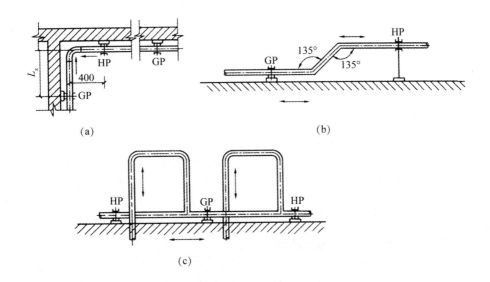

图 5-27　铜管自然补偿的类型

（a）自由臂补偿；（b）Z 形补偿；（c）交叉补偿

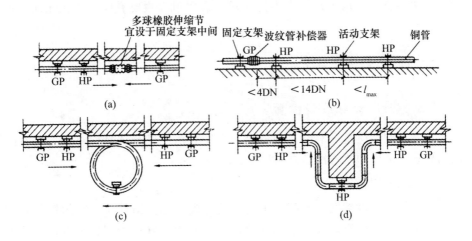

图 5-28　铜管补偿器与支承的配制

（a）多球橡胶伸缩节补偿；（b）波纹管补偿器补偿；（c）环形补偿；（d）Ⅱ形补偿

量和位置来确定，固定支架宜在变径、分支接口及穿越承重墙、楼板的两侧等处进行设置。

（4）以下各位置应设置固定支承：立管底部应设置固定支承，管道的配水点、阀门、水表、浮球阀等设备接管处应设置固定支承，在水箱与水池的进口处也应设置固定支承。

（5）铜管的固定支承必须生根在强度、刚度都能满足支承需要的钢筋混凝土柱、梁和墙板上，不能支承在非承重的砖墙、泡沫混凝土砌块和多孔砖墙上。

（6）建筑给水铜管在穿越楼板、屋面时，都应当按要求设置刚性防水套管。

（7）建筑给水铜管为薄壁铜管，当直接埋地敷设时，应选用塑覆铜管，如果采用其他，铜管应设置防护套管。

（8）由于铜管壁厚较薄、硬度较低、线膨胀系数较大，小管径整体刚度差，所以在采用暗装敷设时，应选用塑覆铜管，并用专用管卡固定管道；如果采用其他铜管，铜管宜带保护层。

（9）由于铜管的导热系数较大，用于建筑给水应采取绝热措施；热水管道、给水管道应保温，冷水管道应保冷。

第二节　室内给水管道附件安装工艺

室内给水管道附件安装，是给水管道系统的重要组成部分，其安装质量如何，关系整个给水系统。室内给水管件常用附件主要有阀门、减压阀、止回阀和水表等。

一、阀门的安装工艺

（一）阀门安装前的检查工作

为确保安装质量和顺利进行，阀门在安装前应进行认真检查，主要对阀门的外观、强度和严密性等方面检查。

1. 阀门的外观检查

阀门的外观检查主要包括：①阀门的外观有无损伤现象；②阀杆与阀芯的连接是否灵活可靠；③阀芯与阀座的结合是否良好；④阀杆无弯曲、锈蚀现象；⑤阀杆与填料压盖配合良好；⑥阀体连接外法兰或螺纹无缺陷。

2. 强度和严密性检查

阀门在安装前必须进行强度和严密性试验，试验应在每批数量中抽查10％，且不少于1个。对于安装在主干管上起切断作用的闭路阀门，应逐个做强度和严密性试验。

阀门的强度和严密性试验，应符合下列规定：阀门的强度试验压力为公称压力的 1.5 倍；严密性试验压力为公称压力的 1.1 倍；试验压力在试验持续时间内应保持不变，且壳体填料及阀门密封面无渗漏。阀门试压的持续时间应不少于表 5-6 中的规定。

表 5-6 阀门试压的持续时间

公称直径 DN/ mm	最短试验持续时间/s		
	严密性试验		强度试验
	金属密封	非金属密封	
≤50	15	15	15
65～200	30	15	60
250～450	60	20	180

（二）给水阀门的选用

给水管道上的阀门，应根据管径大小、接口方式、启闭要求和水流方式等因素选用。在一般按下列情况进行选用：

（1）当管径不超过 50mm 时，宜用截止阀；当管径超过 50mm 时，宜选用蝶阀。

（2）在管内的水为双向流动的管段上，宜选用闸阀或蝶阀。

（3）在经常启闭的管段上，宜选用截止阀。

（4）在需要快速启闭的管段上，宜选用电动快开阀和蝶阀等。

（三）给水阀门的安装

在室内给水管道上的阀门安装多为法兰或螺纹连接，在安装时应注意以下事项：

（1）阀门在装卸、运输、搬动和安装的过程中，应按有关规定进行，不得随手抛掷和乱堆放，安装前应将阀体清扫干净。

（2）阀门的连接应使阀门与两侧管道同在一个中心线上，如果出现偏差，应当卸下，重新进行连接，不得硬性校正，以防止阀体损伤。

（3）在安装较大的阀门需要吊装时，吊装的绑扎点应按规定设置，其吊装钢丝绳不得吊装在手轮、阀杆或法兰螺栓孔上。

（4）阀杆的安装位置除设计注明外，一般应以便于操作和维修为准。水平给水管道上的阀门，其阀杆一般安装在上半周范围内。

（5）在焊接法兰时，应先检查是否与阀门的螺栓孔位置相匹配。安装时应保证两法兰端面相互平行和同轴。在拧紧螺栓时，应对称或十字交叉进行。

（6）法兰垫片应在施工现场加工，其垫片内径不得小于法兰内径而突入管内，垫片外径最好等于螺栓孔内边缘直径，并留一个适宜的"尾巴"，以便于垫片的放置。

（7）在安装截止阀、蝶阀和止回阀时，应当特别注意水流方向与阀体上的箭头方向一致，千万不可安装相反。

（8）一般用螺纹连接的阀门，配用的活接头或长丝铜管管件应设置在介质的出口端。

（9）对于并排平行水平管道上的阀门应错开布置。对于并排垂直管道上的阀门，应安装在同一高度上，其手轮间距不小于100mm。

二、减压阀的安装工艺

减压阀主要应用于高层建筑给水和消防系统中。目前，多采用弹簧式减压阀和比例式减压阀两种类型。减压阀的安装应符合下列要求：

（1）在减压阀安装前，应将管道冲洗干净，防止管道内的杂物堵塞减压阀，使减压阀丧失应有的减压作用。

（2）弹簧式减压阀一般采用水平安装，比例式减压阀一般采用垂直安装。安装时应使阀体的箭头方向与水流方向一致，千万不可装反。

（3）安装于管道井中的减压阀，应在相应的位置设置检查口，以便对减压阀进行调试和维修。比例式减压阀应使平衡孔暴露在大气中，防止因为平衡孔被堵塞而失灵。

（4）用于分区给水的减压阀，其前后应安装阀门和压力表。生活给水系统应安装减压阀，其进口端处应安装Y形过滤器，并要便于排污。

（5）减压阀应安装旁通管，以便在进行检修时不造成停水。

三、止回阀的安装工艺

止回阀的作用是防止介质出现倒流，但如果设置位置不当，安装不合理，将起不到防止介质倒流的作用，甚至使给水设计的系统失效。

1. 止回阀的设置要求

（1）给水线路有两条或两条以上引入管，并且在室内连通时，每一条引入管上应设置止回阀。

（2）当室内采用直接供水和水泵、水池联合供水的给水方式时，在水泵出口和引入管上，均应当加设回止阀，如图5-29所示。

（3）利用室外给水管网压力进水的水箱，其进水管和出水管合并为一条时，其引入管和水箱出水管上均应加设止回阀。设水箱的给水方式止回阀的设置，如图5-30所示。

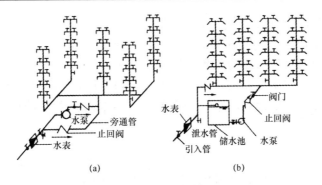

图 5-29　水泵直接供水和水泵、水池联合供水的给水方式止回阀的设置

(a) 水泵直接接室外管网；(b) 水泵与室外管网间接连接

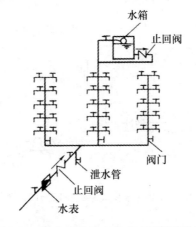

图 5-30　设水箱的给水方式止回阀的设置

（4）装有消防水泵接合器的引入管和水箱的消防出水管上，均应加设止回阀。设有水箱的室内消防栓给水系统止回阀的设置，如图 5-31 所示。

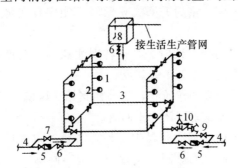

图 5-31　设有水箱的室内消防栓给水系统止回阀的设置

1—室内消火栓；2—消防竖管；3—干管；4—进户管；

5—水表；6—止回阀；7—旁通管道及阀门；

8—水箱；9—水泵接合器；10—安全阀

167

（5）向生产设备中供水，当设备内部可能产生的水压高于室内给水管网水压时（如锅炉用水、换热器用水等），需要设置止回阀。

（6）在下列情况时也应设置止回阀：升压给水方式的旁通管道，加压给水泵的出口处，水加热器的冷水进水管上，均应设置止回阀。水泵直接从室外管网抽水止回阀的设置，如图 5-32 所示；热水供应系统止回阀的设置，如图 5-33 所示。

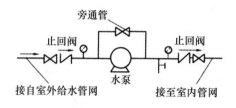

图 5-32　水泵直接从室外管网抽水止回阀的设置

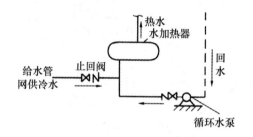

图 5-33　热水供应系统止回阀的设置

2. 止回阀的安装要求

（1）当给水管网最小压力或水箱最低水位时，止回阀应能自动开启。

（2）采用重力升降式止回阀、旋转开启式止回阀，阀的阀瓣或阀芯应能在重力作用下自行关闭。重力升降式止回阀只能安装在水平管路上，并且必须安装水平。

（3）在进行止回阀的安装时，必须特别注意其方向性，阀体上的箭头方向代表介质的流动方向，千万不能装反。

（4）对环境要求较高的建筑物，如高档宾馆、医院、疗养院、写字楼等，应采用消声的止回阀或微阻缓闭式止回阀。

（5）给水管网上的止回阀是易损附件，需要经常维护和检修，因此一般不单独设置，常和闸阀（或蝶阀）设置在一起。闸阀（或蝶阀）是用来保护和控制止回阀的。

四、水表的安装工艺

水表的作用是用来计量用水量的，并以水表所示的用水量计算水费、评价用水情况等。目前，在室内给水管道上应用较多的是流速式水表，流速式水表分为旋翼式和螺翼式两种。叶轮式水表是一种小口径水表，螺翼式水表是一种大口径水表。

根据管道的口径不同，水表有很多型号，它们的技术参数也不相同。旋翼式水表的技术数据，见表 5-7；螺翼式水表的技术数据，见表 5-8。

表 5-7　旋翼式水表的技术数据

型号	公称直径/ mm	流量/（m³/h）					最大示值/ m³	外形尺寸/mm		
		特性	最大	额定	最小	灵敏度		长	宽	高
								L	B	H
LXS—15	15	3	1.5	1.0	0.047	0.017	10000	243	97	117.0
LXS—20	20	5	2.5	1.6	0.075	0.025	10000	293	97	118.0
LXS—25	25	7	3.5	2.2	0.090	0.030	10000	343	101	128.8
LXS—32	32	10	5.0	3.2	0.120	0.040	10000	358	101	130.8
LXS—40	40	20	10.0	6.3	0.220	0.070	100000	385	126	150.8
LXS—50	50	30	15.0	10.0	0.400	0.090	100000	280	160	200.0
LXS—80	80	70	35.0	22.0	1.100	0.300	1000000	370	316	275.0
LXS—100	100	100	50.0	32.0	1.400	0.400	1000000	370	328	300.0
LXS—150	150	200	100.0	63.0	2.400	0.550	1000000	500	400	388.0

表 5-8　螺翼式水表的技术数据

直径/ mm	流通能力/ （m³/h）	流量/（m³/h）			最小示值/ m³	最大示值/ m³
		最大流量	额定流量	最小流量		
80	65	100	60	3.0	0.1	10^5
100	110	150	100	4.4	0.1	10^5
150	270	300	200	7.0	0.1	10^5
200	500	600	400	12.0	0.1	10^7
250	800	950	450	20.0	0.1	10^7
300	—	1500	750	35.0	0.1	10^7
400	—	2800	1400	60.0	0.1	10^7

（一）水表安装的准备工作

（1）在水表正式安装前，检查水表的型号、规格、质量和数量是否符合设计要求，各水表是否完好，有无损坏现象，铅封是否完整，并附有产品合格证及法定单位检测证明等。

（2）为确保水表安装顺利、快速和质量，应复核预留水表连接口的口径、水表位置、标高等，是否符合设计和安装的要求。

（3）为快速、有序、高质安装水表，应绘制水表安装草图，以便准确量得水表前后管段的长度，进行下料编号和配管连接。

（二）水表安装的操作要点

建筑室内水表的安装分为室内水表井（图 5-34）和室内水表安装（图 5-35）两部分。在水表安装的过程中，应注意以下操作要点：

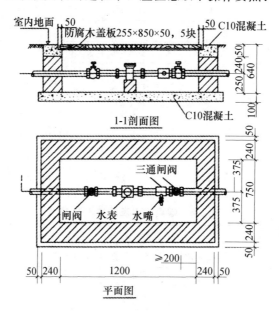

图 5-34　室内水表井的安装

（1）常用的旋翼式水表应当水平安装，在就位时应当检查水表壳上标注的箭头方向，应当与水流方向一致，不得出现反向安装。

（2）在螺翼式水表的前端，应有 8～10 个水表接管口径的直线管段；在其他类型水表的前后，应有长度不小于 300mm 的直线管段，或符合产品规定的要求。

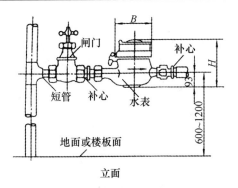

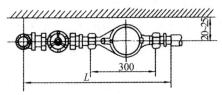

图 5-35　室内水表的安装

（3）对于生活、消防、生产进户管节点，应设置水表井，并按设计要求或选用标准图集进行配管。水表前后和旁通管上均应设置阀门，水表与水表后阀门间应设泄水阀。

（4）组装水表连接处的连接件宜选用铜质管件，在安装操作时要注意保护铜质管件完好。

（5）安装的分户水表的边缘，距墙面的距离一般不小于10mm，但也不应大于30mm。

（6）在水表安装完毕且尚未正式验收交付使用前，不得随意启封，必须待整个工程交工验收后才能正式启封。

（7）在进行室内给水管道系统试压、冲洗时，应将水表暂时卸下来，待试压、冲洗合格后再将水表复位。

第三节　室内消火栓系统安装工艺

室内消防系统按使用的灭火物质不同，可分为水消防系统、气体消防系统、干粉消防系统和泡沫消防系统等。通常，在工业与民用建筑内多采用水消防系统。从安装的角度看，消防系统的安装有其特殊性，要求施工单位应有此项安装资格后，才能承担消防工程的项目施工。

一、室内消火栓消防系统的布置形式

室内的消火栓给水系统是由水源、消防管路、消火栓箱等组成的，消火

箱内设有消火栓、水龙带、水枪和信号控制按钮等。当室内发生火灾时，将具有一定压力的水送到室内消防给水系统，再利用水枪射流扑灭火灾。

根据室外消防系统提供的水量、水压及建筑物的高度、层数，室内消火栓给水系统的给水方式有以下几种：无加压水泵和水箱的室内消火栓给水系统、设置水箱的室内消火栓给水系统、设置消防水泵和水箱的室内消火栓给水系统等。

（一）无加压水泵和水箱的室内消火栓给水系统

无加压水泵和水箱的室内消火栓给水系统，主要适用于室外给水管网提供水量、水压在任何时候都能满足室内最高、最远处消火栓的设计流量、压力要求的情况。这是一种要求较高的室内消火栓给水系统，其系统组成如图5-36所示。

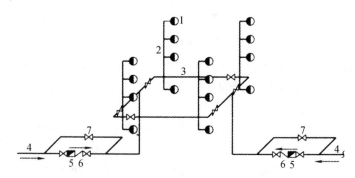

图5-36　无加压水泵和水箱的室内消火栓给水系统
1—室内消火栓；2—室内消防竖管；3—干管；4—进户管；
5—水表；6—止回阀；7—旁通管及阀门

（二）设置水箱的室内消火栓给水系统

设置水箱的室内消火栓给水系统，主要适用于室外给水管网的流量能满足生活、生产、消防的用水量，水箱储存生活和生产调节水量以及储存10min的室内消防用水量的情况。该系统的生活、生产给水应与室内消防给水分开，可以共用一个水箱，但应有消防用水不被生活、生产用水挪用的技术措施。其系统组成如图5-37所示。

（三）设置消防水泵和水箱的室内消火栓给水系统

设置消防水泵和水箱的室内消火栓给水系统，主要适用于室外给水管网的水量和水压不能满足室内消火栓给水系统的初期火灾所需水量和水压的情

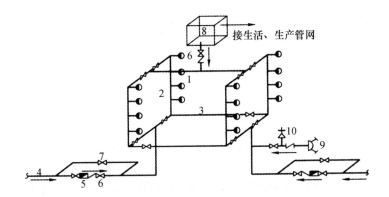

图 5-37　设置水箱的室内消火栓给水系统

1—室内消火栓；2—室内消防竖管；3—干管；4—进户管；5—水表；6—止回阀；

7—旁通管及阀门；8—水箱；9—水泵接合器；10—安全阀

况。水箱储存 10min 室内消防用水量，消防水箱的补水由生活或生产泵供给。消防水泵的扬程按室内最不利点消火栓灭火设备的水压计算，并保证在火灾初期 5min 内能启动供水，其系统组成如图 5-38 所示。

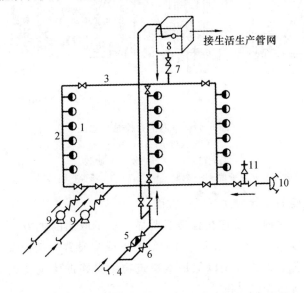

图 5-38　设置消防水泵和水箱的室内消火栓给水系统

1—室内消火栓；2—室内消防竖管；3—干管；4—进户管；5—水表；

6—旁通管及阀门；7—止回阀；8—水箱；9—水泵；10—水泵接合器；11—安全阀

二、室内消火栓给水设备的设置要求

室内消火栓给水系统主要设备包括消火栓、水泵接合器、消防水箱和消防水池等。

（一）室内消火栓设备

室内消火栓设备主要由水枪、水带和消火栓组成，一般设置在具有玻璃门的消防箱内，如图 5-39 所示。室内消火栓是一种具有内扣式接头的球形阀式龙头，有单出口和双出口两种类型。消火栓的一端与消防立管相连，另一端与水龙带相连。当建筑物内发生火灾时，消防水量通过室内消火栓管网供至水龙带，经水枪喷射出有压水流进行灭火。

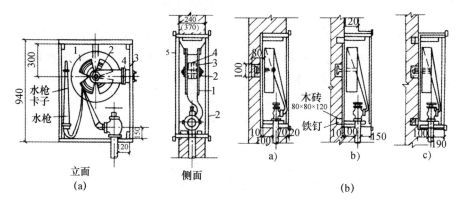

图 5-39　室内消火栓箱示意图
（a）双开门消火栓箱；（b）单开门消火栓箱
a）暗装；b）半明装；c）明装
1—水龙带盘；2—盘架；3—托架；4—螺栓；5—挡板

室内消火栓的设置应注意以下方面：

（1）室内消火栓应设置在各楼层明显、易于取用的地方。消火栓栓口距安装地面的高度为 1.1m，出水口方向宜向下或与设置的墙面垂直。高层建筑的屋顶应当设置消火栓，用以保护本建筑物免受邻近建筑物火灾的波及，以及检查消防系统运行的情况。

（2）室内消火栓栓口处的静水压力不应超过 80m 水柱，当超过 80m 水柱时，应采用分区给水系统。消火栓栓口处的出水压力超过 50m 水柱时，应有减压措施。

（3）消防电梯前室应设置室内消火栓；冷库的室内消火栓应设置在常温穿膛或楼梯间内。

（4）室内消火栓的间距应当经过计算后确定。高层工业建筑、高架库房、甲类厂房和乙类厂房等，室内消火栓的间距不应超过 30m，其他单层和多层建筑室内，消火栓的间距不应超过 50m。

（5）凡采用消火栓给水系统灭火的建筑物，各层均应设置消火栓。消火栓的布置间距可根据消火栓的保护半径及所需要的同时到达室内任何部位的水枪射流的股数来确定。

（6）同一建筑物内应采用统一规格的消火栓、水枪和水龙带，每根水龙带的长度不应超过 30m。

（7）水枪一般为直流式，喷嘴直径有 13mm、16mm 和 19mm 三种，应根据水枪的喷嘴直径配置水龙带的长度。低层建筑的消火栓可选用口径为 13mm 或 16mm 的水枪。

（二）水泵接合器

当室内消防用水量不能满足消防要求时，消防车可通过水泵接合器向室内管网供水灭火。利用水泵接合器也可以减少消防队员登高及铺设水龙带的时间，为及时扑灭火灾创造有利条件。因此，在超过 4 层的厂房、库房、高层工业建筑、设有消防管网的住宅和超过 5 层的其他民用建筑，均应设置水泵接合器。高层建筑的消防给水按竖向分区供水时，应在消防车供水压力范围内设置水泵接合器。

在设置水泵接合器时应注意以下事项：

（1）水泵接合器的设置应考虑取水的方便，便于消防车的通行，一般距室外消火栓和消防水池的间距为 15～40m，水泵接合器的间距应大于 20m。

（2）水泵接合器的形式有地上式、地下式、墙壁式三种。在一般情况下，消防水泵接合器宜设为地上式；当采用地下式水泵接合器时，应设置明显的标志。

（3）水泵接合器设置的数量应当按室内消防用水量计算确定，每个水泵接合器的流量为 10～15L/s。消防给水为竖向分区供水时，在消防车供水压力范围内的分区，应分别设置水泵接合器。水泵接合器的选用参数见表 5-9。

表 5-9　水泵接合器的选用参数

室内消防流量/(L/s)	水泵接合器			室内消防流量/(L/s)	水泵接合器		
	单个流量/(L/s)	公称直径 DN/mm	数量/个		单个流量/(L/s)	公称直径 DN/mm	数量/个
10	10	100	1	25	15	150	2
15	10	100	2	30	15	150	2
20	10	100	2	40	15	150	3

（4）水泵接合器与室内环状管网连接，其连接点应尽量远离消防水泵输水管与室内管网的连接点，以使消防水泵接合器向室内管网输水的能力达到最大。

（三）消防水箱与消防水池

消防水箱是为满足消防初期用水而设置的设备。在临时高压消防给水系统中要设置消防水箱，水箱中应储存 10min 的消防用水量。

消防水池的主要作用是供消防车取水之用。消防水池可以单独设置，也可以与生产、生活用水合用一个水池。当采用共用水池时，应有确保消防用水不被动用的技术措施，但又必须确保水池中水的水质。

三、室内消火栓消防系统的安装工艺

室内消火栓消防系统的安装，主要包括管道系统的安装、消火栓箱的安装和消火栓系统的调试等。

（一）管道系统安装的要点

室内消火栓管道系统的安装程序一般为：干管安装→立管安装→消火栓及支管安装→消防水泵安装→高位水箱安装→水泵接合器安装→管道试压→管道冲洗→消火栓配件安装→系统调试。

消防管道系统的安装质量关系重大，因此，在进行管道系统安装中，应掌握以下操作要点：

（1）消防管道安装程序是否正确，对于安装质量和施工速度均有很大影响。在一般情况下，应当按楼层水流方向自下而上，先安装水平干管、后安装立管和支管的顺序进行。下行干管应直接与进户室外消防管道或设有消防水泵出水管连接；上行干管应与消防水箱出水管连接。

（2）消防水平干管和明装立管，应按照设计要求或安装规范规定设置吊架和管卡，使其坡度、坡向符合设计要求。

（3）管道的切割、弯制、管螺纹加工、支架制作、焊接等工序，均应按现行国家标准和规范的规定执行。

（4）消防管道与阀门、水泵等附件、设备宜采用法兰连接；消火栓与消防立管的横支管出口宜采用螺纹连接；其他部位管道可采用焊接。

（5）消防管道的焊缝、法兰和其他连接件的位置，应便于检查和维修，且不得紧贴墙壁、楼板、管支架和管套。

（6）管道与套管之间的空隙，应用石棉或其他不燃材料填塞；管道穿越有防水要求的部位时，应采用防水套管加以处理。

（7）埋地管道试压和防腐处理后，应进行隐蔽工程验收，并填写隐蔽工程记录表，及时在管道上部进行填土并分层夯实。

（8）在管道阀门安装前，应按照设计要求校对其型号和数量，并按照标注的水流方向确定阀门的安装方向。

（9）法兰连接应使用统一规格的螺栓，安装的方向应一致，紧固螺栓应对称均匀、松紧适度，紧固后外露的螺栓长度不应大于2倍螺距。

（10）消防管道进行连接时，不得采用强力对口、偏位垫片或多层垫片方法，消除接口端面的空隙、偏差和错位等质量缺陷。

（11）消防水泵出水管上应按照设计要求安装压力表、止回阀、控制阀。其中，压力表的量程不应小于水泵工作压力的1.5～2.0倍。

（二）消火栓箱安装的要点

（1）消火栓箱的箱体应用铁皮或铝合金制作，并装有玻璃门，在玻璃门上用红漆标出"消火栓"三个大字。

（2）消火栓箱在安装时，首先要以栓阀位置和标高确定消火栓支管连接口位置，经核定消火栓栓口中心距地坪高度1.1m后，再稳固消火栓箱体，待箱体位置准确稳固后再把栓阀安装好。安装时应特别注意消火栓的栓口应当朝外，栓阀侧装在箱内时应安装在箱门开启的一侧。

（3）如果消火栓箱体安装在轻质砌块的墙上，必须采取可靠的加固措施。当消火栓箱暗装及半暗装在砖墙、混凝土墙上时，其预留洞的尺寸见表5-10。

（4）消火栓箱体内的配件安装，应在工程交工前进行。消防水龙带应采用内衬胶麻带或锦纶带，并将水龙带折好后放在挂架上，或卷好后放在消火栓箱内。

（5）消防水枪要竖放在箱体的内侧。自救式水枪和软管应盘卷在卷盘上，消防水龙头与水枪的快速接头连接，一般可用14号铁丝进行绑扎。设有电控按钮时，安装中应与电气安装人员配合安装。

（6）消火栓箱安装完毕，应立即清理箱内的杂物，暗装在墙体内的消火栓箱和穿过箱体管道的空隙，应用水泥砂浆或密封膏封严抹平。

（7）室内消火栓系统安装完毕后，经试压合格应进行试射试验。试射试验应取顶层试验消火栓和首层消火栓进行，其水枪充实水柱的高度应达到设计要求。

（三）消火栓系统的调试

（1）消火栓给水系统的调试工作，关系消防系统的使用功能如何，应在整个系统全部施工完毕和联动设备调试合格后进行。

表 5-10　砖墙、混凝土墙上暗装及半暗装消火栓箱留洞尺寸　　　　（mm）

消火栓箱外形尺寸（$A×B×T$）	侧面进水 A_1	B_2	底部（后部）进水 A_1	B_2	洞口底边距地面高	消火栓箱外形尺寸（$A×B×T$）	侧面进水 A_1	B_2	底部（后部）进水 A_1	B_2	洞口底边距地面高
600×500×210	680	750	—	—	①	1200×500×210					按栓口中心距安装地面高度 1.1m 确定
600×500×210	830	1150	—	—		1200×500×210	—	—	1450	780	
600×500×210						1200×500×210					
600×500×210						1200×500×210					
600×500×210						1200×500×210					
600×500×210	830	900	1050	680		1200×500×210	—	—	1600	780	
600×500×210					按栓口中心距安装地面高度 1.1m 确定	1200×500×210	1630	950	(1630)	(730)	135
600×500×210						1200×500×210	1630	950	(1630)	(730)	135
600×500×210						1200×500×210	1730	950	(1730)	(730)	185
600×500×210	—	—	1200	680		1200×500×210					85
600×500×210						1200×500×210					85
600×500×210						1200×500×210	1830	950	(1630)	(730)	85
600×500×210	—	—	1250	730		1200×500×210					135
600×500×210						1200×500×210					135
600×500×210						1200×500×210	1930	1000	(1930)	(780)	85
600×500×210											135
600×500×210						1200×500×210					85
600×500×210	—	—	1600	730		1200×500×210	2030	1000	—	—	
						1200×500×210					

（2）在进行调试前，应当准备好调试时所需的设备和仪表，并应制定出调试工作细则。调试工作应当责任到人，并按调试程序进行。

（3）在正式调试前，应进一步检查系统设备是否完好，是否处于正常状态。对于检查发现的问题，应及时进行处理，并做好文字记录。

（4）当消火栓系统设有消防水泵系统时，在正式调试前应检查电动机转向、盘车是否灵活，电机接地及安全装置是否可靠，出水管路闸门是否关闭，吸水管路的闸门是否开启，以上各项符合要求后，才能开始调试工作。

（5）开启消防水泵，在设计负荷运行 2h 后，其压力、流量应稳定，运行中无异常声音，电流不超过额定值，温升完全正常。

（6）消火栓开启比较灵活，无渗漏现象，最不利点消火栓的水压和流量满足试射的要求。

第四节 室内给水设备安装工艺

当建筑物的高度较高，城市给水管网的供水压力不能满足建筑物的水压要求时，需要设置如水箱、水泵、储水池和气压给水装置等升压给水设置。

一、水箱的安装工艺

水箱一般设置在建筑物给水系统的最高处，主要起到贮存、调节水量和稳定压力的作用。按照水箱的材质不同，可分为玻璃钢水箱、镀锌钢扳水箱、复合钢板水箱、搪瓷钢板水箱、钢筋混凝土水箱和不锈钢钢板水箱；按照水箱的外形不同，有矩形水箱、方形水箱和圆形水箱。在实际工程中，一般可选用定型产品，如整体式水箱、组装式水箱等。

（一）水箱的布置与组成

水箱一般设置在顶层房间、闷顶或平层顶上的水箱间内，其设置的位置、高度应满足供水建筑物内最不利配水点所需的服务水头。水箱底距安装地面的净距离不小于 400mm，一般可用经过防腐处理的木制或钢制底座，底座的周边应比水箱大 100～200mm。

水箱间的净高不得低于 2.20m，应有良好采光、通风，能防止虫、蝇等的污染，并安装紫外线消毒器，室内的温度不低于 5℃，如果有产生冻结的可能，要采取相应的保温措施。

水箱上应设置进水管、出水管、溢流管、泄水管、水位信号管、排出管和通气管等，以保证水箱能正常工作。水箱配管如图 5-40 所示。

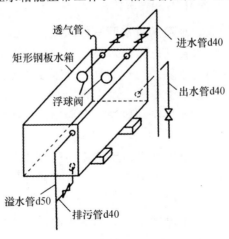

图 5-40 水箱配管示意图

（二）水箱安装作业条件

（1）水箱间的土建工程施工已完成，经质量检查能满足水箱安装条件。如果水箱为整体式，应在土建屋顶封顶前，将水箱吊入水箱间内。

（2）水箱进场后应按照设计要求和产品质量标准进行检验。对于非金属材料或复合钢板及组装用橡胶密封材料等，均应有卫生部门检验证明文件，符合《生活饮用水卫生标准》（GB 5749—2006）的要求。

（3）安装水箱的底座已按设计要求施工完毕，采用方木或型钢材质的底座，已按要求做好防腐处理；如果底座为钢筋混凝土材料时，其强度已达到设计强度的 75% 以上。

（三）水箱箱体的安装工艺

水箱箱体的安装是整个水箱安装的关键，如果选用组装式水箱，一般应由产品厂家负责装配。通常，箱体安装的过程如下：

（1）水箱在正式组装之前，先在水箱的支座上按照水箱的形状、尺寸画定其定位线。

（2）水箱在安装过程中，用水平尺和垂线随时检查水箱的水平和垂直程度，以便将水箱正确安装在设计位置。

（3）在水箱安装完毕后，在连接短管位置处进行接管接口，装上带法兰的短管，待水箱的水充满后进行满水试验。

（4）满水试验和安装质量检查合格后，如果对水箱有防冻要求时，应按要求做绝热层。

（四）水箱配管安装工艺

（1）进水管的安装。水箱的进水管一般从侧壁接入，也可以从底部或顶部接入。当水箱利用给水管网压力进水时，在进水管上应设置不少于 2 个浮球阀，浮球阀的直径与进水管的直径相同。为了便于管道的检修，在每个阀的前面应还设置阀门。进水管距离水箱上缘应有 150～200mm 的距离。当由给水系统压力进水，并用液位自动控制水泵启闭时，在进水管出口处可以不设置浮球阀。

（2）出水管的安装。出水管应自水箱体一侧距离水箱底 150mm 处接出，与室内给水干管连通，出水管上应安装阀门，以便控制水量。当进水管与出水管共用一条管道时，在出水管上应安装止回阀。

（3）溢流管的安装。溢流管用以控制水箱的最高水位，溢流管口底应在允许最高水位以上 20mm，距箱顶不小于 150mm，管子直径应比进水管大 1

号或 2 号，可从侧壁或底部接出，但在水箱底以下时可与进水管直径相同。为了保护水箱中的水不被污染，溢流管不得与排水系统的管道直接连接，必须经过断流水箱，溢流管的隔断水箱如图 5-41 所示。

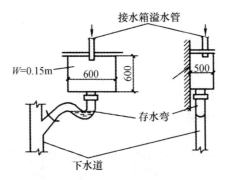

图 5-41 溢流管的隔断水箱示意

　　溢流管上不得装设阀门，但在出口处应设置网罩，防止小的动物从管中爬进水箱内。网罩可采用长 200mm 短管，管壁上开设孔径 10mm、孔距 20mm，一端管口封堵，外用 18 目铜或不锈钢丝网包扎牢固。

　　（4）泄水管的安装。泄水管又称为排水管或污水管，自水箱的底部最低处接出，以便排除水箱底沉淀的泥土及清洗水箱的污水。在泄水管上应设置阀门，阀门后可以与溢流管相连接，管子直径为 32～40mm，经过溢流管将污水排至下水道，也可直接与建筑排水沟相连。

　　（5）排出管的安装。为放空水箱和排出冲洗水里的污水，管口由水箱的底部接出，连接在溢流管上，管径一般为 40～50mm，并要在排水管上装设阀门。

　　（6）水位信号管的安装。水位信号管安装在水箱壁溢流管口标高以下 10mm 处，管子直径为 15～20mm，信号管的另一端通到经常有值班人员房间的污水池上，以便随时发现水箱浮球设备失灵而能及时修理。

　　（7）通气管的安装。对于生活饮用水的水箱，应设有密封箱盖，箱盖上设有检修人孔和通气管。通气管可伸至室外，但不得伸到有害气体的地方。通气管口应设置防止灰尘、昆虫、蚊蝇的滤网。通气管上不得装设阀门、水封等妨碍通气的装置，也不得与排水系统和通风管道相连。

　　（8）消防专用水箱或生活用水与消防用水合用水箱，其出水管上安装的止回阀距水箱最低水面不小于 0.8m，以确保消防用水时能打开止回阀。

二、水泵的安装工艺

　　在室外给水管网压力经常或周期性不足的情况下，为了保证室内给水管网所需压力，应设置适宜的水泵。在消防给水系统中，有时为了供应消防时所需压力，也应设置水泵。水泵是输送和提升水流的机械装置，它把原动机的机械能转化为被输送水流的能量，使之获得动能或势能，从而满足水压的要求。

（一）离心泵的基本结构

水泵的种类很多，如离心泵、轴流泵、混流泵、活塞泵和真空泵等，在建筑水暖工程中最常用的是离心泵。离心泵主要由叶轮、泵壳、泵轴、轴承、吸水管、压水管等部分组成，如图 5-42 所示。

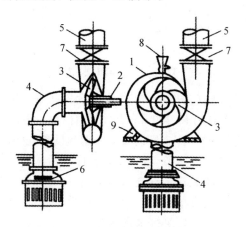

图 5-42　单级离心泵构造示意图

1—泵壳；2—泵轴；3—叶轮；4—吸水管；5—压水管；

6—底阀；7—闸阀；8—灌水斗；9—水泵底座

为了保证水泵正常工作，另外还必须装设一些管路附件，如压力表、阀门等，当水泵从水池中吸水时，还要安装真空表等。离心水泵管路附件，如图 5-43 所示。

（二）水泵的安装工艺

1. 水泵安装的准备工作

（1）为确保水泵正确、顺利、快速安装，安装前应认真检查水泵的规格、型号、扬程、流量是否符合设计要求，检查电动机的型号、功率、转速是否正确，水泵的叶轮是否有摩擦现象，水泵的内部是否有污物，水泵的配件是否齐全等，以上各项均符合要求后方可安装。

（2）检查水泵安装处的基础尺寸、位置、标高是否符合设计要求，预留的地脚螺栓孔位置是否准备，孔深度和孔直径是否满足设备要求。

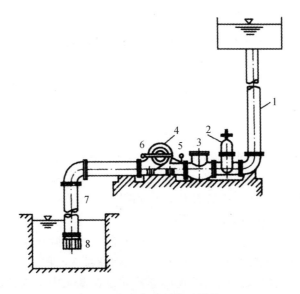

图 5-43 离心水泵管路附件
1—压水管；2—闸阀；3—逆止阀；4—水泵；
5—压力表；6—真空表；7—吸水管；8—底阀

（3）采用联轴器直接传动时，联轴器与水泵应同轴，相邻的两个平面应平行，其间隙一般为 2～3mm。

（4）在出厂时水泵、电机已装配调试完善，可以不再解体检查和清洗，将水泵和电机可直接安装。

（5）水泵进水管和出水管内部、管口端部应清洗干净，法兰密封面不应损坏。

（6）按照设计图中的具体要求，在机组上方定好水泵的纵向和横向中心线，以便在安装时控制水泵的位置。

2. 水泵基础的施工

水泵基础有钢结构基础和混凝土块体基础两种。钢结构基础比较简单，即把水泵安装在特制的钢制支架上，主要适用于小型水泵的安装。混凝土块体基础，即把水泵安装在混凝土基础上，这是水泵安装最常用的一种基础。混凝土块体基础的施工方法，可按以下步骤进行：

（1）基础尺寸及图样。混凝土块体基础的尺寸必须符合水泵安装详图的要求，如果设计中未注明时，基础平面尺寸的长和宽应比水泵底座相应尺寸加大 100～150mm，基础的厚度通常为地脚螺栓在基础内的长度再加 150～200mm，并且不小于水泵、电动机和底座重量之和的 3～4 倍，能承受机组静荷载及振动荷载，防止在工作中产生基础位移。地脚螺栓在混凝土基础内的长度，应符合表 5-11 中的规定。

表 5-11　水泵地脚螺栓在混凝土基础中的长度

地脚螺栓孔直径/mm	12～13	14～17	18～22	23～27	28～33	34～40	41～48	40～55
地脚螺栓直径/mm	10	12	16	20	24	30	36	42
地脚螺栓埋入基础内的长度/mm	200～400				500		600～700	

　　基础施工前放线应根据设计详图，用经纬仪或拉线定出水泵进口和出口的中心线、水泵轴线位置及高程。经复查无误后，可按基础尺寸大小放好开挖线，开挖深度应保证基础面比水泵房地面高 100～150mm，基础底应有 100～150mm 厚的碎石或砂垫层。

　　(2) 基础支模及浇筑。在基础安装模板前，首先应确定水泵机组地脚螺栓的固定方法。固定方法有一次灌浆法和二次灌浆法两种。

　　一次灌浆法是将水泵机组的地脚螺栓固定在基础模板顶部的横木上，其下部可用圆钢互相焊接起来，要求安装的基础模板尺寸、位置及地脚螺栓的尺寸、位置，必须符合设计及水泵机组的安装要求，不能有偏差并应调整好螺栓标高及螺栓的垂直度，具体固定方法如图 5-44 所示。待一切符合要求后，将地脚螺栓直接浇筑在基础混凝土中。

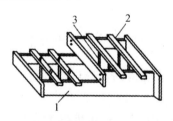

图 5-44　一次灌浆地脚螺栓固定法
1—基础模板；2—横木；3—地脚螺栓

　　二次灌浆法是在安装好的基础模板内，将水泵机组的地脚螺栓位置处安装上预留孔洞模板，然后浇筑基础混凝土。预留孔洞的尺寸一般比地脚螺栓直径大 50mm，比弯钩地脚螺栓的弯钩允许的最大尺寸大 50mm，孔洞深度应比地脚螺栓埋入深度大 50～100mm，待水泵机组安装在第二次灌混凝土时，再固定水泵机组的地脚螺栓。

　　在基础混凝土正式浇筑前，必须重新校正一次模板及地脚螺栓的位置、数量和尺寸等，确实无误后才能进行混凝土的浇筑。浇筑时必须一次浇成、振实，并应防止地脚螺栓或其预留孔洞模板出现歪斜、位移及上浮等现象发生。混凝土浇筑达到终凝后，应做好洒水养护工作，直至达到混凝土的设计强度。

3. 卧式水泵的安装

卧式水泵机组分为带底座和不带底座两种形式。一般中小型卧式水泵出厂时均将水泵和电机装配在同一铸铁底座上；为便于装卸和运输，较大型水泵出厂时不带底座，由使用者单独设置底座。

（1）带底座机组的安装。

1）先在基础上弹出水泵机组中心线，并在地脚螺栓孔洞的四周铲平，保证螺栓孔洞在同一水平面上。

2）将水泵机组吊起，穿入地脚螺栓，缓缓地放置在基础上，调整底座的位置，使机组中心与基础上的中心线相吻合。

3）用水平测尺在底座加工面上检查安装是否水平，如果不水平且偏差较小时，可在底座下靠近地脚螺栓附近，放置厚度适宜的垫铁片找平。每处的垫铁片叠加不宜多于3块。

4）用细石混凝土浇筑底座地脚螺栓预留孔，并要认真进行捣实，待混凝土达到设计强度后，再次校正水泵和电动机的同轴度和水平度，符合要求后拧紧地脚螺栓。

5）待以上各步骤进行完毕后，用手转动联轴器，如果能够轻松转动、无杂声为合格。如果转动费力、有杂声，应进行适当调整，直至合格为止。

最后由土建人员用水泥砂浆将底座与基础面之间缝隙填满，捣实后将表面抹平压光。卧式水泵机组的安装，如图5-45所示。

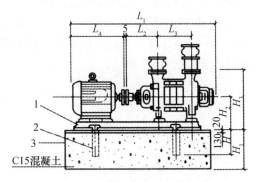

图 5-45　卧式水泵机组的安装示意图
1—底座；2—地脚螺栓；3—混凝土基础

（2）不带底座机组的安装。不带底座机组的安装顺序为：先安装水泵，再连接进出管路，待位置和标高确定后，再安装电动机。水泵安装的顺序为：先将自制底座安放在混凝土基础上，使基础上螺栓穿入底座上的螺孔中，然后再调整底座的位置，待位置、标高确定后，将水泵吊放在底座上，再进一步调整，最后进行固定。其具体做法如下：

1）水泵纵横中心线找正。在水泵安装前应按设计要求位置定好纵向和横向中心，然后再挂线定出纵横中心线，用铅垂向下吊垂线，使水泵纵横中心分别与垂线吻合。也可预先将纵横线画在基础上，从水泵进、出口中心和水泵轴心向下吊线，调整水泵使垂线和基础标记的中心线吻合。水泵纵横中心找正方法，如图 5-46 所示。

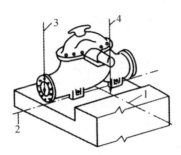

图 5-46　水泵纵横中心找正方法

1、2—纵横中心线；3—水泵进、出口中心；4—泵轴中心

2）对水泵水平找平。在水泵基本就位后，应立即对水泵进行调整，使其达到水平的要求。常用的方法有吊垂线或用精密度为 0.25mm 的方水平来找平，如图 5-47 所示。

吊垂线方法是从水泵的进、出口向下吊垂线，或者将水平器紧靠进、出口法兰的表面，调整机座下的垫铁片，使水泵进、出口法兰表面上下至垂直线的距离相等；或使水平器的气泡居中。对于大型水泵，进、出口高程可使出水侧略高于进水侧 0.3mm/m，以防与进水侧相接的吸水管翘起，在高处出现窝气现象，影响水泵的正常工作。

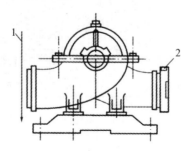

图 5-47　用垂线或水平器找平方法

1—垂线；2—方水平

3）水泵轴线高程校正。水泵轴线高程校正的目的，是使实际安装的水泵轴线高程与设计高程一致。常用水准仪测量控制，增加或减少垫铁片来满足

高程上的要求。水泵轴线高程校正，应在旋紧螺栓的状态下进行。

4. 电动机的安装

水泵经过校正合格后，可以将电动机吊放在基础上，与水泵的联轴器相连，调整电动机，使两者联轴器的径向间隙和横向间隙相等，达到两个联轴器同轴，且两端面平行，否则会使轴承发热或机组产生振动，影响正常进行。

电动机的安装，通常在已装好的联轴器上，用量角尺初步进行测定。要求安装精度高的大型机组，在联轴器上固定两只百分表，分别转动两联轴器0°、90°、180°、270°，同时读出百分表径向和轴向的间隙值。根据现行规定：径向允许误差应小于 0.05～0.10mm；轴向允许误差应小于 0.10～0.20mm。否则，在电动机底座下加减垫片或左右摆动电动机位置，使其满足上述要求。两只百分表测定间隙装置，如图 5-48 所示。

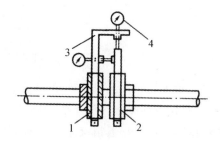

图 5-48 百分表测定间隙装置
1—水泵联轴器；2—电动机联轴器；3—支架；4—百分表

5. 立式水泵的安装

立式水泵的安装主要是将叶轮轴心与电动机轴心二者的同轴度和垂直度控制在允许偏差范围内。图 5-49 为 GNY 型管道泵安装图，图 5-50 为 DL 型多级水泵安装图。这两种水泵的基础呈台阶状，施工时通常先浇筑地下部分混凝土，此时预留机座地脚螺栓孔，待混凝土的强度达到设计强度75%以上后，在其上部安装模板，用铁架固定地脚螺栓，校对定位尺寸正确后，方可二次浇筑上部混凝土。

6. 机组隔振与安装

当水泵机组设计中有隔振要求时，应在机组基座与基础之间安装橡胶隔振垫或隔振器，在水泵进、出口处管路上安装可曲挠橡胶接头。

（1）隔振装置的安装要点。按设计要求选定隔振垫或隔振器定型产品，卧式水泵一般宜采用隔振垫，立式水泵一般宜采用隔振器。在隔垫装置的安装中，应注意以下操作要点。

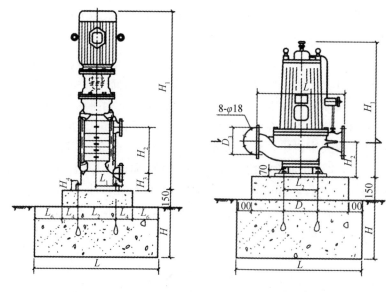

图 5-49 GNY 型管道泵安装图　　　图 5-50 DL 型多级水泵安装图

1）机组下的隔振垫，必须按照水泵机组的中轴线进行对称布置，其平面位置可按顺时针方向或逆时针方向布置在机座的四周。

2）卧式水泵安装隔振垫时，在一般情况下，水泵底座下与水泵基座之间不需要黏结或固定。

3）立式水泵安装隔振器时，在水泵底座下应设置型钢机座，并与橡胶隔振器之间用螺栓固定。在地面上设置地脚螺栓，再将隔振器通过地脚螺栓固定在地面上。

4）隔振垫层数不宜多于 5 层，各层的型号、块数、大小均应相同。在每层的隔振垫之间，要用厚度不小于 4mm 的镀锌钢板隔开。隔振垫与钢板要用胶粘剂黏结，钢板上、下层隔振垫，应当交错布置。

卧式水泵隔振垫安装示意图如图 5-51 所示；立式水泵隔振器安装示意图如图 5-52 所示。

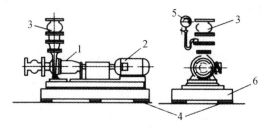

图 5-51 卧式水泵隔振器安装示意图

1—水泵；2—电动机；3—可曲挠橡胶接头；4—隔振垫；5—压力表；6—机座

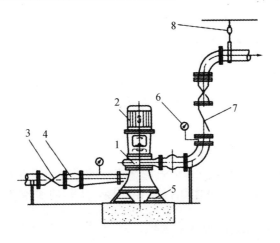

图 5-52　立式水泵隔振器安装示意图

1—水泵；2—电动机；3—阀门；4—可曲挠橡胶接头；

5—隔振器；6—压力表；7—止回阀；8—吊架

（2）可曲挠橡胶接头的安装要点

在进行可曲挠橡胶接头的安装中，应注意以下操作要点：

1）用于生活给水泵进、出口管道上的可曲挠橡胶接头，其材质应符合饮用水质标准的卫生要求；安装在水泵出口的可曲挠橡胶接头配件，其压力等级应当与水泵工作时压力相匹配。

2）安装在水泵进、出口管道上的可曲挠橡胶接头，必须设置在阀门和止回阀的内侧，即靠近水泵一侧，以防止接头不会被因水泵突然停泵时产生的水锤压力所破坏。

3）应在不受力的自然状态下进行安装，严格禁止处于极限偏差状态。

4）法兰连接的可曲挠橡胶接头的特制法兰与普通法兰连接时，螺栓的螺杆应当朝向普通法兰一侧，如图 5-53 所示。每一端面的螺栓应对称地逐步均匀加压拧紧，所有螺栓的松紧程度应保持一致。

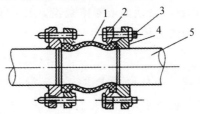

图 5-53　可曲挠橡胶接头安装图

1—可曲挠橡胶接头；2—特制法兰；

3—螺栓；4—普通法兰；5—管道

5）法兰连接的可曲挠橡胶接头串联安装时，应在两个接头的松套法兰中间，加设一个用于连接的平焊法兰。以平焊法兰为支柱体，同时使橡胶接头的端部压在平焊的钢法兰面上，做到接口处十分严密。

6）可曲挠橡胶接头及配件应保持清洁和干燥，避免阳光直接照射和雨雪浸淋；应避免与酸、碱、盐、油类和有机溶剂相接触，其外表面千万不要涂刷油漆。

7. 水泵进、出管路的安装

在进行水泵进、出管路安装时，应从水泵的进、出口开始分别向外接管。管路安装时不得使管路与泵体强行组合连接，不得将管路重量传递给泵体，以防止损坏泵体。

（1）吸水管路的安装。

1）当吸水管路出现直径改变时，应采用偏心的大小头，使其上平下斜，防止产生"气囊"现象，影响水泵的正常工作。

2）吸水管路的安装应由沿水流方向连续上升坡度至水泵进水口，这个坡度不小于5%。

3）吸水管一般应采用钢管焊接连接，水泵进水口处应有一段长2～3倍管道直径的直管段，不宜直接与弯头相连接。

4）在满足使用功能的前提下，吸水管路尽量减少管路附件，以避免产生漏气、渗水和增加水头损失。

5）吸水管路应设置支架和柔性接头，既可避免管道重量传递给泵体，又有利于管路减振和便于拆卸维修。

（2）出水管路的安装。

1）出水管路应采用无缝钢管，除与附件处采用法兰进行连接外，其余部分多用焊接连接。

2）出水管路上应按设计要求设置闸阀、止回阀和弹性接头，其连接的位置应便于施工操作和今后的检查维修。

3）出水管路敷设位置可沿地面或架空敷设，其支架（座）一定要固定牢靠，防止管道重量或水锤击力传给泵体。

8. 水泵的试运行

水泵在正式工作之前，应按照要求进行试运行，不仅是检验水泵安装质量的重要手段，而且也是进行水泵正式运行不可缺少的准备工作。

（1）试运行前的检查工作。

1）在水泵试运行之前，操作人员要认真检查水泵各紧固部位紧固是否良好，有无松动现象。对于不符合要求的，应重新进行紧固。

2）用于水泵的润滑油脂的品种、规格、数量和质量等，均应符合设备技术文件的规定，有预先润滑要求的部位应按规定进行预先润滑。

3）已备有满足水泵试运转用的电源、水源，其他所需要的物资也准备齐全。

4）水泵所在的管道系统已按要求冲洗干净，安全保护装置齐全、灵活、可靠，并经有关人员检查合格。

5）水泵已进行单机无负荷试运转。在试运转中无异常声音，水泵各紧固连接部分无松动现象，水泵无明显的径向振动和温升。

（2）水泵试运转的具体操作。

1）在水泵进行试运转时，首先将泵体和吸水管内充满水，并排放干净管道系统内的空气。

2）经检查泵体和吸水管内已充满水，管道系统内无气体，关闭水泵出口阀门，开启水泵的入口阀门。

3）开启电动机，水泵启动正常后逐渐打开水泵的出口阀门。为防止出现意外，试运转不得在阀门关闭的情况下长时间进行，一般控制在1min以内。

4）水泵在设计负荷下连续运转不得少于2h，一切正常时才允许停机。

（3）水泵试运转的合格标准。

1）管路系统运转正常，压力、流量、温度和其他方面要求，应符合设计文件的规定。

2）在运转中不应有不正常的声音，各密封部位不应渗漏，各紧固连接部位不应松动。

3）滚动轴承的温度不应高于75℃，滑动轴承的温度不应高于70℃，特殊轴承的温度应符合设备技术文件中的规定。

4）轴封填料的温升应正常；普通软填料处宜有少量的泄漏（不超过10～20滴/min），机械密封的填料处泄漏量不大于10ml/h（约3滴/min）。

5）水泵电动机的功率和电动机的电流不应超过额度值。

6）水泵的安全和保护装置应灵活、可靠。

7）水泵运转中的振动应符合设备技术文件的规定。

以上各项均符合现行规定，才能判断水泵试运转合格，才能使水泵正常进行抽水。

（4）水泵试运转的结束工作。水泵试运转结束后，应当关闭水泵的进、出口阀门，放干净泵壳和管路中的积水，并按要求填写水泵试运转记录单，整理后归入技术档案。

三、储水池的安装工艺

建筑室内水泵一般有两种抽水方式，即从室外给水管道中直接抽水和从水池中进行抽水。直接从室外管网中抽水，可充分利用室外供水管网的水压，不需要另外建造储水池，这不仅可以减少水质受到污染的机会，而且系统也比较简单。但水泵直接从管网抽水会使室外管网压力显著降低，影响周围其他建筑物的正常供水，因此，这种抽水方式受到很大限制。

高层建筑、大型公共建筑和用水量较大的建筑等，不仅其用水量较大，而且对保证供水的要求较高。为满足以上基本要求，需要设置一定容量的储水池，采用从储水池中抽水的间接供水方式。储水池可设在独立水泵房屋顶上，成为高架水池，也可单独布置在室外，成为地面或地下水池，或室内地下室水池。无论采用哪种形式，一般应使水泵启动时呈自灌状态。不宜采用建筑物地下室的基础结构兼作水池的池壁或池底，以免产生裂缝而渗漏，污染水质。

在设计采用室外地下水池时，水池的溢流水位应高于地面，且溢流管要采用间接排水方式，以防止下水道的污水倒灌入水池。水池的进水管和水泵的吸水管应设置在水池的两端，以保证水池内的贮水经常流动，防止产生死水腐化变质。如果确实需要将它们设置在一端时，应在池内加设导流墙。

在消防和生活用水合用一个水池时，应采取相应的技术措施，既要使池内水保持流动，又要保证消防贮水平时不被生活用水动用。水池应分成两格，以便在清洗和检修时不停水。

水池应设置带有水位控制阀的进水管、溢流管、排水管、通风管、水位显示器或水位报警装置、检修人孔等。

四、气压给水装置的安装工艺

气压给水装置是利用密闭压力罐内的压缩空气，将罐中的水送到管网中的各配水点，其作用与高位水箱或水塔相同，可以调节和储存水量，保持所需压力。

（一）气压给水装置的分类

气压给水装置，按供水压力的稳定性不同，可分为变压式和定压式两种；按罐内气、水接触方式不同，可分为补气式和隔膜式两种。

1. 变压式气压给水装置

变压式气压给水装置（图5-54）在给水系统输水中，水压处于变化状态。

气压水罐内空气的起始压力高于给水系统所必需的设计压力，水在压缩空气作用下，被送往各个配水点。随着罐内水量减少，空气压力也相应减小，当水位下降到最低值时，压力也减少到规定的下限值，在压力继电器的作用下，水泵自动启动，将水压入罐内，当罐内水位上升到最高上限值时，压力也达到规定的上限值，压力继电器切断电路，水泵停止工作，如此循环往复。

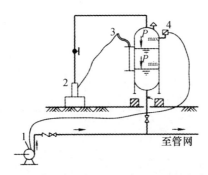

图 5-54　单罐变压式气压给水装置

1—水泵；2—空气压缩机；3—水位继电器；4—压力继电器

2. 定压式气压给水装置

定压式气压给水装置（图 5-55）在给水系统供水过程中，水压相对比较稳定。通常的做法是：在气、水同罐的单罐变压式给水装置的供水罐上安装压力调节阀，将出口水压控制在要求范围内，供水压力相对稳定，也可在气、水分罐的变压式给水装置的压缩空气连通管上安装压力调节阀，将阀门出口气压控制在要求的范围内，以使供水的压力达到稳定。

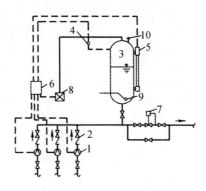

图 5-55　定压式气压给水装置

1—水泵；2—止回阀；3—气压水罐；4—压力信号器；5—液位信号器；
6—控制器；7—压力调节阀；8—补气装置；9—排气阀；10—安全阀

3. 补气式气压给水装置

给水装置在运行过程中，部分气体溶于水中，随着气体的减少，罐内的压力下降，不能满足设计要求。为保证供水压力的需要，就需要设置补气调压装置。补气的方法有多种，在允许停水的给水系统中，可采用开启罐顶进气阀，泄空罐内存水的简单补气方法；在不允许停水的给水系统中，可采用空气压缩机补气，也可通过在水泵吸水管上安装补气阀、水泵出水管上设补气罐等方法补气。设补气罐的补气方式如图 5-56 所示。

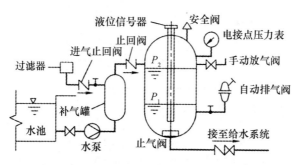

图 5-56　设补气罐的补气方式

4. 隔膜式气压给水装置

隔膜式气压给水装置（图 5-57）是在气压罐中设置弹性隔膜，将气和水分离，这种方式不仅不污染水质，而且气体也不会溶于水中，也是一种不需要设补气调压的装置。隔膜的类型很多，常见的横向隔膜和纵向隔膜；按形状不同分有帽型和囊型隔膜两种，囊型隔膜又有球、斗、筒、胆囊等之分。

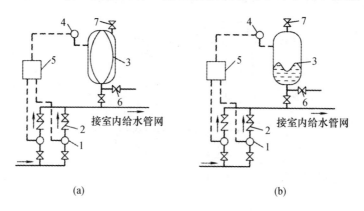

(a)　　　　　　　　　　　　　　(b)

图 5-57　隔膜式气压给水装置

（a）横向隔膜；（b）纵向隔膜

1—水泵；2—止回阀；3—气压水罐；4—压力继电器；

5—控制器；6—泄水阀；7—排气阀

这两类隔膜均固定在罐体的法兰盘上。囊型隔膜可缩小气压水罐固定隔膜的法兰，气密性很好，调节容积大，隔膜受力合理，一般不易损坏，性能优于帽型隔膜。

（二）气压给水装置的布置与要求

（1）气压给水装置应有良好的光线和通风，无灰尘、无腐蚀性和不良气体，环境条件较好，在冬季不产生冻结。

（2）气压给水装置所在处应有安装运输通道或洞口，其尺寸应能保证最大罐体的出入，以便于运输。

（3）气压给水装置所在房间地面或楼板的强度，应满足气压给水装置运行荷载的需要，顶板应预留起吊装置。

（4）为使气压给水装置有一个良好的工作环境，房间地面应具有良好的排水措施。

（5）房间墙体及门窗应具有有效的限制噪声措施，房间内的噪声值不应大于50dB。

（6）罐顶至建筑结构最低梁底距离不宜小于1.00m；罐与罐之间、罐与墙面之间的净距不宜小于0.70m；罐体应置于混凝土底基上，底座应高出地面，并不小于0.10m。

（三）气压给水装置的安装工艺

1. 气压水罐罐体的安装

（1）基础施工。气压水罐的基础常采用混凝土块体基础，既可以做成单罐基础，也可以做成多罐的通体基础。基础尺寸必须符合气压水罐安装详图的要求，如果安装详图中未注明时，基础平面尺寸的长度和宽度应比罐体本身最大尺寸加大100～150mm，基础厚度的抗压力不应小于水罐运行总重量的2～3倍，且基础底应有100～150mm厚的碎石或砂垫层。

（2）吊装就位气压水罐。在浇筑的基础混凝土强度达到75%以上时，可用气压给水装置房间内设置的永久起重设备或临时设置的起重设备等，将气压水罐吊起并使其坐落在基础的设计位置上，罐体腿上的孔插进地脚螺栓，并加垫片调节罐体的垂直度，在地脚螺栓与罐体腿紧固后仍能使罐体的垂直度符合设计要求。

（3）气压水罐安装的质量要求。气压水罐在进行安装时，不应使罐体受到重物的碰撞而将罐体表面油漆脱落和出现凹凸现象，也不应使罐体上所连的管口端螺纹、管口法兰发生碰撞而破坏或倾斜变形。

水罐吊装就位并且紧固后，必须用水准仪、水平尺等进行检查，安装应符合以下规定：纵向和横向水平度允许偏差不大于直径的 1/1000，且不大于 3mm；垂直度不大于气压水罐高度的 1/1000；标高允许偏差不超过 ±15mm；中心线位移不大于 5mm。

2. 空气压缩机安装要点

（1）空气压缩机整机安装时，应按机组的大小浇筑混凝土基础和选用成对斜垫片，对于超过 3000r/min 的机组，各块垫片之间、垫片与基础之间和底座之间的接触面积，不应小于结合面的 70%，局部间隙不应大于 0.05mm，每组垫片选配后应成组放好，防止出现错乱。

（2）底座上的导向键与机体间的间隙应当非常均匀，键在装配的键槽内的过盈应控制在 0.01~0.02mm，键的埋头螺栓应低于键 0.3~0.5mm。

（3）空气压缩机安装应比较准确，其允许偏差和检验方法应符合表 5-12 中的规定。

（4）空气压缩机试运行的要点。

1）无负荷试运转 4~8h。要求空气压缩机运动部件的声音正常，无较大的振动；各连接部件、紧固件不得出现松动；润滑油系统正常，无泄漏、渗出现象。

2）空气负荷试运转。在排气压力为公称压力的 1/4 下运转 1h，在排气压力为公称压力的 1/2 下运转 2h，在公称压力下运转 4~8h。除了应达到无负荷试运转的各项要求外，还应满足各油、气、水系统无泄漏的要求；气罐冷却水最高排水温度不得超过 40℃；各级排气温度和压力必须符合设备技术文件的要求及安全阀灵敏、可靠等要求。

表 5-12　空气压缩机安装允许偏差和检验方法

项　　目	允许偏差/（mm/m）	检验方法
机身纵向和横向水平度	0.10	用水平仪在下列各部位进行检查： （1）卧式压缩机：纵向在滑道上，横向在主轴上检查； （2）立式压缩机：在气缸顶平面上检查
皮带轮端面垂直度	0.50	吊线用钢板尺进行检查
两皮带端面在同一平面内	0.50	拉线用钢板尺进行检查
联轴器组装同轴度	参照有关规范及设备技术文件	塞尺和专用工具进行检查

（四）气压给水装置水压试验和安装质量要求

（1）气压给水装置水压试验要求。气压给水装置是一种承受压力的设备，为确保安装质量和使用功能，安装完成后应进行水压试验。水压试验在试验压力下 10min 压力不下降，且不渗不漏为合格；一般情况下，试验压力为工作压力的 1.5 倍，且不得小于 0.6MPa。

（2）气压给水装置安装质量要求。气压给水装置安装完毕后，应对其安装质量进行检查，并应达到以下要求：①用经纬仪或尺量、拉线方法检查，设备坐标允许偏差为 15mm；②用水准仪、拉线和尺量等方法检查，标高允许偏差为 ±5mm；③用吊线和尺量等方法检查，垂直度（每米）允许偏差为 5mm。

第五节　室外给水管道安装工艺

室外给水管道是整个建筑给水系统的重要组成，按其管材的材质不同可分为普通给水铸铁管安装、给水球墨铸铁管安装、给水钢筋混凝土管安装、给水钢管安装、给水聚氯乙烯塑料管安装和给水聚乙烯塑料管安装等。

一、室外给水管道的施工准备

室外给水管道施工的准备工作主要包括安装材料和设备的准备、主要施工机具的准备、施工前的技术准备和施工作业条件准备等。

（一）材料和设备的准备

（1）给水铸铁管及管件的规格、品种和数量应符合要求，管壁应厚薄均匀，内外光滑整洁，不得有砂眼、裂纹、飞刺和疙瘩。承插口内外径及管件应造型规矩，并应有出厂合格证。

（2）镀锌碳素钢管及管件管壁内外镀锌均匀，无锈蚀质量缺陷。内壁无飞刺，管件无偏扣、乱扣、方扣、螺纹不全、角度不准等现象。

（3）阀门应无裂纹，开关灵活严密，铸造外形规矩，手轮没有损坏，并有出厂合格证。

（4）地下消火栓、地下闸阀、水表等配件，其品种、规格和数量应符合设计要求，并有出厂合格证。

（5）所用的水泥应用强度等级为 42.5 的硅酸盐水泥、石膏矾土膨胀水泥和硅酸盐膨胀水泥，并且必须有出厂合格证。

（6）室外给水管道所用的其他材料，如石棉绒、油麻绳、青铅、麻线、机油、螺栓、螺母和防锈漆等，均应符合有关标准的要求。

（二）主要施工机具的准备

室外给水管道所用的施工机具主要包括施工机械、施工工具和其他用具等。

（1）施工机械。室外给水管道所用的施工机械有套丝机、砂轮机、砂轮锯和试压泵等。

（2）施工工具。室外给水管道所用的施工工具有手锤、钢锯、套丝板、剁斧、大锤、电焊工具、气焊工具、管钳、铁镐、铁锹、倒链、绳子等。

（3）其他用具。室外给水管道所用的其他用具有水平尺、钢卷尺等。

（三）施工前的技术准备

（1）在室外给水管道正式施工前，施工人员对施工图纸已详细了解，对现行的国家或行业验收规范和标准已掌握。

（2）为使室外给水管道施工顺利进行，应编制施工组织设计或施工方案，并已经过有关部门审批认可，已向技术人员进行了技术交底。

（3）室外给水管道工程的技术人员，已正式向施工班组和具体操作人员进行技术交底，使施工人员掌握操作工艺。

（四）施工作业条件准备

（1）开挖的管沟底面平直，管沟的深度和宽度符合要求，阀门井、水表井垫层及消火栓底座施工完毕，并经检查合格。

（2）管沟的沟底已经夯实，沟内无杂物和障碍物，并且设置防塌方的措施，对安全施工有可靠保证。

（3）为防止在沟内施工时出现不安全事故，避免管沟两侧出现塌方，在管沟两侧不得堆放施工材料和其他物品。

二、室外给水管道的安装工艺

（一）管道安装的前期工作

室外给水管道安装的前期工作，主要是为管道正式安装而进行的准备工作，包括散开管子和沟槽下管工作、管道对口和调整稳固工作。

1. 散开管子和沟槽下管

（1）散开管子。散开管子是指将检查合格并清理干净的管子，按照设计图的布置沿沟散开摆好，其承插口应对着水流方向，插口应顺着水流方向。

（2）沟槽下管。沟槽下管是指将散开的管子按顺序从地面上放入沟槽内。当管径较小、重量较轻、施工现场狭窄、不便于机械操作时，可采用人工搬抬下管的方法；当管径较大、重量较重、施工现场宽阔、适宜机械操作时，可采用机械吊装下管的方法；但在不具备下管机械的现场，或施工现场条件不允许时，也可采用人工下管。

（3）人工下管常用的方法有压绳下管法（图 5-58）和塔架下管法（图 5-59）等。机械下管一般是用汽车或履带式起重机进行下管，机械下管分为分段下管和长管段下管（图 5-60）两种方式。分段下管适用于大直径的铸铁管和钢筋混凝土管。长管段下管需要多台起重机共同工作，操作同步要求很高，相互配合难度比较大，所以每段管道一般不宜多于 3 台起重机。

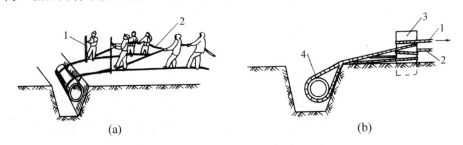

(a)   (b)

图 5-58　压绳下管法

（a）人工压绳下管法；（b）立管压绳下管法

（a）：1—撬棍；2—下管绳索

（b）：1—放松绳；2—绳索固定端；3—立管；4—管子

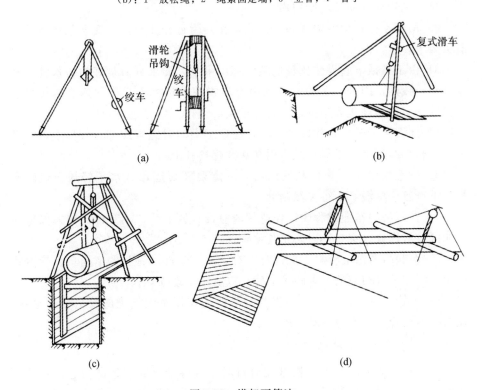

图 5-59　塔架下管法

（a）四脚塔架下管；（b）三脚塔架下管；（c）高塔下管；（d）倒链下管

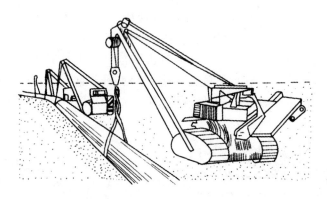

图 5-60 长管段下管的方式

（3）在散开管子和下管中应当谨慎操作，保证人身安全。在正式操作前，必须对沟槽壁的状况、下管工具、绳索、安全措施等进行认真检查。

（4）采用机械下管时应注意以下事项：

1）机械下管时，起重机沿沟槽开行，离沟边的距离应大于 1m，以避免因机械重量和振动而使沟壁坍塌。

2）吊车不得在架空输线路下作业，在其附近作业时，其安全距离应符合有关要求。

3）由于机械下管操作比较危险、易出事故，要求具有良好的协作性、技术性和一致性，因此，下管时必须由专人指挥。指挥人员必须熟悉机械吊装有关的安全操作规程和指挥信号，驾驶员必须按照信号进行操作。

4）捆绑管子时应当找好其重心，在捆绑阀门时绳索应绑在阀体上，严禁绑在手轮、阀杆上，不得将绳索引在法兰螺栓孔上。

5）在起吊管子、管件和阀门时，一定要缓缓起吊、水平轻放、运转平稳，不得忽快忽慢，不得突然制动。

6）在起吊的作业过程中，作业区内应设置警戒线，不允许任何人停留在作业区或从作业区穿过，以防止落物砸伤。

7）在起吊及搬运管材、配件时，对于法兰盘面、管材的承插口、管道防腐层，均应采取相应的妥善防护措施，以防止出现损坏。

8）当管子下入沟槽时，不得与沟槽壁的支撑及沟槽内的管道相互碰撞；在沟槽内运管时，不得扰动天然地基。

2. 管道对口和调整稳固

（1）管子下至沟底的铸铁管在对口时，可将管子插口稍微抬起，然后用撬棍在另一端用力将管子插口推进承口，再用撬棍将歪斜的管子校正，使承插的间隙上下一致、比较均匀，并保持前后两节管子成一条直线，管子的两侧可用土进行固定。遇有需要安装阀门处，应先将阀门与其配合的短管安装好，而不能先将短管与管子连接后再与阀门连接。

（2）管子铺设并进行调整合格后，除管道接口外应及时进行覆土。覆土的目的，一方面是防止管子产生位移，另一方面也可以防止在接口时将管口振松。在进行稳固管子时，每根管子必须仔细对准中心线，接口的转角应符合规范要求。

（二）铸铁管道的安装工艺

1. 铸铁管道的安装工艺流程

铸铁管道的安装工艺流程比较简单，主要包括：安装准备→沟槽验收→下管排管→管口对口→挖工作坑→接口及养护→管道试压及冲洗→回填土料。

（三）铸铁管道的安装操作要点

1. 承插式铸铁管的对口连接

承插式铸铁管的对口要求，主要包括承插口对口纵向间隙、承插口对口环向间隙、铸铁管道的允许转角和管道安装的允许偏差等。

（1）承插口对口纵向间隙。铸铁管子承插口对口纵向间隙的大小，应根据管子直径、管口填充材料和其他因素确定，但一般不得小于3mm。其最大间隙应符合表5-13中的要求。

表5-13　铸铁管子对口纵向最大间隙　　　　　　　　　（mm）

管子直径	沿直线铺设时	沿曲线铺设时	管子直径	沿直线铺设时	沿曲线铺设时
75	4	5	600～700	7	12
100～250	5	7	800～900	8	15
300～500	6	10	1000～1200	9	17

对口完成后应对其纵向间隙进行检查，检查的方法是：承插铸铁管对口纵向间隙常用探尺和在插口做标记的方法检查，如图5-61所示。

探尺量测的具体检查方法是：将用铁丝或薄铁板制成的探尺，紧紧顶着承插口的底部，拉出紧贴插口的端部，以推进和拉出之差量出对口的间隙，按所测结果予以调整。

在插口做标记的具体方法是：先将插口插入承插口的底部，在插口壁上做上标记，再根据规定的间隙将插口退出，对口间隙合格后即可稳管。

（2）承插口对口环向间隙。沿直线铺设的承插铸铁管的环向间隙应均匀，

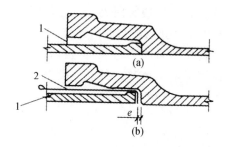

图 5-61　对口间隙检查方法

(a) 插口做标记；(b) 探尺检查

1—标记；2—铁丝探尺

环向间隙及其允许偏差，应符合表 5-14 中的规定。

表 5-14　环向间隙及其允许偏差　　　　　　　　　　　　　　（mm）

管子直径	环向间隙	允许偏差	管子直径	环向间隙	允许偏差
75～200	10	+3，−2	500～900	12	+4，−2
250～450	11	+4，−2	1000～1200	13	+4，−2

（3）铸铁管道的允许转角。在管道安装施工中，由于现场条件和操作水平的限制，管道出现微量偏转和弧形是很正常的。承插接口相邻管道出现微量偏转的角度称为借转角，借转角的大小关系到管道接口的严密性，关系到管道是否渗漏和使用功能。

根据工程实践经验，承插式刚性接口和柔性接口借转角的控制原则是不同的。对于刚性接口，一方面要求承插口最小缝隙比标准缝宽度的减少数值不大于 5mm，否则，接口处的填料难以操作；另一方面借转时填料及嵌缝总深度不宜小于承插口总深度的 5/6，以保证接口的质量。柔性接口借转时，一方面插口凸台间隙不小于 1mm，另一方面在借转时，橡胶圈的压缩比不小于原值的 95%，否则接口的柔性将受到影响，甚至使橡胶垫圈很容易被冲脱。

当管道沿曲线进行安装时，接口的允许转角应符合表 5-15 中的规定。

表 5-15　管道沿曲线进行安装时接口的允许转角

接口种类	管径/mm	允许转角	接口种类	管径/mm	允许转角
刚性接口	75～450	2°	滑入式 T 形、梯唇形橡胶圈接口及柔性机械式接口	75～600	3°
	500～120	1°		700～800	2°
				900～1200	1°

（4）管道安装的允许偏差。室外给水铸铁管的安装允许偏差，应符合表 5-16 中的规定。闸阀的安装应牢固、产密，启闭灵活，与管道轴线垂直。

表 5-16　铸铁管安装允许偏差　　　　　　　　　　（mm）

项　目	允许偏差		项　目	允许偏差	
	无压力管道	压力管道		无压力管道	压力管道
轴线位置	15	30	高程	±10	±20

2. 承插式铸铁管的管子稳定

承插式铸铁管的管子稳定，是一项非常重要的工作，不仅关系到管道的位置是否正确，而且关系到在使用中是否安全。实际上是将管子按设计高程和位置，稳定在地基或基础上。对于距离较长的重力流管道工程，一般由下游向上游进行施工，这样不仅使已安装管道先期投入使用，同时也有利于地下水的排除。

在承插式铸铁管道稳定管子中，关键在于高程的控制和轴线位置的控制，只要这两个方面符合设计的要求，管道的安装就带来很大方便。

（1）高程控制。管道高程控制比较简单，一般是沿管道线每 10～15m 埋设一坡度板，在板上有中心钉和高程钉，分别控制管道的中心线和高程，如图 5-62 所示。

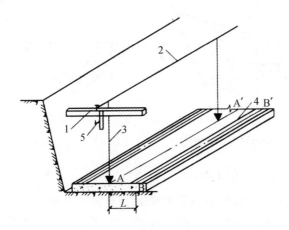

图 5-62　高程控制的坡度板
1—坡度板；2—中心线；3—中心垂线；4—管基础；5—高程灯

在稳定管子前，由测量人员将管道的中心钉和高程钉设于坡度板上，两端高程钉之间的连线即为管子底部坡度平行线，也称为坡度线。坡度线上的任何一点到管内底的垂直距离为一常数，也称为下返数。

在稳定管子时用一木制高程尺垂直放入管内底中心处，根据坡度线和下返数则可控制高程。坡度板应设置在稳定的地方。每一管段两头的检查井处和中间部位，放置的三块坡度板应能通视，在挖土、做基础和稳定管子的过程中，应经常进行复核。

（2）轴线位置控制。管道轴线位置控制是安装管道中要求较高的技术工作，是指所敷设的管线应符合设计规定的坐标位置。轴线位置控制有中心线法和边线法两种方法。

1）中心线法。中心线法的操作方法如图 5-63 所示。即在中心线上挂上一个垂球，在管内端部放置一块有中心刻度的水平尺，当垂球线穿过水平尺中心时，表示管子已经对中。这样，可根据垂球线的偏离方向，对管子进行调整，使管子最终居中。

2）边线法。边线控制法的操作方法如图 5-64 所示。即在管子的同一侧，钉一排边桩，其高度接近管子的中心处。在边桩上钉上一小钉，其位置距中心线保持同一常数值。在进行稳定管子时，将边桩上的小钉挂上边线，即边线是与中心垂线相差同一距离的平行线。在稳定管子操作时，使相同管径的管外皮与边线保持同一间距，表示管道中心已处于设计轴线位置。

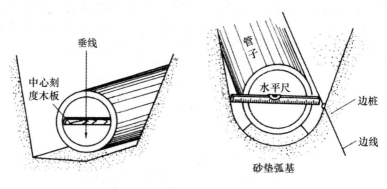

图 5-63　中线法对中示意图　　　图 5-64　边线法对中示意图

3. 承插式铸铁管的接口施工

承插式铸铁管接口由嵌缝材料和密封填料两部分组成，其接口形式可分为刚性接口和柔性接口两种，如图 5-65 所示。承插式铸铁管接口施工，主要分为嵌缝、密封填料两个环节。

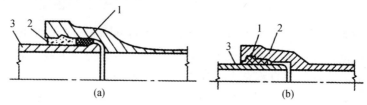

图 5-65　铸铁管接口的形式

（a）刚性接口；（b）柔性接口

1—嵌缝填料；2—密封填料；3—插口；

1—橡胶圈；2—承口；3—插口

（1）接口嵌缝。接口嵌缝的主要作用是：承插口缝隙更加均匀和防止密封填料掉入管内，保证密封填料击打密实，确保水不从接口处渗漏。嵌缝材料有油麻、橡胶圈、粗麻绳和石棉绳等，室外给水铸铁管常用的嵌缝材料有油麻和橡胶圈。

1）油麻嵌缝。油麻嵌缝材料是一种短期嵌缝材料，一般只是在接口初期能起到嵌缝的作用，经过一段时间后油麻腐烂，这种嵌缝作用也会消失。

①油麻制作。油麻是采用松软、有韧性、清洁的长纤维的麻，首先加工成所需的辫子状，然后放在用5％的石油沥青和95％的汽油配置的混合液中浸透，最后取出晾干，即制成油麻嵌缝材料。

②油麻填塞深度。油麻的填塞深度约占承插口总深度的1/3，不得超过水线的里缘。当采用铅接口时，应距承插口水线5mm。各种接口油麻的填塞深度，如图5-66所示。

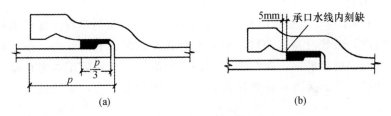

图5-66　油麻填塞深度
（a）石棉水泥、膨胀水泥砂浆接口的油麻填塞；（b）铅接口的油麻填塞

③油麻的填打。在进行油麻的填塞时，应将油麻拧成麻辫，其直径约为接口环向间隙的1.5倍，长度应为管子外圆周长再加100～150mm，然后用特制的油麻錾子打入。油麻填塞的程序和要求见表5-17。

表5-17　油麻的填塞程序和要求

击打圈数	第一圈		第二圈			第三圈		
击打遍数	第一遍	第二遍	第一遍	第二遍	第三遍	第一遍	第二遍	第三遍
击　数	2	1	2	2	1	2	2	1
打　法	挑打	挑打	挑打	平打	平打	贴外口	贴里口	平打

2）胶圈嵌缝。工程实践证明，采用圆形的胶圈作为接口的嵌缝材料，比油麻的密封性能好。胶圈嵌缝不仅能使管口缝隙均匀，而且还具有良好的阻水作用。

这种嵌缝形式中，密封填料在胶圈的外侧，胶圈在内侧以防止水的渗漏，两者相互配合、互相保护。但是，胶圈填塞如果操作不慎，胶圈易出现"闷鼻"、"凹兜"、"跳井"等现象，如图5-67所示。当出现以上缺陷时，可利用铁牙将接口间隙适当撑大，进行调整处理。

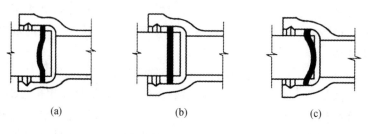

图 5-67　胶圈填塞的缺陷
(a) 闷鼻；(b) 凹兜；(c) 跳井

（2）密封填料。密封填料的作用是保护嵌缝材料和密封接口，确保管道接口处不出现渗漏。铸铁管常用的密封填料有石棉水泥、自应力水泥、石膏水泥、铅填料等。

1）石棉水泥。石棉水泥是广泛使用的一种接口密封填料。这种填料是一种矿物纤维，质轻且富有弹性，对水泥颗粒有较强的吸附能力，在填料中能形成互相交错的加筋网，能改善刚性接口的脆性，有效阻止水泥在硬化过程中出现收缩，从而提高铸铁管接口材料与管壁的黏结力，也增强管子接口的密封性。

①石棉水泥填料的配制。石棉水泥填料是用强度等级不低于 42.5 号的普通硅酸盐水泥，软 4 级或软 5 级的石棉绒，加入适量的水湿调制而成的。石棉和水泥的质量比为 3：7，水占水泥质量的 10％左右。判断石棉水泥填料湿度的合格标准是：抓一把填料，手感潮而不湿，用手捏可成团，松手轻放即散。

②石棉水泥填料的填打。在已填打合格的油麻或橡胶圈的承接口内，自上而下填塞拌和好的石棉水泥。石棉水泥填打的深度，油麻嵌缝时约为承接口深度的 2/3，橡胶圈嵌缝时应填打到橡胶圈。

在采用石棉填料填打的过程中，应特别注意两点：一是拌和好的石棉水泥填料要在 1.5h 内用完，最好做到随拌和随使用；二是石棉水泥填料的填打，应当按要求分层进行，直至表面呈灰黑色且具有强烈的回弹力。

③石棉水泥填料的养护。在石棉水泥填料施工完毕后，应保持接口在潮湿的状态下自然硬化。养护方法可以向接口处定期洒水，也可以将接口用湿草袋加以覆盖，在常温情况下养护时间一般不得少于 7d。

2）膨胀水泥砂浆。膨胀水泥在凝结硬化的过程中具有较大的膨胀性，其膨胀力能弥补石棉水泥在硬化中的收缩。

①膨胀水泥砂浆的配制。用于管道接口的膨胀水泥砂浆，是按膨胀水泥：

砂：水＝1：1：0.30（质量比）配制而成。膨胀水泥砂浆拌制的合格标准是：手捏能成团，轻掷而不散，捣实不流塌，能够微提浆。

在采用膨胀水泥砂浆填料填打的过程中，应特别注意三点：一是所用膨胀水泥必须经过技术鉴定，所有技术指标合格才能使用；二是拌和好的砂浆要在初凝时间内用完，一般不要超过30min；三是当环境温度低于5℃时，应当停止作业，如果必须继续作业，应将水加热到35℃以上。

②膨胀水泥砂浆的填塞。拌和好的膨胀水泥砂浆应分三次填入接口，用灰錾分层捣实。第一遍至接口深度的1/2，第二遍填至承接口的边缘，第三遍全部填平。将砂浆表面捣实至微提浆，然后将表面抹光，接口填塞作业完毕。

③膨胀水泥砂浆的养护。在膨胀水泥砂浆填塞施工完毕后，应保持接口在潮湿的状态下自然硬化。养护方法与石棉水泥相同，养护时间不少于3d。

3）石膏水泥填料。石膏水泥填料与膨胀水泥砂浆一样，具有一定的膨胀性能。其膨胀力也能弥补水泥在硬化中的收缩。

①石膏水泥填料的配制。石膏水泥填料是由强度等级42.5号的硅酸盐水泥、半水石膏和适量的石棉绒配制而成，其配合比（质量比）为：硅酸盐水泥：半水石膏：石棉绒＝10：1：1，水灰比为0.35～0.45。

②石膏水泥填料的填塞。拌和好的石膏水泥填料应分三次填入接口，用灰錾分层捣实。第一遍填至接口深度的1/2，第二遍填至承接口的边缘，第三遍全部填平。

③石膏水泥填料的养护。在石膏水泥填料填塞施工完毕后，水泥达到终凝时应进行养护。养护方法与膨胀水泥砂浆相同，养护时间不少于7d。

4）铅质（青铅）填料。铅质密封填料接口，是一种特殊而快速的形式，施工中不需要养护，填塞施工完毕即可通水，发现渗漏用手锤锤击渗漏处即可堵漏。但造价比较高，操作难度大，要求铅的纯度在99％以上，一般仅用于紧急抢修或振动大的场所。

铅质（青铅）填料的操作程序比较简单，主要包括熔铅、安装卡箍、运送铅液、灌铅和打铅。

①熔铅。将铅切成小块置于铅锅内进行熔化，铅的熔化温度在320℃左右。在铅的熔化中要随时注意其火候。拨开铅的表面浮渣，如果熔铅的颜色呈白色，则表明温度较低；如果呈紫红色（约600℃），则表明温度恰好。另外，也可用干燥的铁棍插入铅熔液中，随即快速提出，如果铁棍上没有铅液附着，则表明温度适宜。

②安装卡箍。将特制的卡箍或自制的黏土泥绳贴着承接口边缘卡紧，为便于灌铅开口应位于上方，在卡箍与管壁之间的缝隙要用黏泥抹严，以防止

铅液从缝隙流出。用彩泥在管口上方围一个灌铅口。在灌铅前要将管口的水擦干，如果管口内仍有少量的水，可在卡箍或泥绳下方留一个出水口，以确保在灌铅时不产生爆炸现象。

③运送铅液。铅液温度高达300℃以上时，安全运送铅液是一个极其重要的工作。在从锅内取出铅液前，要用漏勺将铅锅中浮渣除去。运送铅液道路要平整，跨沟槽要搭设临时"马道"，"马道"要平整、牢固。运送铅液的人员要特别注意安全，不可将铅液溅到身上。

④灌铅。在进行灌铅操作时，人要站在管顶浇灌口的后面，铅液容器距离灌铅孔的高度约200mm，使得铅液从一侧徐徐流入口内，以便在灌铅时将空气排出，避免在管内产生窝气而形成气囊。管口的直径不同，灌铅的方式有一定差别，但直径越大，难度也越大，需要多个人进行配合。灌铅操作方式如图5-68所示。灌铅要一次完成，中间不要出现中断，铅液凝固后即可卸掉卡箍或泥绳。

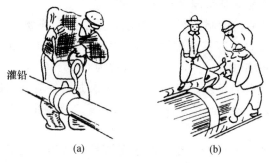

灌铅

图 5-68　灌铅操作方式

（a）小直径管口的灌铅；（b）大直径管口的灌铅

⑤打铅。即用铅錾击打灌入的铅，其作用是将灌铅时产生的飞刺切去，将灌入的铅击打密实。打实的铅填料表面应平整，凹入承插口以1～2mm为宜。

（3）材料用量。承插式铸铁管接口的材料用量可参考表5-18和表5-19。

表 5-18　承插式铸铁管接口油麻嵌缝材料用量参考表

公称口径/mm	插口外径/mm	承口内径/mm	环形间隙/mm	每缕长度/ 无搭接长度/mm	每缕长度/ 搭接长度/mm	麻辫截面直径/mm	油麻、石棉水泥（膨胀水泥砂浆）接口 油麻缕数	油麻、石棉水泥（膨胀水泥砂浆）接口 填塞油麻圈数	油麻、铅接口 油麻缕数	油麻、铅接口 填塞油麻圈数
75	93.0	113.0	10	584	—	15.0	1	2	1.5～2.0	3～4
100	118.0	138.0	10	741	50～100	15.0	1	2	1.5～2.0	3～4
125	143.0	163.0	10	898	50～100	15.0	1	2	1.5～2.0	3～4
150	169.0	189.0	10	1062	50～100	15.0	1	2	1.5～2.0	3～4

续表

公称口径/mm	插口外径/mm	承口内径/mm	环形间隙/mm	每缕长度		麻辫截面直径/mm	油麻、石棉水泥（膨胀水泥砂浆）接口		油麻、铅接口	
				无搭接长度/mm	搭接长度/mm		油麻缕数	填塞油麻圈数	油麻缕数	填塞油麻圈数
200	220.0	240.0	10	1382	50～100	15.0	1	2	1.5～2.0	3～4
250	271.6	293.6	11	1706	50～100	16.5	1	2	1.5～2.0	3～4
300	322.8	344.8	11	2028	50～100	16.5	1	2	1.5～2.0	3～4
350	374.0	396.0	11	2350	50～100	16.5	1	2	1.5～2.0	3～4
400	425.6	447.6	11	2674	50～100	16.5	1	2	1.5～2.0	3～4
450	476.8	498.8	11	1498	50～100	16.5	2	2	3.0～4.0	3～4
500	528.0	552.0	12	1658	50～100	18.0	2	2	3.0～4.0	3～4

注：1. 麻辫截面直径是指填麻时将每缕油麻拧成麻花状的截面直径，以实测环形间隙的 1.5 倍为宜。

2. 每缕油麻的用量可参考有关材料消耗定额表。

表 5-19　承插式铸铁管每个接口常用填料用量参考表（1）　　（kg）

管径/mm	油麻石棉水泥接口			橡胶圈石棉水泥接口			油麻铅质密封填料接口			
	油麻	水泥	石棉	橡胶圈	水泥	石棉	油麻	铅	木柴	焦炭
75	0.090	0.40	0.170	1.01	0.45	0.194	0.106	2.518	0.50	1.03
100	0.111	0.53	0.224	1.01	0.60	0.255	0.151	3.107	0.50	1.27
150	0.154	0.79	0.336	1.01	0.89	0.378	0.239	4.343	0.50	1.78
200	0.198	1.01	0.429	1.01	1.14	0.484	0.307	5.557	0.50	2.28
250	0.274	1.40	0.596	1.01	1.56	0.665	0.422	7.745	0.50	3.18
300	0.324	1.65	0.704	1.01	1.84	0.785	0.499	9.140	0.50	3.47
350	0.373	2.02	0.863	1.01	2.24	0.956	0.641	10.550	0.50	4.01
400	0.406	2.21	0.942	1.01	2.43	1.036	0.665	11.450	0.50	4.54
450	0.455	2.62	1.118	1.01	2.87	1.223	0.827	13.340	0.50	5.07
500	0.650	3.11	1.329	1.01	3.53	1.505	0.916	18.050	0.50	6.14

注：橡胶圈的数量单位为个；水泥为 32.5 号普通硅酸盐水泥。

表 5-19　承插式铸铁管每个接口常用填料用量参考表（2）　　（kg）

管径/mm	油麻膨胀水泥砂浆接口					橡胶圈膨胀水泥砂浆接口				
	油麻	水泥	砂子	石膏	矾土	橡胶圈	水泥	砂子	石膏	矾土
75	0.090	0.16	0.20	0.031	0.031	1.01	0.18	0.30	0.035	0.035
100	0.111	0.21	0.30	0.042	0.042	1.01	0.24	0.40	0.047	0.047
150	0.154	0.31	0.50	0.063	0.063	1.01	0.35	0.60	0.071	0.071
200	0.198	0.40	0.70	0.080	0.080	1.01	0.45	0.70	0.091	0.091
250	0.274	0.56	0.90	0.110	0.110	1.01	0.62	1.00	0.124	0.124

续表

管径/mm	油麻膨胀水泥砂浆接口					橡胶圈膨胀水泥砂浆接口				
	油麻	水泥	砂子	石膏	矾土	橡胶圈	水泥	砂子	石膏	矾土
300	0.324	0.66	1.00	0.131	0.131	1.01	0.73	1.10	0.146	0.146
350	0.373	0.81	1.30	0.161	0.161	1.01	0.89	1.40	0.179	0.179
400	0.406	0.88	1.40	0.176	0.176	1.01	0.97	1.50	0.194	0.194
450	0.455	1.05	1.60	0.209	0.209	1.01	1.14	1.80	0.228	0.228
500	0.650	1.24	1.90	0.248	0.248	1.01	1.41	2.20	0.281	0.281

注：橡胶圈的数量单位为个；水泥为 42.5 号普通硅酸盐水泥。

（四）球墨铸铁管的安装工艺

用球墨铸铁铸造的管道，称为球墨铸铁管。球墨铸铁管具有直径大、管壁厚、强度高，价格便宜、抗腐蚀能力强等特点，是经济的给水管材，其正常使用寿命可达 20～25 年。

球墨铸铁管的接口有滑入式（T 型）、机械式（K 型）和法兰式（RF 型）三种形式，室外给水管道通常采用的是滑入式（T 型）球墨铸铁管。

1. 滑入式接口球墨铸铁管的安装

滑入式接口球墨铸铁管的安装，不同于普通铸铁管刚性接口中 O 形橡胶垫圈的安装，它是靠机具的牵引或顶推力将插口推入承接口内，使橡胶垫圈受到压缩和密封，从而起到防渗漏的作用。这种接口能承受较大的变形和轴向拉伸变形，抗震性良好，不仅可改善劳动条件、操作方便、质量可靠，而且安装接口后即可通水使用。滑入式球墨铸铁管接口形式，如图 5-69 所示。

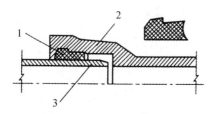

图 5-69　滑入式球墨铸铁管接口形式
1—唇形橡胶圈；2—承口；3—插口

（1）安装前的准备工作。

1）验收开挖的沟槽是否符合设计和安装要求，特别要检测沟槽的线路、沟底的高程等。

2）检查球墨铸铁管有无损坏、裂纹及缺陷，管口尺寸误差是否在允许范围内。

3）检验橡胶垫圈是否满足安装要求，橡胶垫圈的形体应完整、表面光滑，无变形、扭曲现象。

4）应将管内的杂物清理干净，将管口的毛刺等不平物质除掉，使管内和接头保持清洁。

5）检查管道安装的所用机具是否配套齐全，工作状态是否良好。

（2）球墨铸铁管的安装程序。滑入式接口球墨铸铁管安装的程序为：下管和排管→清理管口→上橡胶垫圈→刷润滑剂→安装机具→管子对口→质量检查。

（3）球墨铸铁管的安装要点。

1）下管和排管。根据管子的本身情况，按照下管的技术要求将管子下到沟槽底部，如果管子上有向上放置的标志，应按标志摆放管子，并按管子的施工顺序大体上将其排好。

2）清理管口。由于任何附着物都会影响管口的连接，造成接口渗漏，因此，要将管子内的所有杂物清理彻底，并将管口处的尘土擦洗干净。

3）上橡胶垫圈。将橡胶垫圈附着物擦拭干净，把其上到管子承接口内，如图 5-70 所示。由于橡胶垫圈的外径比承接口凹槽的内径稍大，所以在嵌入凹槽后，需要用手沿圆周轻轻按压一遍，使垫圈均匀地卡在槽内。

4）刷润滑剂。在插口的表面和橡胶垫圈上涂刷润滑剂，润滑剂最好用厂家提供的成品，也可以用肥皂水涂刷。

5）安装机具。将准备好的施工机具设备安装到位，以便管口连接时进行操作。在安装机具中，要注意不要将已清理的管子再次污染。施工机具一般采用推入式安装机具，如图 5-71 所示。

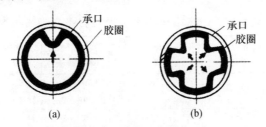

图 5-70　橡胶垫圈的安装
（a）心形垫圈；（b）花形垫圈

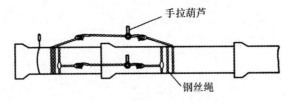

图 5-71　推入式安装机具

6）管子对口。将插口的中心对准承接口的中心，用安装好的推入式顶推机具，使管子均匀地就位。

7）质量检查。主要检查插口插入承接口的位置是否符合要求，用探尺伸入承插口间隙中，检查橡胶垫圈位置是否正确。

2. 机械式接口球墨铸铁管的安装

机械式接口球墨铸铁管安装是一种柔性接口，是将普通铸铁管的承插口加以改造，使其适应一个特殊形状的橡胶垫圈作为挡水材料，外部不再需要任何填料，也不需要复杂的安装机具，但要有附设配件。

机械式接口主要由铸铁管、压兰、螺栓和橡胶垫圈等部件组成，其接口形式又分为 A 型和 K 型，如图 5-72 所示。A 型接口适用于公称直径 75～350mm 的管子，K 型接口适用于公称直径 75～2500mm 的管子。A 型和 K 型球墨铸铁管的外径及周长尺寸见表 5-20。

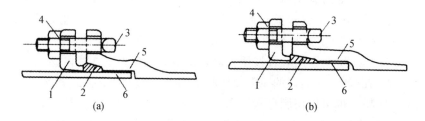

图 5-72　机械式接口的形式

（a）A 型接口；（b）K 型接口

1—压兰；2—橡胶垫圈；3—螺栓；4—螺帽；5—承口；6—插口

表 5-20　A 型和 K 型球墨铸铁管的外径及周长尺寸　　　　　（mm）

公称直径	实外径	外径允许偏差	外径的范围	外周长的范围	公称直径	实外径	外径允许偏差	外径的范围	外周长的范围
75	93.0	±2	91.0～95.0	285.9～298.5	900	939.0	+2,-3	936.0～941.0	2940.5～2956.2
100	118.0	±2	116.0～120.0	364.4～377.0	1000	1041.0	+2,-4	1037.0～1043.0	3257.8～3276.7
150	169.0	±2	167.0～171.0	524.6～537.2	1100	1114.0	+2,-4	1140.0～1146.0	3581.4～3600.3
200	220.0	±2	218.0～222.0	684.9～697.4	1200	1246.0	+2,-4	1242.0～1248.0	3901.9～3920.7
250	271.6	±2	269.6～273.6	847.0～859.5	1300	1400.0	+2,-4	1396.0～1402.0	4385.7～4404.5
300	322.8	+2,-3	319.8～324.8	1004.7～1020.4	1500	1554.0	+2,-4	1550.0～1556.0	4869.5～4888.3
350	374.0	+2,-3	371.0～376.0	1165.5～1181.2	1600	1650.0	+4,-5	1645.0～1654.0	5167.9～5196.2
400	425.6	+2,-3	422.6～427.6	1327.6～1343.3	1650	1701.0	+4,-5	1696.0～1705.0	5328.2～5356.4
450	476.8	+2,-3	473.6～478.8	1487.9～1504.2	1800	1848.0	+4,-5	1843.0～1852.0	5790.0～5818.2
500	528.0	+2,-3	525.0～530.0	1649.3～1665.0	2000	2061.0	+4,-5	2056.0～2065.0	6459.1～6487.4
600	630.8	+2,-3	627.8～632.8	1972.4～1988.0	2300	2280.0	+4,-5	2275.0～2284.0	7147.1～7175.4
700	733.0	+2,-3	730.0～735.0	2293.4～2309.1	2400	2458.0	+4,-5	2453.0～2462.0	7706.3～7734.6
800	836.0	+2,-3	833.0～838.0	2616.9～2632.7	2600	2684.0	+4,-5	2679.0～2688.0	8416.3～8444.6

（1）施工前的准备工作。

1）对所用管子和管件检查验收。主要检查管子和管件有无损伤、损坏及缺陷；检查管子外径及周长尺寸偏差是否在允许范围内；并对管子的承口、插口尺寸进行测量，做好编号和编号记录，以便于有序、快速安装。在进行管子安装时，应选用管子直径相差最小者相结合。

2）清理管口。为便管子连接牢固、可靠，将要连接的管口毛刺及污物清理干净，并检查和修补防腐层。

3）其他准备工作。如选配适宜的橡胶垫层、压兰和螺栓等，在选配中要特别注意它们的规格、质量等，必须符合设计要求。

4）在管道安装前还应做好验槽、清槽工作，将接口工作坑挖好；准备好管子的吊装设备和安装工具。所用的施工机具在安装前应认真检查，以确保操作中的安全。

（2）机械式球墨铸铁管的安装。

1）安装程序。机械式球墨铸铁管的安装程序为：下管→清理插口、压兰和橡胶垫圈→压兰和橡胶垫圈进行定位→清理承接口→刷润滑剂→对口连接→临时紧固→拧紧螺栓→检查螺栓扭矩。

2）安装要点。

①按照下管要求将编号的管子和配件放入沟槽，不得滚动管子和抛掷配件，管子放入沟槽底时，应将承接口端的标志置于正上方。

②压兰与橡胶垫圈定位。插口、压兰和橡胶垫圈进行定位后，在插口上定出橡胶垫圈的安装位置，先将压兰推入插口，然后把橡胶垫圈套在已定好的位置。

③刷润滑剂。在涂刷润滑剂前，应将承口、插口和橡胶垫圈再认真清理一遍，然后将润滑剂均匀地涂刷在承接口内表面和插口及橡胶垫圈的外表面。

④管子对口。将管子稍微吊起，使插口对正承接口后缓缓装入，调整好接口间隙后固定管身，然后再轻轻地卸去吊具。管子对口间隙应符合表 5-21 中的规定。

表 5-21　机械式球墨铸铁管安装允许对口间隙　　　　　　（mm）

公称直径	A 型	K 型	公称直径	A 型	K 型	公称直径	A 型	K 型
75	19	20	500	32	32	1500	—	36
100	19	20	600	32	32	1600	—	43
150	19	20	700	32	32	1650	—	45
200	19	20	800	32	32	1800	—	48
250	19	20	900	32	32	2000	—	53
300	19	32	1000	—	36	2100	—	55
350	32	32	1100	—	36	2200	—	58
400	32	32	1200	—	36	2400	—	63
450	32	32	1350	—	36	2600	—	73

⑤临时紧固。将密封橡胶垫圈推入承插口的间隙，调整压兰的螺栓孔，使其与承接口上的螺栓孔对正，先用4个互相垂直方位的螺栓临时紧固。

⑥紧固螺栓。将所有的螺栓穿入螺栓孔中，并安上相应的螺母，然后按照上下左右交替紧固的顺序，对称、均匀地逐渐上紧螺栓。

⑦质量检查。主要包括管道位置、方向、高程是否符合设计要求，管道接口外表质量是否合格，并用力矩扳手检验每个螺栓的扭矩。螺栓的紧固扭矩应符合表5-22中的规定。

表5-22　螺栓的紧固扭矩

公称直径/mm	螺栓规格	紧固的扭矩/(N·m)	公称直径/mm	螺栓规格	紧固的扭矩/(N·m)
75	M16	60	700～800	M24	140
100～600	M20	100	900～2600	M30	200

3）曲线安装。机械式球墨铸铁管沿曲线进行安装时，接口转角不能过大，过大会造成一侧间隙过宽或过窄。接口的转角一般是根据管子的长度和允许转角，计算出管端偏移的距离进行控制。机械式球墨铸铁管安装的允许转角和管端的偏移距离，应当符合表5-23中的规定。

表5-23　曲线连接时允许转角和管端的最大偏移值

公称直径/mm	允许转角	管子的允许偏移值/cm			公称直径/mm	允许转角	管子的允许偏移值/cm		
		每节管子长度					每节管子长度		
		4m	5m	6m			4m	5m	6m
75	500°	35	—	—	1000	150°	—	—	19
100	500°	35	—	—	1100	140°	—	—	17
150	500°	—	44	—	1200	130°	—	—	15
200	500°	—	44	—	1350	120°	—	—	14
250	400°	—	35	—	1500	110°	—	—	12
300	320°	—	—	35	1600	130°	10	13	—
350	450°	—	—	50	1650	130°	10	13	—
400	410°	—	—	43	1800	130°	10	13	—
450	350°	—	—	40	2000	130°	10	13	—
500	320°	—	—	35	2100	130°	10	13	—
600	250°	—	—	29	2200	130°	10	13	—
700	230°	—	—	26	2400	130°	10	—	—
800	210°	—	—	22	2600	130°	10	—	—
900	200°	—	—	21					

（3）机械式球墨铸铁管的安装注意事项。

1）在管道正式安装之前，应认真对管子、管件进行认真检查，其品种、规格、质量和数量必须符合要求；同时对安装中所用机具必须进行检验，以确保其正常运转和施工安全。

2）所安装的管子位置应符合设计要求，其高程、中心线应准确。在安装管子时应使承接口端的产品标记位于管子顶部。

3）在下管时，管子的捆吊应采用兜住底部水平吊装的方法，使用的吊具应不损伤管子和管件。为防止管子在吊装中被损伤，在管子与吊具之间应垫上橡胶板或其柔性物质。

4）需要切断管子时，一定要用专用切割工具，切断后应对管口进行清理，切口应与管子轴线垂直。管子切好后，应对切断的管子部位外周长和外径进行测量，测量结果应符合表5-20中的规定。

5）接头密封用的橡胶垫圈应单独存放，妥善保管。在施工现场，应做到随用随取，暂时不用的橡胶垫圈一定用原包装封好，放在阴凉、干燥的地方。

（五）聚乙烯给水管的安装工艺

聚乙烯管道不仅具有无毒、不腐蚀、不结垢、不污染水质等优点，而且具有良好的韧性和抗冲击能力。

1. 聚乙烯给水管道的布置

（1）聚乙烯埋地给水管道一般不宜穿越建筑物、构筑物的基础，如果必须穿越时，应加设柔性防水套管，以防止从穿越处产生渗漏。

（2）在寒冷及严寒地区，埋地敷设的聚乙烯给水管道，应当敷设在冰冻线以下。

（3）管道敷设在建筑物、构筑物的基础底面标高以下时，不得在受压的扩散角范围内，以防止管道被压坏，其扩散角一般取45°。

（4）在进行聚乙烯给水管道布置时，首先要了解排水系统的管网情况，严禁穿越检查井、排水管渠等排水系统的构筑物。

（5）住宅小区、工业园及工矿企业，公称外径小于或等于200mm的配水干管，可以沿建筑物周围进行布置，与外墙（柱）的净距不宜小于1.0m。

（6）聚乙烯埋地给水管道的最小覆土深度，在人行道下不宜小于0.60m，在轻型车行道下不宜小于1.0m，在永久性冻土或季节性冻土中应在冰冻线以下。

（7）聚乙烯埋地给水管道与热力管等高温和高压燃气管等有毒气体管道之间的水平净距不宜小于1.5m。饮用水管道不得敷设在排水管道和污水管道的下面。

（8）管道穿越高等级路面、高速公路、铁路和主要市政管线设施，应采用钢筋混凝土管、钢管或球墨铸铁管等作为套管，套管内径应比被套管的外径大 100mm，在两管之间应填充柔性防水材料。

（9）聚乙烯埋地给水管道与其他管道交叉敷设时，净距离不得小于0.15m。在确保管道净距离的前提下，再根据管道交叉管道的类别、性质采取相应的技术措施。

（10）聚乙烯埋地给水管道与建筑物、构筑物和其他工程管线之间最小水平净距应符合表 5-24 中的规定。

（11）直线敷设的管道，当采用热熔、电熔连接分支管段时，分支侧应有一直管段，管段长度不宜小于 1.0m。

（12）管道利用聚乙烯管材的弹性进行弯曲敷设时，弯曲半径不宜小于管外径的 360 倍，管子的长度不得小于 60m，管子的公称外径不得大于 160mm。在施工环境温度小于 5℃时，不得进行弹性弯曲敷设。

（13）敷设在市政管廊内的给水管道，应根据水温和环境温度变化情况，进行管道纵向变形量的计算，采用间断的卡箍固定支墩或支架。

（14）给水管道敷设完毕后，可在沿管顶上部回填土内埋置可用金属探测器测管道位置的示踪线，距离管顶不小于 0.30m 处埋设警示带，在警示带上应标出醒目的字样。

表 5-24　聚乙烯埋地给水管道与建筑物、构筑物和其他工程管线之间最小水平净距

项　目		净距离/m	项　目	净距离/m
建筑物	公称外径≤200mm	1.0	通信照明电缆	0.5
	公称外径>200mm	3.0	高压铁塔基础	3.0
排水管 污水管	公称外径≤200mm	0.5～1.0	道路侧石桩边缘	0.5
	公称外径>200mm	1.0～1.5	铁路坡脚	6.0
电力电缆		0.5	乔木、灌木	1.5
电信电缆		0.5	热力管道	不小于 1.5m，且应确保聚乙烯管道表面温度不超过 40℃

2. 管道连接的技术规定

（1）聚乙烯给水管道在连接前，应对管材、管件及管道附件按设计要求进行核对，并应在施工现场进行外观检查和检验，对于不符合要求的，绝不能用于工程。

（2）聚乙烯管材、管件及管道附件，一般应采用热熔连接或电熔连接，

也可以采用机械连接。公称外径大于或等于 63mm 的管道不得采用手工热熔连接，也不得采用螺纹连接和黏结。

（3）不同 SDR 系列的聚乙烯管材，不得采用热熔对接连接；聚乙烯给水管与金属管、金属附件连接时，应采用法兰连接或钢塑过渡接头连接。

（4）公称外径小于或等于 63mm 的聚乙烯管，可采用热熔承插连接和锁紧型承插连接。公称外径小于或等于 63mm 的聚乙烯管与硬聚氯乙烯管的连接、聚乙烯管与公称直径小于或等于 50mm 的镀锌钢管的连接，宜采用锁紧型承插连接。

（5）聚乙烯给水管道的各种连接，应采用相应的专用连接工具，严格禁止采用明火直接加热的方式。

（6）聚乙烯给水管道连接，应采用同种牌号、压力等级相同的管材、管件及管道附件。不同牌号的管材、管件及管道附件相互连接时必须经过试验，证明连接可靠时，方可正式采用。

（7）聚乙烯管材、管件与金属管、金属管件连接时，应采用金属过渡接头，过渡接头的公称压力不得低于聚乙烯管的公称压力。

（8）聚乙烯管道在环境温度低于 −5℃ 或者在大风环境下进行熔接施工时，应采取相应的保护措施，或者调整连接机具的工艺参数。

（9）聚乙烯管道的管材、管件存放处温度与施工现场的温度相差较大时，连接前应将聚乙烯管材、管件在施工现场放置一段时间，使其温度与施工现场的温度基本接近。

（10）聚乙烯管子切割应采用专用切割工具，切割的断面应平整、光滑、无毛刺，切割的端面与管子轴线垂直。

3. 聚乙烯给水管接头的连接

聚乙烯给水管接头的连接，按连接方式不同，主要有热熔连接、电熔连接和承插式连接。

（1）聚乙烯给水管的热熔连接。可分为热熔对口连接（图 5-73）、热熔承插连接（图 5-74）和热熔鞍形连接（图 5-66）。

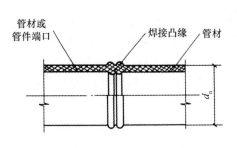

图 5-73　聚乙烯给水管的热熔对口连接

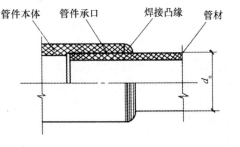

图 5-74　聚乙烯给水管的热熔承插连接

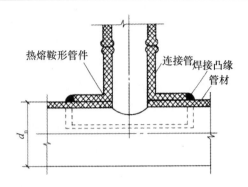

图 5-75 聚乙烯给水管的热熔鞍形连接

1）聚乙烯给水管的热熔对口连接。

①聚乙烯给水管热熔对口连接的原理。聚乙烯给水管热熔对口连接，是将热塑性管材的末端，利用加热板加热，将管端熔融后相互对接融合，经冷却固定而连接在一起的方法。这种方法多用于公称外径大于 63mm 的管子连接。

聚乙烯给水管热熔对口连接，通常分为加热阶段、切换阶段和对接阶段，其对接过程如图 5-76 所示。

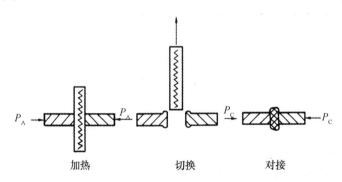

图 5-76 热熔对接过程示意图
P_A—加热压力；P_C—熔接压力

聚乙烯给水管热熔对接，所用的设备主要是热熔对接焊机（图 5-77），其工作环境温度为 $-10\sim40℃$。当管材的公称外径小于等于 250mm 者，其切换时间最大为 6s；公称外径大于 250mm 者，其切换时间最大为 12s。

热熔对接设备，除了热熔对接焊机外，还有热熔对接焊辅助设备及机具、供电设备和管道切割工具等。热熔对接焊机加热板的盘面上，应均匀地涂覆聚四氟乙烯（PTEF）等耐高温的防黏结层，加热板的盘面最大糙度为 $2.5\mu m$。

②聚乙烯给水管热熔焊对接工艺参数。热熔焊接的工艺参数主要有温度、

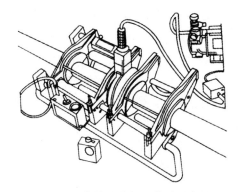

图 5-77 热熔对接焊机外形示意图

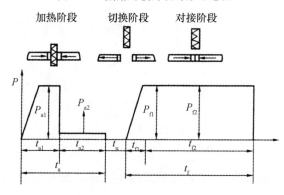

图 5-78 热熔焊接工艺曲线图

压力和时间。图 5-78 为热熔焊接工艺曲线图,是表明热熔过程中压力与时间的关系图。通常施工温度下,聚乙烯管材热熔焊接工艺参数见表 5-25。

表 5-25 聚乙烯管材热熔焊接工艺参数

壁厚 e /mm	加热时的卷边高度 h/mm 温度(T): (210±10)℃ 加热压力(P_{a1}): 0.15MPa	吸热时间 t_{a2}(s) =10×e 温度(T): (210±10)℃ 加热压力(P_{a2}): 0.02MPa	允许最大切换时间 t_u/s	增压时间 t_{f1}/s	焊缝在保持压力状态下的冷却时间 t_{f2}/min $P_{f1}=P_{f2}=0.15$MPa
≤4.5	0.5	45	5	5	6
4.5~7.0	1.0	45~70	5~6	5~6	6~10
7~12	1.5	70~120	6~8	6~8	10~16
12~19	2.0	120~190	8~10	8~11	16~24
19~26	2.5	190~260	10~12	11~14	24~32
26~37	3.0	260~370	12~16	14~19	32~45
37~50	3.5	370~500	16~20	19~25	45~60
50~70	4.0	500~700	20~25	25~35	60~80

2）聚乙烯给水管鞍形热熔连接。鞍形热熔连接就是利用热熔连接的方法将鞍形管件连接到管道上，从而形成分支管。

①鞍形热熔连接设备。鞍形热熔连接设备有鞍形熔化工具和辅助连接设备。鞍形熔化工具为凹凸形的加热模块及控制设备，其尺寸根据管材及鞍形管件的尺寸而确定。辅助连接设备的主要作用，是保证管材和管件的准确定位及管材在熔接压力作用下的结构稳定性。

②鞍形热熔连接管件。聚乙烯给水管鞍形热熔连接管件，是注塑成型的管件，主要有鞍形分支管件和鞍形三通管件，如图5-79所示。

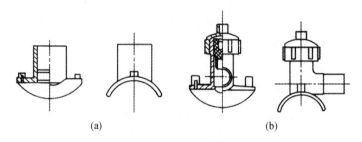

图 5-79　鞍形热熔连接管件
(a) 鞍形分支管件；(b) 鞍形三通管件

③鞍形热熔连接步骤。包括连接前准备工作、鞍形管件的连接和鞍形接头的检验。

a. 连接前准备工作。连接前准备工作主要包括以下方面：将管材外连接表面和管件内连接表面进行打磨或刮削处理，使这些表面光滑、平整、无毛刺；将加热工具加热到热熔焊接温度，聚乙烯管的热熔焊接温度通常为（220±10）℃；将辅助连接设备按要求进行定位；连接所需要的其他材料准备齐全，并检查合格。

b. 鞍形管件的连接。鞍形热熔连接的过程和工艺与热熔对接是基本相同的。利用加热工具的凹面熔化管材的外表面，利用加热工具的凸面烤化管件的内表面，如图5-80所示。加热压力一般控制在0.15MPa，以形成均匀的熔珠，这一过程的作业时间，应根据管件制造厂家规定；迅速移走加热工具，对准管材与管件的熔化面，以0.15MPa的压力进行快速连接。

c. 鞍形接头检验。鞍形接头检验是一项非常重要的工作，首先检查整个连接区域是否进行刮皮处理，然后再检查管材与管件的连接情况。具体质量要求是：鞍形管件出口应垂直管材，管壁不应出现塌陷现象，熔融材料不应从管件内流出来。鞍形接头检验部位如图5-81所示。

（2）聚乙烯给水管的电熔连接。聚乙烯给水管的电熔连接，是将电熔管件套在管材和管件上，预埋在电熔管件内表面的电阻丝通电发热，产生的热能加热、熔化电熔管件的内表面与之承插的管材外表面，使两者在一定压力的作用下融为一体。聚乙烯给水管的电熔连接可分为电熔承插连接和电熔鞍形连接，如图5-82所示。

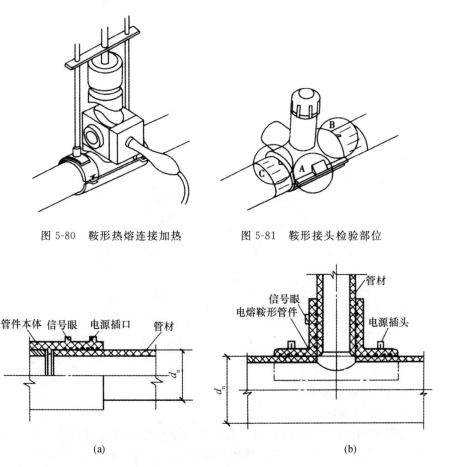

图 5-80 鞍形热熔连接加热   图 5-81 鞍形接头检验部位

图 5-82 聚乙烯给水管的电熔连接
(a) 电熔承插连接；(b) 电熔鞍形连接

1) 电熔连接的管件。电熔承插连接是通过电熔管件来实现的，电熔管件主要有套筒、鞍形件、变径管、等径三通、寻径三通、弯头等。电熔管件最基本的结构形式有两种：电熔承接口管件与电熔鞍形管件，如图5-83所示；电熔鞍形管件，又有鞍形分支管件和鞍形三通管件，如图5-84所示。

2) 电熔连接的机具。电熔连接的主机具为电熔连接控制器；辅助机具主要有用于管材或管件插口端头处理的刮削工具、固定所用的夹具、管子切刀或电锯、发电机；另外，还有软纸、软布、清洗液、整圆工具、保护帐篷等。

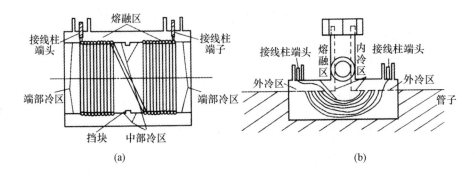

图 5-83　电熔管件的结构形式

（a）电熔承接口管件；（b）电熔鞍形管件

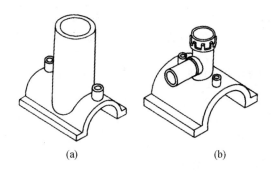

图 5-84　电熔鞍形管件的分类

（a）鞍形分支管件；（b）鞍形三通管件

3）电熔连接的步骤。

①电熔承插连接的方法步骤。

a. 用塑料管材切刀或带切屑导向装置的细齿钢锯将管材切断，管材端面应垂直于管子轴线，并用小刀切除管材边缘上的毛刺，使其表面光滑。

b. 在管材或插口端的焊接区域进行刮皮处理，将整个焊接区域的杂物等清除干净。

c. 检查承接口和插口的尺寸是否符合要求，以确保管子连接插入深度。将承接口管件滑入插口端，并使其正确定位。

d. 安装设置和调整好电熔焊机，以输出正确的焊接参数。如果是自动化控制焊接，应采用适合于管件和电熔焊机的程序。

e. 检查焊接周期是否正确完成，如果一切符合设计要求，可进入正常的电熔连接。

f. 在接头冷却的过程中，应使接头处于夹紧状态，以确保不产生移动。冷却时间应按电熔焊机生产厂家的规定执行。

②电熔鞍形连接的方法步骤。

a. 电熔鞍形连接时，先在管件焊接区域刮皮，并彻底清理焊接部位，然后将鞍形管件放在管材上，有时根据管件生产厂家的安装要求，在管材或管件上放一个组装的工具。

b. 安装设置和调整好电熔焊机，以输出正确的焊接参数（如电压、电流、时间等）。如果是自动化控制焊接，应采用适合于管件和电熔焊机的程序。

c. 检查焊接周期是否正确完成。在接头冷却的过程中，应使接头处于夹紧状态，以确保不产生移动。冷却时间应按电熔焊机生产厂家的规定执行。

（3）聚乙烯给水管的承插式连接。聚乙烯给水管的承插式连接，又分为承插式锁紧型连接（图 5-85）和承插式非锁紧型连接（图 5-86）两种方式。

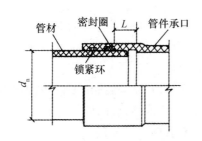

图 5-85　承插式锁紧型连接

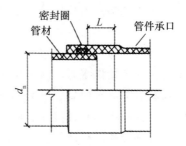

图 5-86　承插式非锁紧型连接

1）承插式锁紧型连接。承接口为增强聚乙烯材料，承接口内嵌有抗拉拔和密封功能良好的橡胶垫圈，此垫圈由三元乙丙（EPDM）或丁苯橡胶制成。

对于公称外径大于等于 90mm 的锁紧型承插式连接，在操作中应符合下列规定：

①在管道正式连接前，应将管材插口端进行倒角处理，角度不宜大于15°，倒角后管端的壁厚应为管材壁厚的 1/2～2/3。

②认真清理管材插口外侧和承接口内侧表面，并检查橡胶垫圈的位置及质量。当现场安装橡胶垫圈时，橡胶垫圈必须由管材生产厂家提供配套产品。放入时承接口凹槽内应先清理干净，且将呈凹状的一侧放入槽内，坐落应十分准确妥当，不得将垫圈装反和扭曲。

③准确测量承接口深度和垫圈后部到承接口根部的有效插入长度，并在插口部位做出标记。当生产厂家根据施工环境温度在承接口部位标有插入深度的提示标记时，在承接口外部量到该位置在插口上做出标记。当无提示标记时，承接口有效长度的根部预留量，应符合表 5-26 中的规定。

④将插口对准管道的承接口，并使两个管端轴线保持在一条水平直线上，将插口部分一次插入，直至标记线均匀外露在承接口端部。如果管道需要转

角，必须在插到位后再进行借转，且借转角不宜大于 1.5°。

表 5-26　承接口有效长度的根部预留量

施工环境温度/℃	<10	10～20	20～30	>30
预留量/mm	25～30	20～25	15～20	10～15

⑤小口径管道插入时，宜用人力在管端垫木块，用撬棍将管子推至预定的位置；大口径管道可用手动葫芦等专用工具拉入。严禁用挖土机等大动力施工机械将管道顶入。

⑥在插入操作中，如果阻力较大，应将管子拔出，检查橡胶垫圈是否扭曲，管道中是否有异物，不得采取强力插入。插入后用塞尺顺接口间隙沿管子圆周检查橡胶垫圈的位置是否正确。

⑦如果插入阻力过大，插入时非常困难，可以涂刷适宜的润滑剂。润滑剂必须对管材、管件和橡胶垫圈均无损害作用，并且无毒、无味、无臭，不滋生细菌。在开始供水时，对水质无任何污染。

⑧在涂刷润滑剂时，宜先将润滑剂用清水稀释，然后用毛刷将润滑剂均匀地涂刷在橡胶垫圈和插口外表面上，但不得将润滑剂涂在承接口内。

对于公称外径小于或等于 63mm 的锁紧型承插式连接，在操作中应符合下列规定：

①首先认真检查管材、管件、锁紧螺母、压圈、密封圈等的质量是否满足要求，随后将合格的管材及管件插口部位清理干净。

②聚乙烯管之间的连接，应依次将锁紧螺母、压圈、密封圈套在管材的插口端部。密封圈距插口端的距离应根据不同管径而确定。待一切准备好后，将管材插入连接件口内，将锁紧螺母锁紧，不得留下余扣。在锁紧时宜采用专用扳手，螺母要对扣，用力要适中。

2）承插式非锁紧型连接。公称外径大于或等于 90mm 的承插式非锁紧型连接，其连接程序及要求与承插式锁紧型连接相同。

三、室外给水管道的后续工作

（一）室外给水管道沟槽回填

室外给水铸铁管道在隐蔽工程验收合格后，凡具备沟槽回填条件的，应及时进行回填，以防止管道暴露时间过长而造成不应有的损失。

1. 沟槽回填应具备的基本条件

（1）预制管道现场铺设的现浇混凝土基础强度、接口处的砂浆或现场装配接缝水泥砂浆的强度不小于 5MPa。施工现场浇筑混凝土管道的强度必须达到设计要求的数值。

（2）混合结构的矩形管道或拱形管道，其砖石砌体水泥砂浆的强度应达到设计规定；当管道的顶板为预制盖板时，应装好盖板。

（3）现场浇筑或预制构件现场装配的钢筋混凝土拱形管道或其他拱形的管道，均应采取相应的技术措施，确保回填时管道不发生位移和损伤。

（4）压力管道在水压试验前，除管道接口外，管道两侧及管顶以上回填高度不应小于 0.5m；在水压试验合格后，及时回填剩余部分。

（5）在进行管道回填前必须将沟槽底的杂物清理干净；在回填时，沟槽内不得有积水，严禁带水进行回填。

（6）对于直径大于 900mm 的钢质管道，必要时可采取措施控制管顶的竖向变形。

2. 沟槽回填对土料质量的要求

（1）沟槽底至管顶以上 0.5m 范围内，土料中不得含有机物、冻土及粒径大于 50mm 的砖石等硬块；在管道接口处、防腐绝缘层或电缆周围，应选择较细的土料回填。

（2）当采用砂、石灰土或其他土料进行回填时，其质量要求按施工设计规定执行。

（3）回填土中的含水量，应根据土的类别和采用的压实工具，将含水量控制在最佳含水量范围内。

3. 沟槽回填土料的施工过程

沟槽回填土料的施工过程，主要分为还土、摊平和夯实等。

（1）沟槽回填时的还土过程。在沟槽还土时，应按基底排水方向由高至低分层进行，要注意管道的两侧应同时还土。为使还土质量符合要求，对于沟槽底至管顶 50cm 的范围内，应采用人工还土的方法，超过管顶 50cm 以上时可采用机械还土。

（2）沟槽回填时的摊平过程。还土时按分层铺设夯实的需求，每一层采用人工摊平。摊平的厚度应根据土料种类和压实机具而确定。摊平时要做到：土料基本相同、厚度比较均匀、每层表面平整。

根据工程实践经验：每层的虚铺土料厚度，当采用铁夯、木夯夯实时，虚铺土料厚度不大于 200mm；当采用蛙式打夯机时，虚铺土料厚度为 200～250mm；当采用压路机压实时，虚铺土料厚度为 200～300mm；当采用振动压路机压实时，虚铺土料厚度不大于 400mm。

（3）沟槽回填时的压实过程。回填土料的压（夯）实应逐层进行。对于管道两侧和管顶 500mm 范围内的土料，应采用薄夯、轻夯夯实；对于管顶 500mm 以上回填土料，应分层整平和压（夯）实。如果使用重型压实机械进行压实时，管顶部的回填土料厚度不应小于 700mm。

4. 沟槽回填施工的注意事项

（1）管道两侧和管顶以上 500mm 的范围内还土，应由沟槽两侧对称进行，其高差不得超过 300mm，也不得直接将土料抛到管顶上。

（2）需要拌和后再回填的土料，应在运入沟槽前拌和均匀，不得在沟槽边和沟槽内拌和。

（3）管道基础为弧形土基时，管道与基础之间的三角区应填实。在进行夯实时，管道两侧应对称进行，要随时观察管道的位移和损伤情况。

（4）采用木夯、蛙式打夯机等夯实工具时，应注意夯实时的重叠宽度；采用压路机时，碾压的重叠宽度不得小于 200mm。

（5）当管道覆土较浅，管道的承载能力较低，压实工具荷载较大，或原土回填达不到要求的压实度时，可以与设计单位协商，采用石灰、砂、砾等回填材料，也可采取加固管道的措施。

（6）管道系统中检查井、雨水口及其他的井周围的回填，应符合下列要求：

1）施工现场浇筑的混凝土或砌体水泥砂浆的强度应达到设计要求。

2）路面范围内的各类井周围，应采用石灰土、砂、砾等材料进行回填，其宽度不应小于 400mm。

3）各类井周围的回填，应与管道沟槽的回填同时进行；当确实不能同时进行时，应留出台阶接茬。

4）在各类井周围进行回填压（夯）实时，应沿着井中心对称进行，且不得出现漏压（夯）。

（二）管道的水压试验与冲洗消毒

1. 管道的水压试验

（1）水压试验前的准备工作。给水管道水压试验前做好有关准备工作，是水压试验工作能否顺利进行的重要环节，也是水压试验确保安全的重要保证。

1）做好水压试验的分段工作。给水管道系统的水压试验应分段进行，金属管道或塑料管道的分段长度不宜大于 1000m。对中间设有附件的管道，分段长度不宜大于 500mm。当管道系统中管段的材质不同时，应分别进行试验。

2）管道水压试验应在管道基础检查合格，管子本身上部回填土厚度不小于 0.5m（接口处除外）进行；当管道接口处有回填土时，应将其清理干净。

3）水源、试压设备、放水和测量设备及排水出路等，已全部准备妥当、齐全，该复测和校验的已按规定完成，工作状态良好。压力表若采用弹簧压力表时，其精度等级不应低于 1.5 级，压力表的测量范围应为试验压力的 1.3～1.5 倍，表盘直径不应小于 150mm。

4）试验管段所有的敞口均应堵严，不得有渗水现象。当使用板材堵塞时，应根据管径和试验压力，选择板材的厚度和强度，但不得用阀门作为封板。

5）水压试验前应先向管道系统充水，使试压管道充分浸泡，浸泡时间不应少于 12h。管道充水完毕后，对未回填的管道连接点进行检查，若有渗漏，应立即进行修复。

6）管道水压试验前应编制水压试验方案，主要应包括以下内容：管端堵塞板及支承的设计；进水管路、排气孔、排水孔的设计；加压设备、压力表的选择与安装设计；排水疏导管路的设计；水压试验采取的安全措施。

7）寒冷地区冬季进行水压试验时，应采取有效的防冻措施，试验完毕后应及时放水降压。

（2）水压试验的方法。管道水压试验的装置，如图 5-78 所示。

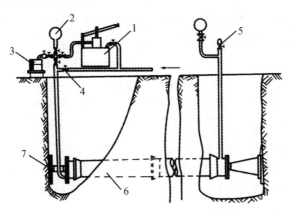

图 5-87　管道水压试验的装置
1—手摇泵；2—压力表；3—量水箱；4—注水管；
5—排气管；6—试验管段；7—后背

水压试验压力一般应为工作压力的 1.5 倍，且不小于 0.80MPa，但不得用气压试验代替水压试验。水压试验的过程如下：

1）先向需要试验的管内进行充水，边充水边排气，直至管内无气泡为止，关闭排气阀。

2）在管道内充满水后，不要急于加压进行试验，应在不大于工作压力的条件下浸泡 12h 以上，经检查符合要求后再进行压力试验。

3）在进行水压试验时，当在升压操作的过程中，出现压力表的针晃动，升压速度很慢时，应进一步排气，然后再进行升压。升压应分级进行，每级以 0.2MPa 为宜，每升一级应检查后背、弯头、接口和支墩等处有无异常现象，待正常后再继续升压。

4）给水管道的试验压力，应符合表 5-27 中的规定；水压试验经检查人员检验合格后，做好试压记录，填写"隐蔽工程记录表"。

表 5-27　给水管道水压试验的试验压力　　　　　　　　（MPa）

管道种类	工作压力（P）	试验压力
碳素钢管	0.5	$P+0.5$，且不小于 0.80
铸铁管	$\leqslant 0.5$	$2P$
	>0.5	$P+0.5$
预应力、自应力钢筋混凝土管和钢筋混凝土管	$\leqslant 0.6$	$1.5P$
	>0.6	$P+0.3$

2. 管道的冲洗消毒

（1）管道的冲洗。室外给水管道的冲洗，应包括消毒前和消毒后的冲洗工作。消毒前的冲洗主要是对管道内的杂物冲洗干净，消毒后的冲洗主要是排除消毒时高浓度的含氯水，使正常供水的水中含氯量等卫生指标符合《生活饮用水卫生标准》（GB 5749—2006）中的规定。

1）管道冲洗的技术要求。①冲洗水的压力应大于管道中的工作压力；②冲洗水的流速一般不小于 1.0m/s；③应连续进行冲洗，直至出水的浊度与冲洗进水口相同为止。

2）管道冲洗的注意事项：①冲洗前应拟定冲洗方案，确定冲洗所用的水源、冲洗时间和冲洗水的排除等项事宜；②在冲洗过程中应经常检查冲洗情况，并有专人进行安全监护。

（2）管道的消毒。管道的消毒一般用 20～30mg/L 含游离氯的水充满管道，浸泡 24h 以上，然后再进行冲洗，直至取样化验合格为止。

第六章　室内外排水管道安装工艺

人类在生活和生产活动中都需要用水，洁净的水一经使用后则成为污水。日常生活使用过的水称为生活污水，工业生产使用过的水称为工业废水，排除的地面和屋面上的雨雪水称为雨水。以上三类污水均需要有一定的管道系统将其排出，这就需要根据工程实际在室内外安装适宜的排水管道。

第一节　室内排水管道安装工艺

根据人在室内生活和工作的实际，室内排水系统分为生活污水系统、工业废水系统和雨水排水系统。室内生活污水系统，是排除住宅、公共建筑和工厂各种卫生器具排出的生活废水；室内工业废水系统，是排除工厂在生产过程中所产生的生产废水；室内雨水排水系统，实际上是排除屋面和地面的雨水及融化后的雪水。

一、室内排水系统的基本组成

室内排水系统一般由污（废）水受水器具、器具连接管、横支管、立管、水平干管、通气管和排出管至室外第一个检查井等组成。其基本组成如图 6-1 所示。

为了防止水封的破坏，造成有害气体进入室内，应设置与大气相连通的通气管系统。

简单地讲，室内排水系统主要由卫生器具、排水管道系统、通气管系统和清通设备等组成。

（一）卫生器具

卫生器具又称卫生洁具、卫生设备，是供水并接受排出污（废）水或污物的容器或装置。卫生器具是建筑内部排水系统的起点，是用来满足日常生活和生产过程中各种卫生要求，收集和排除污（废）水的设备，根据使用功能不同，可分为便溺类卫生器具、盥洗与沐浴类卫生器具、洗涤类卫生器具等。

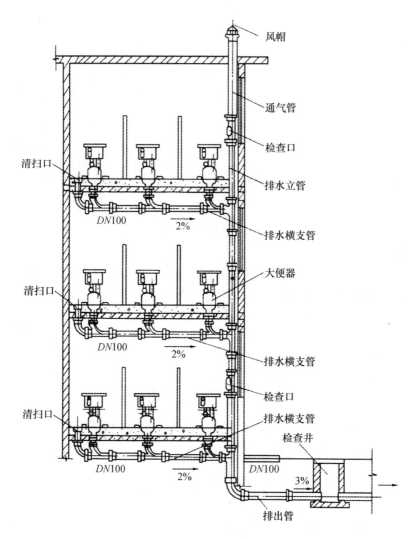

图 6-1　室内排水系统的组成示意图

（二）排水管道系统

排水管道系统的作用是将污（废）水排除，主要包括器具排水管（含存水弯）、横向支管、立管、横向干管和排出管等。

横向支管是连接器具排水管至排水立管的管段；立管是在建筑物内垂直敷设与横向支管相连的管道；横向干管是连接若干根排水立管至排出管的管段；排出管是从建筑物内至外检查井的排水横向管段。

（三）通气管系统

通气管系统是为使排水系统内的空气流通、压力稳定，防止水封破坏而设置的与大气相通的管道。根据排水系统的功能、特点和通水能力，可设置成不同形式的通气管。通气管主要有专用通气立管、主通气立管、副通气立管、汇合通气管、环形通气管、器具通气管、结合通气管和伸顶式通气管等，如图6-2所示。对于建筑物的层数和卫生器具不多的排水系统，可以只设置伸顶式通气管。

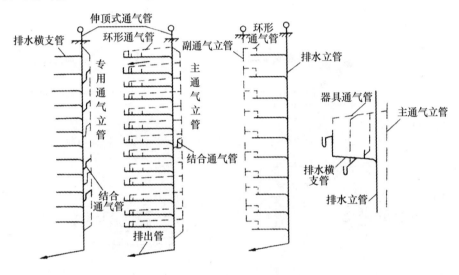

图6-2 室内排水的通气管系统

专用通气立管是仅与排水立管连接，为排水立管内空气流通而设置的垂直通气管；主通气立管是连接环形通气管和排水立管，为排水支管和排水立管内空气流通而设置的垂直管段；副通气立管是仅与环形通气管连接，为使排水横向支管内空气流通而设置的通气立管；结合通气管是连接数根通气立管或排水立管顶端通气部分，并延伸至室外接通大气的通气管道；环形通气管是在多个卫生器具的排水横向支管上，从最始端卫生器具的下游端接至主通气立管或副通气立管的通气管段；器具通气管是卫生器具（存水弯）出口端接至主通气管的管段；结合通气管是排水立管与通气立管的连接管段；伸顶式通气管是排水立管与最上层排水横支管连接处向上垂直延伸至室外通气用的管段。

（四）清通设备

清通设备是为疏通建筑内排水管道，保障排水畅通而设置的装置。通常是在横向支管上设置清扫口，在立管上设置检查口，室内埋地横向干管上设置检查井。室内排水的清通设备如图 6-3 所示。

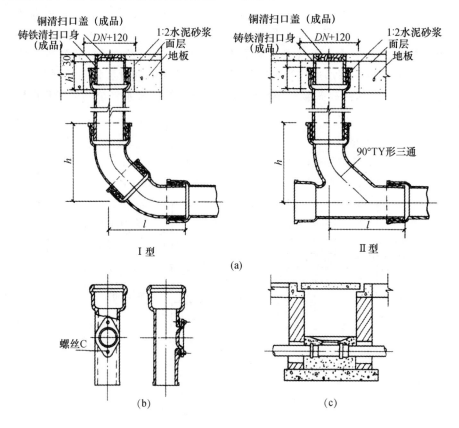

图 6-3　室内排水的清通设备

（a）清扫口；（b）检查口；（c）检查口井

二、室内排水管道的布置与敷设原则

在进行室内排水管道的布置与敷设时，应遵循以下原则：

（1）排水管道应避免穿过卧室和餐厅，也不得穿过对卫生、安静要求较高的房间。

（2）排水管道的位置不得设置在遇水会引起爆炸或损坏其他产品及设备的上方。

（3）需要架空的管道不得吊设在生产工艺或对卫生、安静要求较高的生产厂房内。

（4）室内排水管道穿越地下室外墙或有防水要求的墙壁处，应采用防水套管，防止因渗水将墙壁破坏。

（5）室内排水管道应避免穿过建筑的伸缩缝、抗震缝，当设计中必须穿过时，应采取相应的技术措施，且管顶上部要留有不小于150mm净空。

（6）架空的管道不得吊挂在食品仓库、贵重商品仓库、通风小室以及配电间内。

（7）室内排水管道与房屋墙壁和其他管道应留有一定间距，一般立管与墙壁、柱子的净距为25～35mm。清通设备周围应留有操作空间，以便于进行维护修理工作。

（8）室内排水管道的管件均为定型产品，其规格尺寸已确定，所以在进行管道布置时，宜按建筑尺寸组合管道的管件，以便于进行安装。

三、室内排水管道的施工工艺

（一）室内排水管道安装的一般规定

（1）室内排水管道安装的施工工艺和质量标准，适用于室内排水管道、雨水管道安装工程的质量检验与验收。

（2）生活污水管道应使用硬聚氯乙烯管、铸铁管和混凝土管。由成组洗脸盆或饮用喷水器到共用水封之间的排水管和连接卫生器具的排水短管，可以使用钢管。

（3）雨水排水管道宜使用硬聚氯乙烯管、铸铁管、镀锌管、非镀锌钢管和混凝土管等。

（4）悬吊式雨水管道应选用硬聚氯乙烯管、铸铁管或钢管。易受振动的雨水管道（如锻造车间等）应使用钢管。

（二）室内排水管道安装的准备工作

为使室内排水管道安装顺利进行，并符合现行规范和设计中的要求，应当做好一切准备工作。室内排水管道安装的准备工作，主要包括施工技术准备工作、施工材料准备工作、施工机具准备工作、作业条件准备工作和施工组织准备工作。

1. 施工技术准备工作

（1）在室内排水管道安装前，应熟悉和掌握设计图纸，掌握国家和行业施工验收规范、技术规程、标准图等内容。

（2）对安装各分部分项工程进行图纸会审，精心安排各专业施工程序，编制切实可行的施工方案和技术保障措施。

（3）根据设计图纸、图纸会审记录及设计变更的内容，对施工班组和具体操作人员做好技术、质量和安全交底工作。

（4）为便于安装工作顺利进行和保证施工质量，在室内排水管道安装前，应落实水、电、机具设备的来源。

2. 施工材料准备工作

（1）金属排水管材的要求。

1）铸铁排水管及管件规格品种应符合设计要求。灰口铸铁管的管壁厚薄均匀，内外光滑、整洁，无浮砂、包砂、黏砂，更不允许有砂眼、裂纹、飞刺和疙瘩。承插口的内外径及管件造型规矩，法兰接口平整、光洁、严密，地漏和返水弯的螺距必须一致，不得有偏扣、乱扣、方扣、螺纹不全等质量缺陷。

2）镀锌碳素钢管及管件管壁内外镀锌均匀，表面无锈蚀，内壁无飞刺，不得有偏扣、乱扣、方扣、螺纹不全、角度不准等质量缺陷。

3）接口用的青麻、油麻要整齐，不允许有腐朽现象。涂刷管壁用的沥青漆、防锈漆、调和漆和银粉等材料，必须有出厂合格证。

4）拌制混凝土和水泥砂浆所用的水泥，一般应采用强度等级为 32.5 级的水泥，水泥品种可选用普通硅酸盐水泥和矿渣硅酸盐水泥，并且必须有出厂合格证或复试证明。

5）安装排水管材所用的其他材料，如汽油、机油、焊条、型钢、螺栓、螺母、铅丝等，必须符合国家现行标准的规定。

（2）非金属排水管材的要求。目前在室内排水系统中常用的非金属排水管材，有 UPVC 芯层发泡管、UPVC 芯层实壁管、UPVC 空壁螺旋管、UPVC实壁螺旋管、ABS 管等。对这些非金属排水管材有以下要求：

1）排水管材应具有较强的耐腐蚀性、良好的抗冲击性和降低噪声性能，外观光泽好并且颜色一致。

2）排水管材为 UPVC 管，胶粘剂应是同一厂家的配套产品，并应标有生产日期和有效期。

3）管材、管件内外表层应光滑，无气泡、裂纹，管壁厚度应符合相关生产标准且厚薄均匀，管材的直段挠度不大于 1/100。

3. 施工机具准备工作

室内排水管道安装所用的施工机具，是保证施工质量和施工速度的关键，必须根据要求准备好，主要包括机具、工具和其他用具。

（1）施工机具：套丝机、电焊机、台钻、冲击钻、电锤、砂轮机等。

（2）施工工具：套丝板、手锤、大锤、手锯、断管器、捻凿、麻钎、管锥、錾子、压力案、台虎钳、手推车等。

（3）其他用具：水平尺、线坠、钢卷尺、刮刀、小线、干布、扳手等。

4. 作业条件准备工作

（1）地下排水管道的敷设必须在基础墙体达到或接近±0.0 标高，房心土回填到管的底部或稍高于管底，房心内沿管道位置无堆积物，且管道穿过建筑基础处，已按设计要求预留好管洞。

（2）设备层内排水管道的敷设，应在设备层内模板拆除清理后进行。

（3）楼层内排水管道的安装，应与结构施工隔开 1～2 层，且管道穿越结构部位的孔洞等均已预留完毕，室内模板或杂物清除后，室内弹出房间尺寸线及准确的水平线。

5. 施工组织准备工作

（1）根据排水管道安装的设计要求，建立健全质量管理体系和质量检测制度。

（2）施工人员的配备应根据工程规模大小和工作面情况确定，一般应结合劳动定额按平均 4 级水平确定，单位劳动力配置比例按管工∶焊工∶辅工=3∶1∶1 确定。

（3）根据工程的实际情况，以避免窝工为原则，采用灵活选择、依次施工、流水作业、交叉作业等施工组织形式进行安装。

（4）施工组织应根据需要建立项目经理，配备专业技术人员和相应的管道工，明确任务，明确目标，明确责任，明确奖惩。

（三）室内铸铁排水管道安装的工艺流程

室内铸铁排水管道安装的工艺流程，主要包括：安装准备工作→排出管的安装→底层排水横管及器具支管安装→排水立管安装→通气管安装→排水横支管安装→灌水试验。

1. 排出管的安装

排出管是指室内排水立管或横管与室外检查井之间的连接管道。室内污水的排出管一般敷设在地下或地下室，安装时需要与土建施工密切配合，其安装操作要点如下：

（1）排出管在穿过地下室墙或地下构筑物的墙壁处时，应设置防水套管，以防止排出管处产生渗漏而浸湿墙体。

（2）当排出管穿过承重墙或基础处时，应按设计要求预留孔洞，管顶上部的净空不得小于建筑物的沉降量，且不小于 150mm。

（3）与室外排水管检查井连接时，排出管管顶的标高不得低于室外排水管的管顶标高，其连接水流流槽不得小于 90°。当落差大于 300mm 时，可以不受角度的限制。

（4）排出管与立管连接时，为防止堵塞应采用两个 45°弯头或弯曲半径大于 4 倍管子外径的 90°弯头。

（5）排出管可经量尺法或比量法进行下料，预制成整体管段，穿过墙体预留孔洞或套管，经调整排出管位置、标高和坡度，满足设计要求后加以固定。

（6）排出管是整个排水系统安装的起点，必须严格控制其安装质量，为其他部分的安装打下基础。在进行排水铸铁管敷设时，安装的基础土层一定要分层夯实，防止因沉降而折断管道。在进行塑料排水管敷设时，应在管子底的下面铺一层厚度为 150～200mm 的细砂。

（7）为检修方便，排出管的长度不宜太长，在一般情况下，检查口的中心至外墙的距离不小于 3m，但也不应大于 10m。

（8）排立管在隐蔽前必须做灌水试验，其灌水高度不低于低层卫生洁具的上口边缘或底层地面高度。检验方法：满水 15min 水面下降后，再灌满观察 5min，液面不出现下降，管口处无渗漏为合格。排出管的安装如图 6-4 所示。

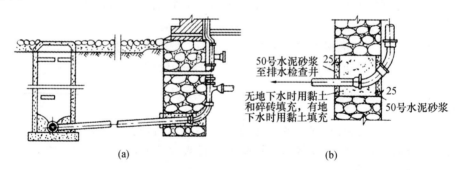

(a)　　　　　　　　　　　(b)

图 6-4　排出管的安装示意图

（a）排水管安装剖面图；（b）排水管节点放大图

2. 底层排水横管及器具支管安装

排水横管按其所处的位置不同，有两种不同的情况：一种是建筑物底层的排水横管，直接铺设在底层的地下，或以吊托架敷设在地下室顶棚下及地沟内；另一种是各楼层中的排水横管，可敷设在支吊架上。

底层排水横管与底层卫生器具的安装密切相关，在它们安装的过程中应当注意以下操作要点：

（1）底层排水横管直接埋地敷设的，当房心土回填至管子底部标高时，以安装好的排出管子斜三通上的 45°弯头承插口内侧为基准，将预制好的管段按照承插口朝向来水方向，按顺序排列，找好位置、坡度和标高，以及各预留口的方向和中心线，将承插口相连。

管道的接口材料应根据设计要求选用，按照排水铸铁管填塞管道接口的操作步骤进行作业，其质量必须符合现行施工规范和设计的要求。

敷设好的管道应进行灌水试验，水满后观察水位不下降，各接口及管子无渗漏，经专业质量验收人员检验，办理隐蔽工程验收手续，再将各预留管口临时封堵，配合土建进行回填土和填堵孔洞。

（2）当底层排水横管采用吊、托支架的方式安装时，应注意以下操作要点：

1）安装在设备层内的排水铸铁管，应根据设计要求制作托架或吊架。

2）按设计的坡度栽好吊卡，量准吊挂棍的尺寸，对好立管的预留口、首层卫生器具的排水预留管口，同时按室内地坪线、轴线尺寸接至规定高度。

3）按施工图纸检查已安装好的管道标高、预留口方向，确认无误后即可进行灌水试验，合格后办理隐蔽工程验收手续。

（3）底层卫生器具支管的安装。卫生器具的排出口与排水横向支管连接用的一段垂直短管称为器具支管，所有的器具支管均应实测其下料长度。在支管安装的过程中应当注意以下事项：

1）坐式大便器的支管应用不带承插口的短管，接至地面相平处，短管中心与后墙的距离为 400mm。

2）蹲式大便器的支管应当采用承插口的短管，接至地面上 10mm。短管中心与后墙的距离为 420mm。

3）洗脸盆、洗涤盆、化验盆等的支管应采用承插口短管，做到与地面相平，短管中心与后墙的距离为 80mm。

4）为便于排除室内的地面积水，地漏安装后其算子面应低于地面 20mm，清扫口（地面式）表面应与地面相平。

根据室内排水系统设计和施工的经验，连接卫生器具的排水支管距墙的距离及预留孔洞的尺寸，应根据卫生器具的型号和规格确定。在民用建筑工程中常用卫生器具排水支管预留孔洞的位置与尺寸，可根据表 6-1 中的数值选用。

3．排水立管的安装

排水立管是室内排水的主要管道，应设在排水量最大、污水最脏、杂质最多的排水点处。

（1）为充分利用房内的空间，并使其布置比较美观，排水立管一般设置在卫生间墙角；当建筑物有特殊要求时，也可在管槽、管井内。考虑检修维护和维修的需要，应在检查口处设置检修门。

表 6-1 常用卫生器具排水支管预留孔洞的位置与尺寸 （mm）

卫生器具名称	平面位置示意	图 示
蹲式大便器	排水立管洞 200×200；清扫口洞 200×200；310 150 150 900 600 450×200 300	DN100
	排水立管洞 200×200；清扫口洞；200 150 410 150 900 600 300	DN100
坐式大便器	排水立管洞 200×200；310 380 420 150 150 550	DN100
	连体坐便器 排水立管洞 200×200；240 150 150 550	DN100
小便槽	≥650 排水立管洞 200×200；排水管洞 200×200；地漏洞 300×300；150 1000 650	▽
	≥450 排水立管洞 200×200；排水管洞 150×150；地漏洞 300×300；1000	▽
立式小便器	700 1000 排水立管洞；排水管洞 150×150；地漏洞 200×200；150 1000 （甲）650 （乙）150	甲 乙

续表

卫生器具名称	平面位置示意	图　示
挂式小便器		
洗脸盆		
污水盆		
地漏		
净身盆		

（2）准确量测各层排水管道和管件的长度，以此确定各层横支管与立管连接的管件位置。如果该层立管上装有检查口，应量测出检查口管件长度，确定它在立管上的位置。

（3）各层排水立管在安装前，可将量测的长度及管件位置进行预安装，经检查完全正确无误后，再进行切管、管件组装，然后固定在安装位置处。

（4）当排水立管（式排水横支管）需要穿墙、穿楼板时，应配合土建预留孔洞，洞口的尺寸可参考表 6-2 中的数值。

（5）认真核对预留孔洞的尺寸有无差错。如果为预制混凝土楼板，则应按要求先画出孔洞的位置和尺寸，然后对准标记剔凿孔洞。

（6）按规定用吊线及水平尺找出各支架的位置，将预制加工好的支架进行就位、固定，支架安装完毕经检查合格后，可进行排水立管的安装。

表 6-2　排水管道穿墙或楼板时预留孔洞的尺寸　　　　　（mm）

管道名称	管道直径	孔洞预留尺寸	管道名称	管道直径	孔洞预留尺寸
排水立管	50	150×150	排水横支管	≤80	250×200
	70～100	200×200		100	300×250

（7）立管安装时承插口应当朝上，安装时应由两个人上下相互配合，一人在上层从管洞口投下绳头，下面的人将预制好的立管上半部拴牢，上拉下托将立管下部插入下层管的承插口内。

（8）立管插入承插口后，下层的人把管上的接口和立管检查口的方向找正，上层的人可用楔将管与楼板洞口处临时卡牢，然后再检查立管的垂直度，合格后将下层接口打麻、捻灰，进行固定。

（9）排水主立管安装完毕后，应当进行球体畅通性试验（也称为"通球试验"），球体直径不小于排水立管管径的 2/3，排水立管的"通球率"必须达到 100%。

（10）立管安装完毕后，应配合土建，用不低于楼板混凝土强度等级的细石混凝土将孔洞堵实、抹平，并进行洒水养护，不得出现收缩裂缝。浇筑结束后，在管道周围筑成厚度不小于 20mm、宽度不小于 30mm 的阻水圈，以防止楼层上的水在立管的缝隙处流入下层。

铸铁管立管和管件的连接如图 6-5 所示。

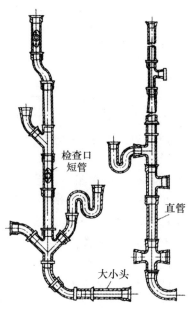

检查口
短管

直管

大小头

图 6-5　铸铁管立管和管件的连接

4．通气管的安装

通气管与排水立管相连接，在连接施工的过程中应遵守下列规定：

（1）卫生器具的通气管应设在存水弯的出口端，如图6-6所示。在横向支管上设置环形通气管时，应在其最始端的两个卫生器具间接出，如图6-7所示，并应在排水支管中心线以上与排水支管呈垂直或45°角连接。

（2）卫生器具通气管、环形通气管应在卫生器具边缘以上不小于0.15m处，按照不小于0.01的上升坡度与通气管相连接。

（3）专用通气立管和主通气立管的上端，可在最高层卫生器具上边缘或检查口以上与排水立管通气部分以斜三通连接。下端应在最低排水支管以下与排水立管以斜三通连接。

（4）专用通气立管应每隔2层、主通气立管宜每隔8～10层，设置结合通气管与排

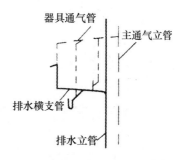

图6-6　卫生器具通气管示意图

水立管连接，如图6-8所示。结合通气管下端宜在排水横管以下与排水立管以斜三通连接；上端可在卫生器具的上边缘以上不小于0.15m处与通气立管以斜三通连接。

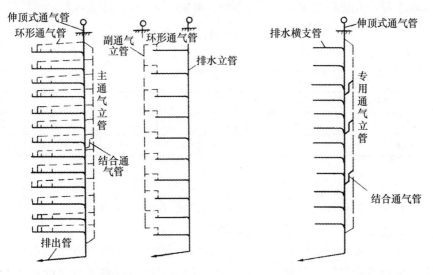

图6-7　环形通气管示意图　　　　图6-8　结合通气管的连接

（5）室内排水系统所用的通气管，主要有H形通气管、h形通气管和Y形通气管三种，它们的剖面示意图如图6-9所示。当采用H管件替代结合通气管时，H管与通气管的连接点应设置在卫生器具上边缘以上不小于

0.15m 处。

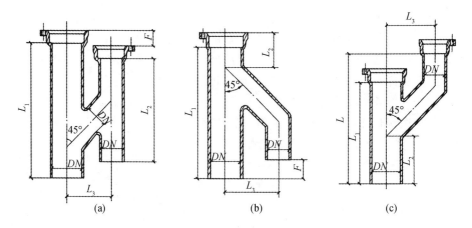

图 6-9　通气管剖面示意图

(a) H 形通气管；(b) h 形通气管；(c) Y 形通气管

（6）当污水立管与废水立管合用一根通气立管时，H 管配件可隔层分别与污水立管和废水立管连接，但最低横管连接点以下应设置结合通气管。

（7）所选用的通气管的管径，应根据排水能力、管道长度来确定，一般不宜小于排水管管径的 1/2，其最小管径可按表 6-3 中的规定执行。

表 6-3　通气管的最小管径

通气管名称	排水管管径/mm						
	32	40	50	75	100	125	150
器具通气管	32	32	32	—	50	50	—
环形通气管	—	—	32	40	50	50	—
通气立管	—	—	40	50	75	100	100

5. 排水横支管的安装

排水横支管与排水立管相连，是承接卫生器具的排水管。在进行排水横支管安装的施工中，应注意以下操作要点：

（1）在连接 2 个及 2 个以上的大便器或 3 个及 3 个以上卫生洁具的污水横管上，应设置清扫口。当管道敷设在楼板的下部时，可将清扫口设置在上层楼板地面上，排水支管起点的清扫口与墙壁间的净距离不得小于 200mm；如果排水支管起点安装堵头代替清扫口时，与墙面间的净距离不得小于 400mm。

（2）为顺利排除支管中的污（废）水，排水横支管的坡度应符合设计要求或排水管道安装规范中的规定。

（3）排水横支管应尽量保持直线状态，在转角小于135°的排水横支管上，应安装检查口或清扫口，以便于支管发生堵塞时进行维修。

（4）安装金属排水横支管所用的吊钩或卡箍，应当固定在承重结构上，所用吊钩或卡箍的品种、规格、间距等应满足规范的要求。

（5）水平管道与水平管道或水平管道与立管之间的连接，应使用45°三通或45°四通和90°三通或90°四通。铸铁管件的45°三通、45°四通，如图6-10所示；铸铁管件的90°三通、90°四通，如图6-11所示。

（6）卫生洁具的排水管不得与排水横支管进行垂直连接，而应采用90°的斜三通加以连接。

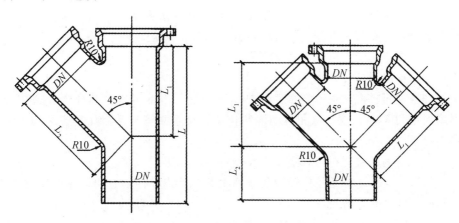

图6-10　铸铁管件的45°三通、45°四通示意图

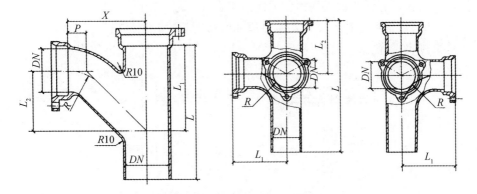

图6-11　铸铁管件的90°三通、90°四通示意图

（四）硬聚氯乙烯排水管道的安装

1. 塑料排水管道布置的一般规定

（1）塑料排水管道明敷或暗敷布置，应根据建筑物的性质、使用要求和

建筑平面布置而确定。

（2）在最冷月平均气温在 0℃ 以上，且极端最低气温在 −5℃ 以上的地区，可将管道设置于外墙。

（3）最高层建筑中的室内排水管道的布置，应符合下列规定：

1）排水立管应尽量暗设在管道井或管窿内。

2）排水立管明设并且其管径大于或等于 110mm 时，在立管穿越楼层处应采取防止火灾贯穿的技术措施。

3）管径大于或等于 110mm 的明敷设排水支管接入管道井或管窿内的立管时，在穿越管道井或管窿内处应采取防止火灾贯穿的技术措施。

（4）排水横向干管不宜穿越防火分区隔墙和防火墙；当不可避免确实需要穿越时，应在管道穿越墙体处的两侧采取防止火灾贯穿的技术措施。

（5）防火套管、阻火圈等附件的耐火极限，不宜小于管道贯穿部位建筑构件的耐火极限。

（6）塑料排水管道不宜布置在热源的附近，当不可避免并导致管道表面温度大于 60℃ 时，应采取相应的隔热措施。排水立管与家用灶具边缘的净距离不得小于 400mm。

（7）室内的塑料排水管道不得穿越烟道和风道。

（8）塑料排水管道不得穿越建筑物设置沉降缝、伸缩缝和抗震缝的地方；如果必须穿越时，应设置伸缩节。

（9）塑料排水管道穿越建筑物的基础、有地下室的外墙时，应采取防止渗漏的措施，通常的做法是加设柔性防水套管。

（10）当排水立管上仅设置伸向顶部的通气管时，最低横向支管与立管连接处至排出管管底的垂直距离 h_1（图 6-12）不得小于表 6-4 中的规定值。

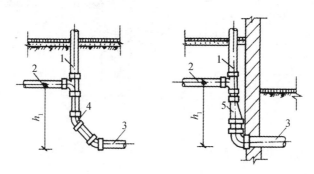

图 6-12　最低横向支管与立管连接处至排出管管底的垂直距离
1—立管；2—横向支管；3—排出管；4—45°弯头；5—偏心异径管

表 6-4 最低横向支管与立管连接处至排出管管底的垂直距离 h_1

立管连接卫生器具的层数	≤4	5~6	7~12	13~19	≥20
垂直距离/m	0.45	0.75	1.20	3.00	6.00

注：1. 当排出管管径比立管底部的规格大一号时，可将表 6-4 中的垂直距离缩小一档；

2. 当立管底部不能满足本条及其注 1 的要求时，最低排水横向支管应单独排出。

（11）当排水立管在中间竖向拐弯时，排水支管与排水立管、排水横向管的连接如图 6-13 所示，并应符合下列规定。

1）排水横向支管与立管底部的垂直距离，应按表 6-4 中的规定执行。

2）排水支管与横向管连接点至管底部水平距离 L 不得小于 1.5m。

3）排水支管与立管拐弯处的垂直距离 h_2 不得小于 0.60m。

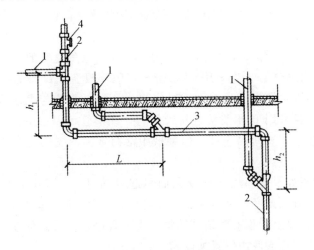

图 6-13 排水支管与排水立管、排水横向管的连接
1—排水支管；2—排水立管；3—排水横向管；4—检查口

（12）排水立管应设置伸顶式通气管，通气管的顶部应设通气帽，当伸顶式通气管不允许或不可能单独伸出屋面时，可设置汇合通气管。在建筑物内不得设置吸气阀来代替通气管。

（13）伸顶式通气管伸出屋面的高度不得小于 0.30m，且应大于最大的积雪厚度。在经常有人活动的屋面，通气管伸出屋面的高度不得小于 2.0m，并应根据建筑的防雷要求设置防雷装置。

（14）伸顶通式气管的管径与排水立管管径相同。在最冷月平均气温低于 −13℃ 的地区，当伸顶通气管管径小于或等于 125mm 时，宜从室内顶棚以下 0.3m 处将管径放大 1 号，且最小管径不宜小于 110mm。

（15）室内排水系统的通气管，其管径应符合下列规定：

1）为顺利进行排水，排水系统所用的通气管的最小管径应当符合表 6-5

中的规定。

表 6-5　通气管的最小管径　　　　　　　　　　　　（mm）

通气管名称	排水管管径						
	40	50	75	90	110	125	160
器具通气管	40	40	—	—	50	—	—
环形通气管	—	40	40	40	50	50	—
通气立管	—	—	—	—	75	90	110

2）当通气立管的长度大于 50m 时，其管径应当与污水立管相同。

3）两根及两根以上污水立管与一根通气立管连接时，应当按最大一根污水立管规格，按表 6-5 中的规定确定通气立管的管径，且其管径不宜小于其余任何一根污水立管的管径。

4）如果采用结合通气管时，其管径不宜小于通气立管的管径。

（16）结合通气管。当采用 H 形管时可隔层设置，H 形管与通气立管的连接点应高出卫生器具上边缘 0.15m；当生活污水立管与生活废水立管合用一根通气管，且采用 H 形管为连接管件时，H 形管可以错层分别与生活污水立管和生活废水立管间隔连接，但最低生活污水横向支管连接点以下应装设结合通气管。

（17）管道如果受环境温度变化而引起收缩时，其伸缩量应根据管的长度、线膨胀系数和温度差进行计算，在安装时要考虑伸缩量的大小。

（18）根据以上计算的管道伸缩量，决定管道是否设置伸缩节，并应根据环境温度变化和管道使用位置加以确定。

（19）当管道需要设置伸缩节时，应符合下列几项规定：

1）当层高小于或等于 4m 时，污水立管和通气立管应每层设置一个伸缩节；当层高大于 4m 时，设置伸缩节的数量应根据管道设计伸缩量和伸缩节的允许伸缩量计算确定。

2）污水横向支管、横向干管、器具通气管、环形通气管和结合通气管上无汇合管件的直线管段大于 2m 时，应设置伸缩节，但伸缩节之间的最大间距不得大于 4m。伸缩节的设置如图 6-14 所示。

3）管道设计伸缩量应根据工程所在地区，按当地有关规定确定，在一般情况下不应大于表 6-6 中的允许伸缩量。

表 6-6　伸缩节的允许伸缩量　　　　　　　　　　　　（mm）

管道的直径	50	75	90	110	125	160
最大允许伸缩量	12	15	20	20	20	25

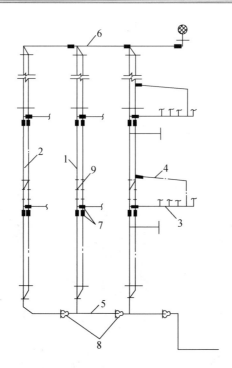

图 6-14　排水管和通气管上设置伸缩节位置
1—污水立管；2—专用通气立管；3—横支管；4—环形
通气管；5—污水横向干管；6—结合通气管；7—伸
缩节；8—弹性密封圈伸缩节；9—H形管管件

（20）伸缩节在什么地方设置，不仅影响管道的美观，而且影响其使用功能。在一般情况下，伸缩节应尽量设置在靠近水流汇合管件处（图 6-15），并应符合下列规定：

1）立管穿越楼层处为固定支承且排水支管在楼板之下接入时，伸缩节应设置于水流汇合管件之下，如图 6-15（a）、（f）所示。

2）立管穿越楼层处为固定支承且排水支管在楼板之上接入时，伸缩节应设置于水流汇合管件之上，如图 6-15（b）、（g）所示。

3）排水支管同时在楼板的上、下方接入时，宜将伸缩节置于楼层中间部位，如图 6-15（d）所示。

4）立管上无排水支管接入时，伸缩节可按伸缩节的设计间距置于楼层任何部位，如所 6-15（c）、（e）、（h）所示。

5）如果在横向管上设置伸缩节，应设置于水流汇合管件的上游端，如图 6-15（i）所示。

6）立管穿越楼层处为固定支承时，伸缩节不能进行固定；伸缩节处设置固定支承时，立管穿越楼层处不得进行固定。

7）在安装伸缩节时，千万注意伸缩节的插口应顺水流方向。

8）如果设计中将管道埋设在地基或墙体、混凝土柱体内，所有的管道均不应设置伸缩节。

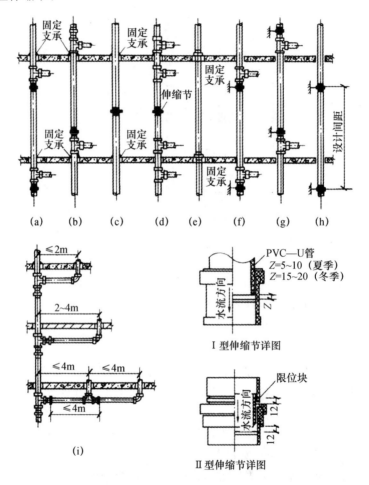

图 6-15　伸缩节的位置设置示意图

2. 塑料排水管道安装的一般规定

（1）生活污水塑料排水管道的坡度应符合设计规定，当设计中无具体规定时，可选用表 6-7 中的数值；安装管道支架、吊架的最大间距，应符合表 6-8 中的规定。

（2）埋入地下的管道应敷设在原状的土基上，不得用木块、砖头支垫管道。当土基砸不平时，可用 100～150mm 厚的砂垫层进行找平。在进行回填时，先用细土回填 100mm，再按正常要求分层进行回填。

（3）管道应按设计规定设置检查口或清扫口。检查口的位置和朝向应便于检修。当立管设置在管道井、横管设在吊顶内时，在检查口或清扫口位置处设置检修门。

表 6-7　生活污水塑料管道的坡度比

项次	管径/mm	标准坡度	最小坡度	项次	管径/mm	标准坡度	最小坡度
1	50	0.025	0.012	4	110	0.012	0.006
2	75	0.015	0.008	5	125	0.010	0.005
3	90	0.013	0.007	6	160	0.007	0.004

表 6-8　塑料排水管道支、吊架的最大间距

管径/mm	50	75	90	110	125	160
立管/m	1.2	1.2	1.6	2.0	2.0	2.0
横管/m	0.50	0.75	0.90	1.10	1.30	1.60

（4）为便于今后进行维护，立管管件其承接口的外侧与墙饰面应隔开一定的间距，其净距一般为 20~50mm。

（5）塑料管与铸铁管进行连接时，应采用专用的配件。其接口采用承插式接口时，先将塑料管插口段外侧用砂纸进行打毛后，再用油麻水泥捻封。

（6）管道穿越楼板处为非固定支承时，应安装塑料或金属套管，套管的内径应比穿管的外径大，一般应大 10~15mm，套管的上口应高出地面 30~50mm。

（7）管道穿越楼板处为固定支承点时，在管道安装结束后，配合土建施工用细石混凝土分两层浇筑密实，结合找平面或面层施工，将管道周围抹成厚度不小于 20mm、宽度不小于 30mm 的阻水圈。

（8）在穿越楼板处未构成固定支承时，应在每层设置滑动管卡。滑动管卡的设置数量为：当层高小于或等于 4m 时，层间设置 1 个滑动管卡；当层高大于 4m 时，层间设置 2 个滑动管卡。

（9）高层建筑的管道采用明装敷设时，当设计要求穿墙管道采用防止火灾贯穿措施时，应符合下列规定：

1）当立管管径大于或等于 110mm 时，在楼板贯穿处应安装阻火圈，或者安装长度不小于 500mm 的防火套管，并在套管周围抹成厚度不小于 20mm、宽度不小于 30mm 的防水圈，如图 6-16 所示。

2）当管径大于或等于 110mm 的横向支管与暗装立管相连接时，墙体贯穿部位处应设置防火圈或长度不小于 300mm 的防火套管，且防火套管的露出

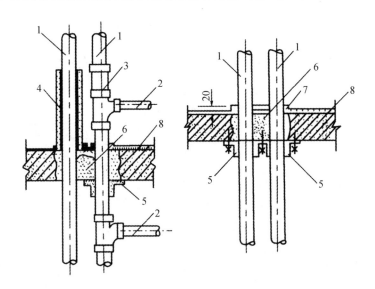

图 6-16　防火圈与防火套管的安装示意图

1—PVC－U 立管；2— PVC－U 横支管；3—立管伸缩节；4—防火套管；

5—阻水圈；6—细石混凝土二次嵌缝；7—阻水圈；8—混凝土楼板

部分长度不小于 300mm。

　　排水横向干管在穿越防火分区隔墙时，管道穿墙两侧应设置阻火圈，或者长度不小于 500mm 的防火套管。

　　（10）当塑料管道穿越楼板、屋面、地下室外墙等处时，其做法可参照图 6-17 中所示。

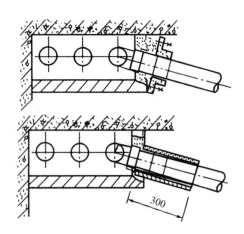

图 6-17　管道穿楼板、屋面、地下室外墙的做法

（五）塑性管道的施工工艺

塑料管道的施工工艺流程比较简单，主要包括：预制加工→埋地管敷设
→立管安装→横向支管安装→通水试验。

1. 预制加工

（1）管道加工工艺。根据施工图和预留口位置，测量尺寸、绘制加工草
图。按照管道的测量尺寸，用细齿锯或切割机械将管进行切断，管的断口应
当平齐，用铣刀或刮刀除掉断口内外的飞刺，在外棱铣出 15°～30°角，完成
后应将残屑清除干净。

在管道黏结前先对承插口进行插入试验，一般插入承接口深度的 3/4，不
得全部插入。试插入合格后，用棉布把承接口处的水分、灰尘擦净，如有油
迹可用丙酮擦拭。

用毛刷涂抹选用的黏结剂，先涂在承接口，后涂插口，随即用力垂直插
入并稍微转动，使黏结剂分布均匀。管道黏结完成后，要静置一段时间，具
体要求见表 6-9 中的规定。

表 6-9　PVC－U 排水塑料管黏结后的静置时间

施工环境温度/℃	静置时间（最少）	施工环境温度/℃	静置时间（最少）
15～40	30s	−5～15	2h
5～15	1h	−20～5	4h

（2）管子切割的注意事项。材料试验表明：硬聚氯乙烯材料的线膨胀系
数较大，一般比铸铁大 5 倍左右，当存放场地与安装现场温差较大时，应在
安装现场放置一定时间，使管子的表面温度接近施工环境温度，以保证管道
下料长度符合要求。

在进行塑料管子切断时，以使用细齿锯为宜，切割断面必须垂直于管子
的轴线，以保证管端均能接触到管件或管材的承接口底部。切割后要清除干
净四周的毛刺，防止采用溶剂黏结时，在插入承接口的过程中，毛刺将黏结
剂刮掉，影响接口的质量。

（3）管口黏结注意事项。

1）连接前的准备工作：首先要检查管件和管材，不应受外部损伤；切割
面平齐且与轴线垂直，毛刺清理干净，切削的坡口角度合格；黏合面的油污、
水渍、灰尘等，都必须认真进行处理；对于难以擦净的黏附物，应用细砂纸
轻轻打磨干净，并要清理干净。

插口插入承接口内，在插口上要标出插入的深度，画标记时应避免用尖

硬的工具划伤管材。管端插入承接口必须有足够的深度，目的是保证有足够的黏结面。

2）管子黏结的具体工艺：在涂抹黏结剂时最好采用鬃刷，当采用其他材料时，应当防止与黏结材料发生化学反应，刷子的宽度一般为管径的1/3～1/2。

在涂刷黏结剂时，应先涂抹承接口的内壁，再刷插口的外壁，各自重复涂抹两遍。在涂刷时动作要迅速、均匀、适量、无漏涂。黏结剂涂刷结束后，应将管子插口立即插入承口，轴向需用力准确，应使管端插入深度符合表6-10中的要求，并稍加旋转，但不可使管子弯曲。

表 6-10　塑料管的插入深度　　　　　　　　（mm）

公称外径	承口深度	插入深度	公称外径	承口深度	插入深度
50	25	19	110	50	40
75	40	30	125	55	43
90	50	40	160	60	45

管子插入连接后，一般不能再进行变更或折卸，插入稳定后应扶持1～2min，再按表6-9中的规定静置一段时间，一直待其完全干燥和固化。

管径110mm、125mm和160mm的塑料管，其插入时需要较大的轴向力，应当两人共同操作，不可猛力击打。黏结后迅速揩净溢出的多余黏结剂，以免影响管道外壁的美观。

不可在具有水分的塑料管上涂刷黏结剂，也不能在露天的雨雪中施工。管材、管件和黏结剂在使用前，应在相同的温度下搁置1h以上。

2. 埋地管敷设

（1）埋地管道一般宜分两段施工，先做室内地坪标高±0.000以下部分至伸出外墙管段，待土建施工结束后，再做从外墙边缘至室外检查井管段。

（2）埋地管段穿越地下室外墙、基础时，应配合土建施工做好预留孔洞和预留套管工作。

（3）按设计图纸中管道位置、标高、坡度进行放线，经复核无误后，再进行沟槽开挖，沟槽底应平整，在底部再铺上100～150mm厚度砂垫层。

（4）在季节性冻土、湿陷土黄土和膨胀土地区进行管道敷设时，埋地管道敷设应遵照有关规范的规定施工。

（5）埋地管道接入检查井的具体做法如图6-18所示。在安装前先将与检查井相接的管端外侧涂刷黏结剂，然后滚黏上一层干燥的黄砂，涂刷的长度不得小于井壁的厚度。相接部位用M7.5的水泥砂浆分两次填实，最后井壁外侧沿着管道周围抹成三角形的水泥砂浆带。

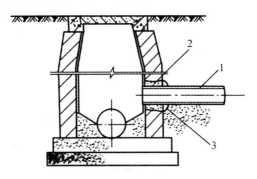

图 6-18　埋地管与检查井的连接
1—PVC－U 管；2—砂浆第一次嵌缝；2—砂浆第二次嵌缝

（6）埋地管道安装完毕后应立即进行灌水试验，合格后经监理部门验收后，方可进行回填。千万不可在安装后自行检查就进行回填。

3．立管的安装

立管的安装是非常重要的工序，关系到下步横管安装是否顺利。立管安装应自上而下分层连续进行，在安装中应注意以下事项：

（1）在立管正式安装之前，应认真检查各预留孔洞的位置、尺寸是否符合要求，孔洞是否贯通。不符合设计要求时，应采取措施进行纠正。

（2）按照设计图纸上立管的布置位置，在墙面上画出标记线，测出小样图，并详细注明尺寸，以便准确地进行安装。

（3）按实测的小样图选用合格的管材和管件，进行配管和切割管的预制加工。

（4）按照设计图纸中的要求安装管道的支承件，支承件的间距、数量、规格必须符合要求，安装必须非常牢固。

（5）在安装立管时，先将管段加以扶正，按要求安装伸缩节，再将管子插口试插入伸缩节的承接口底部，按要求将管子拉出预留间隙，在管子端部画出标记，用力均匀地将插口插入伸缩节承接口橡胶中，随后即可将立管固定。

（6）如果立管需要安装阻火圈或防火套管，可先将阻火圈套在 PVC－U 管段外，用螺栓固定于楼板下或墙体的两侧；或者将阻火圈预先埋入楼板内，穿过 PVC－U 管后，再进行管道接口，然后按要求由土建施工人员进行封堵，抹找平层和安装阻火圈。

阻火圈的主要作用是在发生火灾时，阻火圈中的阻燃膨胀材芯，在受热后迅速膨胀，挤压 PVC－U 管，在较短的时间封堵管道穿越的洞口，阻止火势沿着洞口蔓延。

阻火圈有 A 型和 B 型之分。A 型阻火圈由两个半圆环组成，可先安装管道后再安装阻火圈。B 型阻火圈是一个整体的环形，安装时必须先将阻火圈套入管道上，安装好管道后，再将阻火圈固定在楼板或墙体上。

4. 横支管的安装

（1）横支管的安装是先将预制好的管段用铁丝临时吊挂，查看各管件的朝向无误后再进行黏结。黏结后应将管道迅速摆正位置，并校正管道的坡度是否符合设计要求。

（2）用木楔卡牢管口，绷紧铁丝临时将管道给予固定，待黏结剂固化后再紧固支承件，但一次不宜卡得过紧。横管伸缩节的安装与立管基本相同。

（3）管道支承安装牢固后，应拆除临时固定的铁丝，并将接口处临时封严。最后安装模板，浇筑细石混凝土封堵孔洞。

第二节　室外排水管道安装工艺

室外排水工程的功能是将建筑物内排出的生活污水、工业废水和雨水等，有组织地按一定的系统将其排出。为满足现代环保要求，还要将以上水汇集起来，经处理符合排放标准后再排入水体，或灌溉农田，或回收再利用。

一、室外排水系统的体制与组成

（一）室外排水系统的体制

各类污水需用不同的管道系统排除，按照污水与废水的关系，这种不同排除方式所形成的排水系统称为排水体制。室外排水系统的体制可分为合流制和分流制两种类型。

1. 合流制排水系统

合流制排水系统是将生活污水、工业废水和雨水排泄到同一个管渠内排除的系统。在原来的城市中较多地采用这种排水体制。在改造旧城区的合流制排水系统时，可以修建一条截流管，在合流管与截流管的相交处设置一个溢流井，截流管的下流接入市政污水干管至污水处理厂，污水经处理后再排入水体。

但是，当降雨量较大时，合流的水量超过截流管的输水能力后，会有部分混合水经溢流井溢出，直接排入水体之中，从而会造成水体的污染。因此，在新建的城区禁止采用合流制排水系统。

2. 分流制排水系统

分流制排水系统是将生活污水、工业废水和雨水，分别用2个或2个以上各自独立的管道分别排水。排除生活污水和工业废水的系统称为污水排水系统；排除雨水的系统称为雨水排水系统。图6-19为分流制排水系统示意图。

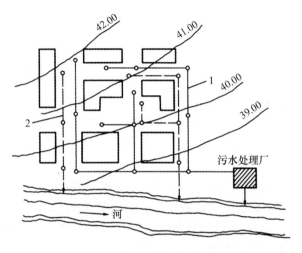

图6-19　分流制排水系统示意图
1—污水管道；2—雨水管道

（二）室外排水系统的组成

室外的污水排水系统和雨水排水系统，由于污水的来源不同和流量不同，其组成是有所区别的。

1. 室外污水排水系统的组成

室外污水排水系统，主要由管道、检查井、泵站和污水处理厂等部分组成；必要时，还需设置化粪池、隔油池等局部污水处理的构筑物。

管道的主要作用是将污水送至污水处理厂；检查井的作用是接入各户和经常性维护与检查管路；泵站的作用是提升水位，保证管道和处理构筑物有合理的埋深；污水处理厂的作用是将污水中有害物质除掉，达到国家颁布的污水排放标准，然后可将处理的污水回用或排入水体。

2. 室外雨水排水系统的组成

室外雨水排水系统，主要由雨水口、管道、检查井、出水口等部分组成；必要时，还需设置提升雨水泵站。雨水口一般布置在道路的两旁，收集道路和庭院的雨水，它是雨水管道的起端。其余组成部分的作用，与室外污水排水系统相同。

二、室外排水管道的布置和敷设

（一）排水管道的布置

室外排水管道的布置，应在建筑群（小区）总体规划、道路和建筑物布置的基础上协调进行。排水管道定线应遵循的原则是：应尽可能地在管线短、埋深浅的情况下，使排水系统能够自流排入水体或污水处理厂。

在进行室外排水管道定线时，应充分利用有利的地势，尽可能顺坡进行排水，并沿着道路和建筑物周边成平行敷设，同时主干管应靠近主要建筑物，并布置在连接出户管较多的一侧，尽可能减少与其他管线的交叉。

（二）排水管道的敷设

室外排水管道的敷设如何，关系到管道设置是否合理、排水是否畅通、工程投资是否科学，因此，在敷设中应注意以下方面：

（1）排水管道与其他管线相互间的水平和垂直距离，应根据管道的类型、埋深、检修和管道附属构筑物大小等因素确定。在设计中有明确规定的，必须按设计要求进行敷设，设计中没有具体要求的，可参考表 6-11 中的数值确定。

表 6-11　地下管线（构筑物）间的最小净距离

种类与净距　种类	给水管		污水管		雨水管	
	水平	垂直	水平	垂直	水平	垂直
给水管	0.5～1.0	0.10～0.15	0.8～1.5	0.10～0.15	0.8～1.5	0.10～0.15
污水管	0.8～1.5	0.10～0.15	0.8～1.5	0.10～0.15	0.8～1.5	0.10～0.15
雨水管	0.8～1.5	0.10～0.15	0.8～1.5	0.10～0.15	0.8～1.5	0.10～0.15
低压煤气管	0.5～1.0	0.10～0.15	1.0	0.10～0.15	1.0	0.10～0.15
直埋式热水管	1.0	0.10～0.15	1.0	0.10～0.15	1.0	0.10～0.15
热力管沟	0.5～1.0	—	1.0	—	1.0	—
乔木中心	1.0		1.5	—	1.5	
电力电缆	1.0	直埋 0.50 穿管 0.25	1.0	直埋 0.50 穿管 0.25	1.0	直埋 0.50 穿管 0.25
通信电缆	1.0	直埋 0.50 穿管 0.15	1.0	直埋 0.50 穿管 0.15	1.0	直埋 0.50 穿管 0.15

注： 净距是指管道外壁距离，管道交叉是指套管外壁距离，直埋式热力管是指保温管壳外壁距离。

（2）管道埋深：排水管道的埋深应根据外部荷载、管材强度、支管接入标高要求等因素确定。在有车行驶的道路下，一般不宜小于 0.7m 的埋深。

（3）排水管道与建筑物基础的水平净距：当管道埋深比建筑物基础浅时，应不小于 1.5m；当管道埋深比建筑物基础深时，应不小于 2.5m。

（4）居民小区室外排水管的最小管径和最小设计坡度，可参考表 6-12 中的数值选用。

表 6-12　居民小区室外排水管的最小管径和最小设计坡度

管道类别		位　置	最小管径/mm	最小设计坡度
污水管道	接户管	建筑物周围	150	0.007
	支管	组团内的道路下	200	0.004
	干骨	小区道路、市政道路下	300	0.003
雨水管和合流管道	接户管	建筑物周围	200	0.004
	支管及干管	小区道路、市政道路下	300	0.003
雨水连接管		—	200	0.010

三、室外排水管道的安装

室外排水管道常用的管材有铸铁管、混凝土管、钢筋混凝土管和硬聚氯乙烯双壁波纹管，主要应根据荷载大小不同而选用。管道的接口分为柔性、刚性和半柔性半刚性三种。排水管道通常应设置基层，其基础和一般构筑物不同，管体受到浮力、土压力和自重等作用，在基础中保持平衡。

由于排水管材的不同，室外排水管道的安装工艺也有所不同，一般应按照以下工艺流程和施工方法进行操作。

（一）安装前的准备工作

1. 对管道施工材料的要求

（1）所用的混凝土管、钢筋混凝土管、排水承插铸铁管、硬聚氯乙烯塑料管、石棉水泥管的选用，应符合现行规范的规定和设计要求。

（2）所用的水泥强度等级不低于 32.5 级的普通硅酸盐水泥，其应有产品合格证和出厂检验报告，进场后按有关规定抽样复试合格。

（3）拌制水泥砂浆所用的砂子，宜采用粒径不大于 2mm、经过过筛的洁净砂子，其质量应符合《建设用砂》（GB/T 14684—2011）中的规定；混凝土垫层用砂应按有关规定抽样复试合格。

（4）拌制混凝土所用的石子，宜采用粒径不大于 25mm 的碎石，其质量应符合《建设用碎石、卵石》（GB/T 14685—2011）中的规定。

2. 混凝土管和钢筋混凝土管的质量检查

混凝土管和钢筋混凝土管是室外排水管常用的管材，其质量如何不仅关系到排水功能是否符合设计要求，而且关系到室外排水系统的使用寿命和工程投资。因此，对于所用的混凝土管和钢筋混凝土管必须认真进行质量检查。

（1）混凝土管和钢筋混凝土管的内外表面应光洁、平整，无蜂窝、塌落、露筋、空鼓等质量缺陷。

（2）混凝土管的内外表面均不允许有裂缝，钢筋混凝土管的外表面不允许有裂缝，管内壁的裂缝宽度不允许超过 0.05mm。

（3）混凝土管和钢筋混凝土管的合缝处不得出现流浆。

（4）混凝土管和钢筋混凝土管的缺陷严重，不得再用于工程，如果有下列情况可允许经过修补合格后用于工程：

1）混凝土管和钢筋混凝土管的内表面塌落面积不超过 1/20，并且没有露出的环向钢筋。

2）混凝土管和钢筋混凝土管的外表面凹陷深度不超过 5mm，黏皮的深度不超过壁厚的 1/5，其最大值不超过 10mm；黏皮、蜂窝、麻面的总面积不超过表面积的 1/20，且每块面积不超过 100cm²。

3）合缝漏浆的深度不超过管壁厚度的 1/3，长度不超过管道长度的 1/3。

4）管子端面碰伤的，纵向不超过 100mm，环向长度值不超过表 6-13 中的规定。

表 6-13　管子断面碰伤长度限值　　　　　　　　　　（mm）

管道公称内径	碰伤长度限值	管道公称内径	碰伤长度限值
300～500	50～60	1000～1500	85～105
600～900	65～80	1650～2400	110～220

3. 室外排水管道施工的主要机具

（1）施工机械：室外排水管道施工所用的机械，主要有砂浆搅拌机、混凝土搅拌机、汽车起重机、载重汽车、夯土机、开槽机、砂轮机、水泵、手电钻和冲击钻等。

（2）施工工具：室外排水管道施工所用的工具，主要有手锤、钳子、管道按口卡具、丁字镐、抹子、錾子、剁子、铁锹、撬棍、绳索、捻凿、手推小车等。

（3）其他用具：室外排水管道施工所用的其他用具，主要有水准仪、经纬仪、钢卷尺、盘尺、水平尺和线坠等。

4. 室外排水管道施工的作业条件

为确保室外排水管道的顺利施工，必须在具备一定作业条件下进行，其应具备的基本作业条件有以下几个方面：

（1）施工现场的地形、地貌、建筑物、构筑物、各种管线和其他设施等情况，均已了解十分清楚，对于排水管道安装的配合已胸中有数。

（2）排水管道安装已有设计图纸，并且已经图纸会审、技术交底，施工方案已编制，并经过审核报有关单位批准。

（3）排水管道所用的管材、管件和其他附件，均已经检查符合设计要求，并具备所要求的技术资料。

（4）具备满足排水管道施工测量精度的水准点，具备施工所需要的水源、电源和暂设工程，具备施工所用的道路。

（5）室外地坪的标高已基本定位，管道铺设沿线地面的杂物和障碍物已清理干净，进行管道施工已完全可以。

（二）排水管道基础的施工

排水管道基础是指管子或支承结构与地基之间，经人工处理的或专门建造的构筑物，其作用是将管道较为集中的荷载均匀分布，以减少对地基单位面积的压力，或由于地基土的特殊性质的需要，为使管道安全稳定的运行而采取的一项技术措施。

一个完整的管道基础，应由管座和基础两部分组成，如图 6-20 所示。设置管座的目的是将基础和管子连接成一个整体，以减少对地基的压力和对管子的反力，并且还起到固定管子的作用。从力学的角度分析，管座包围管道形成的中心角越大，基础所受的单位压力和地基对管子作用的单位面积的反力越小，管道的稳定性也越好，但管座用的材料增多、工程造价提高。工程上管道的中心包角有 90°、135°和 180°三种，如图 6-21 所示。

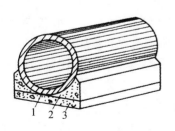

图 6-20　管道基础组成

1—管子；2—管座；3—基础

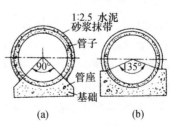

图 6-21　管道的中心包角

（a）90°；（b）135°；（c）180°

1. 排水管道基础的施工

排水管道的基础按构筑材料不同，可分为混凝土基础、砂垫层基础、弧形基础、灰土基础等，它们分别适用于不同的范围，也有不同的制作方法。

（1）混凝土基础。混凝土基础适用于套环、抹外带和承插接口的排水管道，适用的管道直径范围为150～2000mm，管道埋设深度为0.8～6.0m。当无地下水时，可在土基上直接浇筑混凝土基础；当有地下水时，常在槽底铺设一层厚度为100～150mm的卵石或碎石垫层，然后在上面浇筑混凝土基础。

（2）弧形基础。弧形基础也称为弧形土质基础，一般适用于沟槽底部无地下水、原土的土质较好，能保证开挖成弧形的基层。管子的规格一般为150～600mm，管顶覆土厚度为0.7～2.0m。

弧形基础常用90°的弧形基础，当管子直径为800～1100mm时，可采用60°的弧形基础；稳管前，先用粗砂按弧形填好，使管壁与弧形槽子相吻合；在还土时，采用中间松软、侧面坚实的换土方法，侧面土夯实的密实度应达到95%以上。

（3）灰土基础。灰土基础适用于沟槽底部无地下水，土壤比较松软的场所。适用于管子直径为150～700mm、用水泥砂浆抹带、套环和承插接口的管道。

灰土基础是土质基础中的其中一类，与弧形基础不同之处，是将管子底部的土壤换成灰土基础，厚度约为150mm，管道的中心包角为60°，灰土的配合比（石灰：土）为3：7（体积比）。灰土基础的还土，也与弧形基础相同。

（4）砂垫层基础。砂垫层基础适用于坚硬岩石或多石地区，或管顶覆土厚度为0.75～2.0m的地基。砂垫层基础的砂垫层厚度宜为100～150mm，砂料颗粒宜采用带有棱角的中砂。砂垫层基础的还土，与弧形基础相同。

2. 基础施工应注意的事项

（1）在基础正式施工之前，必须认真复核坡度板的标高，一般在沟槽底部每隔4m左右打一个样桩，利用这些样桩来控制挖土面、垫层面和基础面。

（2）排水管道基础的砂垫层，应按照规定的沟槽宽度满堂铺筑、摊平、拍平，使其完全符合设计的要求。

（3）在砂垫层上安装混凝土基础的侧向模板时，

应根据管道的中心位置在坡度板上拉出中心线，用垂球和"搭马"（宽度与混凝土基础一致）控制侧向模板的位置，如图6-22所示。"搭马"一般每隔2.5m安装一个，以便固定模板之间的间距。"搭马"在混凝土浇筑完毕后方可拆除，随即清理表面上黏结的混凝土，并按规定进行保管。

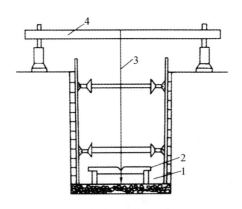

图 6-22　基础立模
1—侧模；2—搭马；3—中心线；4—坡度板

（4）混凝土基础侧向模板应有一定的强度和刚度，一般可选用钢撑板和组合钢模板。模板安装要做到缝隙严密、支撑牢固，并符合结构尺寸的要求。

（5）当碎石垫层上有水时，不得浇筑基础混凝土。基础混凝土浇筑后，应用拍板或平板振动器整理平整。混凝土浇筑完毕后，在 12h 内不得浸水，并要按规定进行养护。混凝土强度达到 2.5MPa 以上后方可拆除模板。

（6）在浇筑混凝土管座时，应注意以下事项：

1）混凝土管座的模板，可根据实际情况分一次或两次安装，每次安装的高度宜略高于混凝土的浇筑高度。

2）管座混凝土分层进行浇筑时，应先将硬化的表层凿毛、冲洗干净，并将基础与管子相接触的部位，用相同强度等级的砂浆填满、捣实后，再浇筑上层混凝土。

3）采用垫块法一次浇筑管座时，必须先从一侧浇筑混凝土，当对面一侧的混凝土与浇筑一侧的混凝土高度相同时，两侧再同时进行浇筑，并保持两侧混凝土高度一致。

4）为确保混凝土的质量和进行竣工验收，在浇筑混凝土管座时，应当按有关规定留混凝土抗压强度试块。

（三）各种管道安装前的规定

（1）管道埋设深度与覆土厚度。管道埋设深度是指管道内壁底到地面的距离；管道覆土厚度是指管道外壁顶部到地面的距离。这是管道埋设非常重要的数据。

（2）排水管道施工图中所列的管道安装标高，均是指管道底的标高。

（3）硬聚氯乙烯室外排水管道安装的一般规定如下：

1）管道应敷设在原状土地层上，或经开槽后处理回填密实的地层上。当管道在车行道下时，管顶覆土的厚度不得小于 0.7m。

2）管道一般应当直线敷设，特殊情况需利用柔性接口折线敷设时，相邻两节管纵轴线的允许转角应由管材制造厂家提供。一般情况下，平壁管不宜大于 1°，异型壁管不得大于 2°。

3）硬聚氯乙烯管道穿越铁路、高等级道路路堤及构筑物等障碍物时，应设置钢筋混凝土土管、钢管、铸铁管等材料制作的保护套管。保护套管的内径应大于塑料管外径 300mm。

4）硬聚氯乙烯管道的基础低于建（构）筑物的基础底面时，管道不得敷设在建（构）筑物的基础下地基扩散角受压区范围内。

（4）为提高管道的使用年限，防止管道出现锈蚀，排水铸铁管的外壁在安装前应认真除锈，并涂两道石油沥青漆。

（5）在地下水位高于开挖沟槽槽底高程的地区，应当使槽内水位降至槽底最低点以下 0.3～0.5m。管道在安装、回填的施工过程中，沟槽底部不得积水或泡槽受冻。必须在回填土填到管道的抗浮稳定的高度后，才能停止排除地下水。

（四）管道下管的施工工艺

管道下管是一项非常重要的工作，不仅关系到管道的施工质量，而且也关系到施工人员的安全。因此，在管道下管施工中，应采用以下施工工艺和注意以下事项：

（1）在正式下管前应认真检查管道基础标高和中心线位置是否符合设计要求，基础混凝土的强度是否达到设计强度的 50%（且不小于 5MPa）。

（2）根据管径的大小、现场的施工条件，下管分别采用压绳法、三角架法、二绳挂钩法、倒链滑车下管法、吊车法等。

（3）下管时宜从两个检查井的低端开始，如果管道为承插管敷设时，使承接口在前，承接口迎向水流方向。

（4）稳管前要将管口内外全部刷洗干净，管径在 600mm 以上的平口或承插管道接口，应留有 10mm 的缝隙；管径在 600mm 以下者，应留有不小于 3mm 的对口缝隙。

（5）下管后应当对管子进行调整，使管道轴线顺直，在撬杠下应垫以木板，不可将撬杠直接插在混凝土基础上。待两个检查井之间的管道全部下完后，检查坡度无误后可以接口。

（6）当使用套环接口时，稳定好一根管道再安装一个套环。敷设小口径承插管时，稳定好第一节管子后，在承接口下垫满灰浆，再将第二节管子插入，挤入管内的灰浆应从里口抹平，并扫净多余部分。然后继续用灰浆填满接口，并打紧抹平。

（7）待两个检查井之间的管道全部下完，对管道的设置位置、标高等进行检查无误后，再进行管道接口的处理。

（五）各种管道的接口施工

管道的接口施工是一项要求很严的工作，如果接口处理不合格，水会从接口处渗出和流出，也会导致基础因水浸泡而沉陷，管道会因基础沉陷而断裂。不同材料的管道，其接口施工的方法也不相同。混凝土及钢筋混凝土管的接口形式，主要有刚性接口和柔性接口两种，各地区采用的形式也不完全相同。刚性接口的主要密封材料为水泥砂浆，柔性接口所用的密封材料主要有沥青、橡胶圈等。在室外排水管道工程中，混凝土及钢筋混凝土管的管口形式有平口、企口和承插口等，如图 6-23 所示。

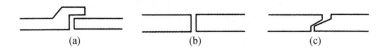

(a)　　　　　　　(b)　　　　　　　(c)

图 6-23　管道接口的形式
(a) 承插口；(b) 平口；(c) 企口

1. 水泥砂浆带接口

水泥砂浆带接口是一种刚性接口，一般适用于地基土质较好的雨水管道，或用于地下水位以上的污水直线管道。平口管和企口管均可采用这种接口。

（1）基本操作程序。水泥砂浆抹带接口的基本操作程序为：浇筑管座混凝土→勾捻管座部分的内缝→管外抹砂浆带的地方进行凿毛、清洗→管座上部内缝支托垫→抹砂浆带勾捻管座以上的内缝→接口养护。

（2）施工工艺及要求

1）砂浆带的尺寸。当管道公称直径 $DN \leqslant 1000mm$ 时，抹砂浆带的宽度为 120mm，厚度为 30mm；当管道公称直径 $DN > 1000mm$ 时，抹砂浆带的宽度为 150mm，厚度为 35mm。

2）抹砂浆带及接口均用配合比为 1：2.5 的水泥砂浆。水泥宜选用 42.5 号普通硅酸盐水泥。砂子应经过 2mm 孔径的筛子进行筛选，其他技术性能应符合国家标准《建筑用砂》（GB/T 14684—2011）中的要求，尤其应严格控制含泥量。

3）为保证水泥砂浆与管壁黏结牢固，在抹砂浆带之前，必须将管口及管外壁洗刷干净。

4）抹砂浆带应分两次完成。第一层砂浆的厚度约为总厚度的 1/3，并压实使管壁黏结牢固，在砂浆表面画成线槽，以利于与第二层结合。待第一层砂浆初凝后再抹第二层，抹时用弧形抹子压实成形；待第二层砂浆达到初凝后，再用抹子压实、压光。

5）在基础与抹砂浆带相接处，混凝土的表面应进行凿毛处理，并用清水冲洗干净，使砂浆与混凝土黏结牢固。

6）水泥砂浆带管道接口如图 6-24 所示。水泥砂浆带抹压结束后，应立即用平软的材料加以覆盖，在常温情况下，3～4h 后开始洒水养护。

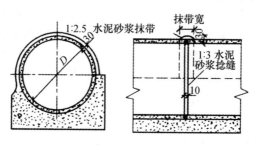

图 6-24　水泥砂浆带管道接口

（3）管道的接缝处理

1）公称直径 $DN \geq 700mm$ 的管道，在勾捻管道内缝时，人在管内先用水泥砂浆将管缝填实抹平，然后再反复捻压密实，但灰浆不得高出管壁，以确保流水比较畅通。

2）公称直径 $DN < 700mm$ 的管道，应在配合浇筑管座时，用麻袋或其他工具在管内来回拖动，将流入管内的灰浆抹平，也将多余的灰浆拉出。

2. 钢丝网水泥砂浆带接口

钢丝网水泥砂浆带接口的强度较高，属于一种刚性接口，主要适用于地基土质较好、具有带状基础的雨水及一般污水管道，在民用和工业建筑的室外排水系统中应用很广泛。

（1）基本操作程序。钢丝网水泥砂浆带接口的形式如图 6-25 所示。其具体的操作程序为：基础和管口凿毛冲洗→浇筑管座混凝土→将加工好的钢丝网片插入管座的对口砂浆中→勾捻管内下部管缝→上部内缝支托架→抹第一层水泥砂浆→安置钢丝网片→抹第二层水泥砂浆→勾捻管内上部管缝→养护。

（2）施工工艺及要求。

1）钢丝网片。钢丝网水泥砂浆带接口所用的钢丝网片，其规格为 20 号 10mm×10mm，钢丝网应无锈、无油污，网格排列整齐。在铺设前，应按设计要求事先截好，并留出不小于 100mm 的搭接长度。在其搭接处用 20 号或

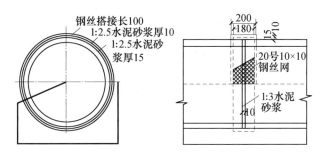

图 6-25　钢丝网水泥砂浆带接口

22 号镀锌铁丝绑扎。

2）水泥砂浆。钢丝网水泥砂浆带接口所用的水泥砂浆，其配合比为 1∶2.5，水泥宜采用 42.5 号的普通硅酸盐水泥，砂子应用符合国家标准《建筑用砂》（GB/T 14684—2011）中要求的中砂。

3）砂浆带尺寸。钢丝网水泥砂浆带的尺寸为：带宽度为 200mm，钢丝网片宽度为 180mm，带厚度为 25mm。

4）为使水泥砂浆与管壁黏结牢固，在制作钢丝网水泥砂浆带前，应在管口处刷一道水泥浆，然后再安装好弧形边模板。

5）第一层水泥砂浆的厚度约为 15mm，水泥砂浆施工完毕后，稍停待有浆皮出现时，将管座内的钢丝网片陡起，紧贴着底层砂浆，上部搭接处用铁丝绑牢，钢丝网头压入网片内，使钢丝网片表面比较平整。

6）待第一层水泥砂浆达到初凝后，再抹上第二层水泥砂浆，待第二层水泥砂浆达到初凝后再压实压光。抹砂浆完成后，应立即进行养护。

3. 预制套环石棉水泥接口

预制套环石棉水泥接口一般采用石棉水泥作为填充材料，接口缝隙处填充一圈油麻，这种接口为刚性接口，适用于地下水位以下、地基可能产生少量不均匀沉降的管道。排水管预制套环接口，如图 6-26 所示。

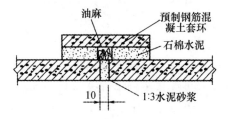

图 6-26　排水管预制套环接口

在进行接口施工时，先检查管道的安装标高和中心位置是否符合设计要求，管道安装是否稳定。稳定好一节管道，立即套上一个预制钢筋混凝土套环，再稳定连接管。可以借用小木楔将管道缝垫均匀并调节套环，使管道接口处于套环正中心，套环与管外壁间隙应均匀。套环和管道的结合面用水冲洗干净，并保持湿润状态。

石棉灰的配合比（质量比）为：水：石棉：水泥＝1：3：7。水泥宜选用32.5 号的普通硅酸盐水泥，但不得采用膨胀水泥，以防止套环胀裂。将油麻填入套环中心，把拌和好的石棉灰用灰钎子自下而上填入套环缝内。

在填塞石棉灰时，用錾子将石棉灰自下而上地边填边塞，分层进行打紧。管径在 600mm 以上的管子，要做到"四填十六打"，即石棉灰分四次填满，每次打四遍；管径在 500mm 以下的管子，要做到"四填八打"，即石棉灰分四次填满，每次打二遍。打好石棉灰后，应比套环的边凹进 2～3mm。

管径大于 700mm 的管道，对口缝隙较大时，应在管内临时用草绳填塞，待打完外部的石棉灰后，再将内部填塞的草绳取出，用 1：3 的水泥砂浆将内部缝隙抹严。管内管外操作时间不应超过 1h。在填塞石棉灰后，应立即用潮湿草袋盖好，1h 后开始定期洒水养护 2～3d。

采用预制套环接口的排水管道，应先进行接口施工，后浇筑接口处混凝土基础。敷设在地下水位以下且地基土质较差，可能产生不均匀沉陷地段的排水管，在采用预制套环接口时，接口材料应采用沥青砂浆。

4. 承插水泥砂浆接口

承插水泥砂浆接口也是一种刚性接口，一般主要适用于小口径（500mm以下）雨水管道。承插水泥砂浆接口的形式，如图 6-27 所示。

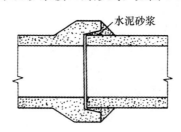

图 6-27　承插水泥砂浆接口的形式

（1）基本操作程序。承插水泥砂浆接口的操作程序比较简单，主要操作程序为：清洗管道口→安装第一节管子→在承接口下部注满灰浆→安装第二节管子→进行接口操作→清理管道的灰渣→定期洒水养护。

（2）施工工艺及要求。

1）为使管道中水流畅通，管道的承接口应朝向来水方向，承接口下部所用的材料为配合比 1：2 的水泥砂浆。砂浆中的水泥宜采用 32.5 号普通硅酸盐水泥，砂子应采用比较洁净的中砂。

2）在安装第一节管子之前，应当再一次检查管子的方向是否符合设计要求，管道的位置是否正确，这是一项非常重要的工作。

3）在安装第二节管子之前，先在承插口内和承插口外侧刷一道水泥浆，以提高水泥砂浆与管壁的黏结强度。然后将第二节管子挤入充满水泥砂浆的承插口内，接口缝隙用配合比1∶2的水泥砂浆填满捣实，口部抹成一个斜面，防止水泥砂浆出现裂缝，斜面部分的水泥砂浆应分两次，最后将其压实抹光。

5. 橡胶圈接口

橡胶圈接口是一种柔性接口，这种接口最大的特点是可以抵抗振动和弯曲，抗应变性能好。接口填料采用橡胶圈，结构简单，施工方便，适用于土质较差，地基硬度不均匀、软土地基或地震地区。

（1）橡胶圈接口形式。橡胶圈接口形式比较简单，排水管道所用的橡胶圈也随着管口形状不同而异，常见的形式参见表6-14。承插式钢筋混凝土管O形橡胶接口的纵向布置及形式，如图6-28所示。

表6-14 排水管橡胶圈柔性接口的形式

管道类型	接口形式	管道类型	接口形式
混凝土承插管	遇水膨胀橡胶圈	钢筋混凝土企口管	q形橡胶圈
钢筋混凝土承插管	O形橡胶圈	钢筋混凝土F形钢套环	齿形止水橡胶圈

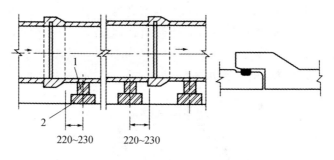

图6-28 承插式钢筋混凝土管O形橡胶接口的纵向布置及形式
1—管枕；2—垫板

（2）O形橡胶圈接口。

1）O形橡胶圈的基本要求。钢筋混凝土承插管O形橡胶圈接口，是排水管道中最常用的一种形式，在排水管道所用的O形橡胶圈，应满足下列基本要求：

①由于排水管道中的污水各种各样，尤其是腐蚀性很强，所以钢筋混凝

土承插管 O 形橡胶圈接口，应当具有良好的耐酸、耐碱和耐油性能。

②钢筋混凝土承插管 O 形橡胶圈接口，应具有良好的搭接强度，在延伸 100%的情况下无明显分离。

③钢筋混凝土承插管 O 形橡胶圈接口，应具有较高的抗弯曲性能，按照规定的弯曲试验，搭接的任何部位无明显分离。

④钢筋混凝土承插管所用的 O 形橡胶圈，应当质地紧密、表面光滑，不得有割裂、破损、孔隙、气泡和大飞边等缺陷。

⑤钢筋混凝土承插管所用的 O 形橡胶圈，在进场后应妥善保管，应单独存放在阴凉、清洁的环境下，不能与油类等介质接触。

2）管道的基础。钢筋混凝土承插管 O 形橡胶圈接口的管道基础，应根据土质情况和降水效果选用。当槽底土质较好，施工中基本上无扰动软化，易排除积水，可采用砾石砂基础，基础包括砾石砂、垫板和管枕。当槽底土质较差，不仅不易排除积水，而且易出现扰动软化，则应采用 C20 混凝土基础，基础包括砾石砂垫层、C20 混凝土管枕。

以上两种基础的管座均为粗砂，中心包角为 180°。但在市区的主干道和重要道路，管道施工完成后立即进行道路施工的工程，必须用粗砂管座并回填到管道顶部以上 500mm 处。

3）管枕与垫板。管枕与垫板的主要作用是安装管道过程中便于稳定管道和接口施工。承插式钢筋混凝土管道的垫板和管枕均为钢筋混凝土结构，所用混凝土的强度等级为 C25。垫板厚为 50mm，宽为 350mm，其长度按管径不同而异。管枕外侧高度为 200mm，内测高度为 100mm。当管道公称直径 $DN<1000$mm 时，宽度为 120mm；当管道公称直径 $DN \geqslant 1000$mm 时，宽度为 150mm；管道公称直径 DN 在 600～1200mm 时，其长度为 265～345mm。承插式钢筋混凝土管道的基座如图 6-29 所示。

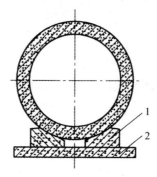

图 6-29 承插式钢筋混凝土管道的基座
1—管枕；2—垫板

（3）企口式钢筋混凝土管 q 形橡胶圈接口。企口式钢筋混凝土管道的纵向布置形式如图 6-30、图 6-31 所示。

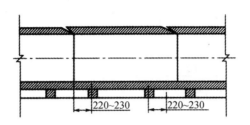

图 6-30　管道纵向布置示意图

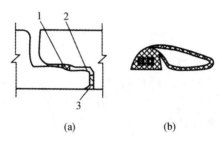

(a)　　　　　　　　　(b)

图 6-31　管道的接口形式

（a）胶圈接口；（b）q 形橡胶圈断面

1—q 形橡胶圈；2—衬垫；3—水泥砂浆

企口式钢筋混凝土管道的管枕为钢筋混凝土结构，混凝土的强度等级为 C25，管枕外侧高度为 250mm，内侧高度为 100mm。当管道公称直径 DN 为 1350～1800mm 时，宽度为 200mm；当管道公称直径 DN 为 2000～2400mm 时，宽度为 250mm。

（4）钢筋混凝土 F 钢套环管道接口。钢筋混凝土 F 钢套环管道接口，分为 F-A 和 F-B 两种形式，分别如图 6-32、图 6-33 所示。其他的做法与以上所述相同。

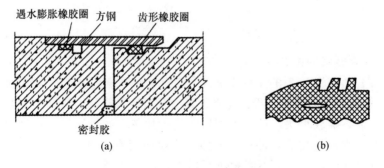

(a)　　　　　　　　　　　　　　(b)

图 6-32　F-A 管道接口形式示意图

（a）接口；（b）齿形橡胶圈断面

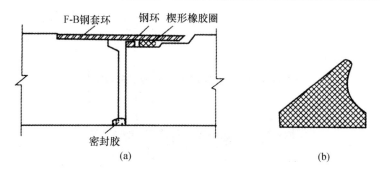

图 6-33 F－B 管道接口形式示意图

（a）接口；（b）楔形橡胶圈断面

6. 沥青砂浆接口

沥青砂浆接口属于一种半柔性半刚性接口，主要适用于地下水位以下、地基较差、可能产生不均匀沉降的管道。沥青砂浆接口有两种形式：一种是使用灌口模具的沥青砂浆接口，另一种是预制钢筋混凝土套环沥青砂浆接口。灌口模具的沥青砂浆接口如图 6-34 所示，预制钢筋混凝土套环沥青砂浆接口如图 6-35 所示。

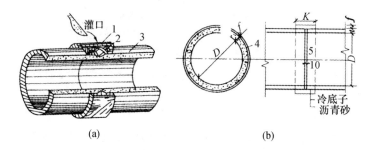

图 6-34 灌口模具的沥青砂浆接口

1—模具；2—麻；3—管子；4—沥青砂浆管带；5—配合比 1∶3 水泥砂浆

D—管子直径；f—沥青砂浆厚度；K—沥青砂浆宽度

（1）沥青砂浆的配制。

1）沥青砂浆的配合比。混合沥青∶石棉∶细砂（质量比）＝1∶0.67∶0.67，混合沥青为 50％的 4 号建筑石油沥青与 5 号建筑石油沥青混合而成的。

2）沥青砂浆的熬制过程。先将干燥的石棉和细砂预热到 105～110℃；再将大块的沥青砸成小块，投入沥青锅内进行加热，如果采用混合沥青，应先将软沥青在锅内熔化后，再均匀地加入小块硬沥青；将沥青加热至 220℃脱水，在加热的过程中，应不断地进行搅拌，以防止沥青产生局部焦化，同时用铁笊篱捞出杂物，待脱水完毕后，加入预热的石棉和细砂，不断搅拌使之

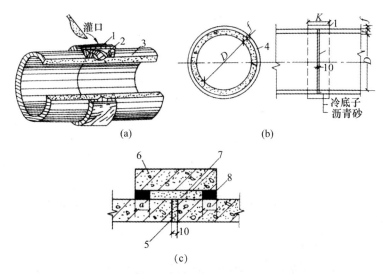

图 6-35　预制钢筋混凝土套环沥青砂浆接口
1—模具；2—麻；3—管子；4—沥青砂浆管带；5—配合比 1：3 水泥砂浆；
6—预制钢筋混凝土套环；7—沥青砂；8—绑扎绳；
D—管子直径；f—沥青砂浆厚度；K—沥青砂浆宽度

均匀。沥青砂浆的浇筑温度应在 220℃以上。

（2）冷底子油的配制。先将沥青砸碎，粒径如拳头大小，再对沥青进行加热，加热至 220℃予以脱水，脱水完成后，待沥青冷却至 70℃，按照配合比（体积比）为：沥青：汽油＝1：（2.25～2.50），把沥青倒入按照配合比配备好的汽油容器中，一边向里倒，一边进行搅拌，直至得到稀稠合理、质量均匀的冷底子油。

（3）捻缝水泥砂浆配制。捻缝用的水泥砂浆，可按照以下配合比（质量比）水泥：砂：水＝1：3：0.5 进行现场配制。水泥宜采用 32.5 号的普通硅酸盐水泥，砂子宜采用经过筛选的洁净中细砂，水宜采用饮用水。

（4）灌口模具的沥青砂浆接口操作程序。灌口模具的沥青砂浆接口操作程序为：管口凿毛清洗→填塞管缝→涂刷冷底子油→安装管口模具→灌沥青砂→拆除模具→捻内缝。

（5）预制钢筋混凝土套环沥青砂浆接口操作程序。预制钢筋混凝土套环沥青砂浆接口操作程序为：管口凿毛刷净→管外壁及套环内壁涂刷冷底子油→用配合比（质量比）1：3 的水泥砂浆捻缝→安装套环及绑扎绳堵塞→灌沥青砂浆。

（6）操作工艺及要求。

1）在公称直径 DN≥700mm 的管道接口时，对于其管口处应当进行凿毛处理，并将凿下的混凝土冲洗干净；在公称直径 $DN<700$mm 的管道接口时，对于其管口处用钢丝刷子刷去表面浆皮，并用棉布清理干净。

2）待管口处按要求处理干净后，用油麻将管缝塞紧，冷底子油从上向下涂刷，并待冷底子油晾干后再进行下一个工序。

3）为防止沥青砂与模板黏结，在灌口模板安装前应涂刷脱模剂，安装时应开口向上，用卡子和螺栓上紧，仔细检查安装是否位置正确、固定牢靠。

4）沥青砂在浇灌时温度应保持在 220℃ 以上，浇灌过程中应注意排出模板内的气体，并应一次完成。浇灌完成 20～30min 后，沥青砂达到初凝方可拆除模板。

5）在进行预制钢筋混凝土套环沥青砂接口施工时，应先做接口，后做接口处混凝土。

7. 沥青麻布接口

沥青麻布接口也属于是一种柔性接口，主要适用于无地下水、地基土质良好的无压管道。沥青麻布接口如图 6-36 所示。

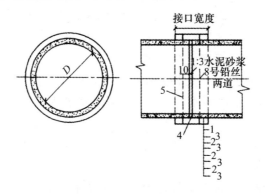

图 6-36　沥青麻布接口
1—冷底子油；2—沥青麻布；3—沥青；
4—配合比为 1∶3 的水泥砂浆；5—8 号铅丝

（1）沥青的熬制方法。为快速、均匀地熬制沥青，沥青材料在熬制之前，应将块状沥青砸成比较均匀的小块，然后再进行熬制。熬制温度宜控制在 220～230℃，当温度超过 250℃ 时，熬制的时间不得大于 5h。沥青施工时涂刷的温度为 200～220℃，不得低于 160℃。

（2）操作工艺及要求。

1）清理管子接口。为使管壁与沥青良好黏结，用钢丝刷子将管口外皮进行刷毛处理，并将刷下来的残渣清理干净。

2）涂刷冷底子油。在管口刷毛处理完毕后，在管口黏结沥青麻布处涂刷一层冷底子油,待冷底子油晾干后再进行下一步工序。

3) 黏结沥青麻布。冷底子油晾干后立即涂一遍热沥青,其厚度约1.5mm,趁沥青较热时将裁剪好的麻布(或玻璃布)粘贴在管口处。麻布的搭接长度为150mm;然后再涂热沥青,再粘贴麻布。如此施工,一般做4油3布。

4) 沥青麻布固定。为使沥青麻布牢固地固定在设计位置,在沥青麻布的外围绑扎两道8号铅丝,并在铅丝上涂沥青,以防止铅丝锈蚀。

5) 勾捻管道内缝。在管道基础浇筑完毕后,用配合比为1:3的水泥砂浆进行勾捻内缝。缝内砂浆要与管壁平齐,以确保管内水流顺畅。

8. 承插管沥青油膏接口

承插管沥青油膏接口是一种比较典型的柔性接口,主要适用于污水管道接口。承插管沥青油膏接口如图6-37所示。

(1) 沥青油膏的制作。沥青油膏市场上有成品出售,也可以根据工程实际需要自行制作。自制沥青油膏的参考配合比为:6号沥青:重松节油:废机油:石棉灰:滑石粉=100:11.1:44.5:77.5:119。沥青油膏的制作方法如下:

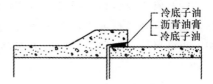

图6-37　承插管沥青油膏接口

1) 将块状沥青砸成均匀的小块后,投入沥青锅内进行加热,使沥青熔化、脱化,并除去杂物;在加热的过程中,温度不宜超过220℃,并应缓慢均匀搅拌,以防止产生局部焦化。

2) 将加热搅拌均匀的沥青保持在170~190℃,依次加入按照配合比称量的废机油、重松节油,经过充分搅拌后,再加入称好的石棉粉和滑石粉。边加料、边搅拌,必须使其混合均匀,不允许有石棉灰成团的现象存在,搅拌时间一般不得少于15min。

(2) 操作工艺及要求。

1) 清理管口。在正式进行接口操作之前,将管口内外清理干净,并使其保持干燥状态。

2) 涂刷冷底子油。经认真检查管口处理符合要求后,在承接口内、插口外侧涂刷冷底子油一遍,厚度一般为1.5mm左右,不得出现漏刷。

3) 制备油膏条。将沥青油膏捏成条状,接口下部所用的油膏条直径约为接口间隙的2倍,接口上部所用的油膏条直径应等于接口间隙。

4) 安置第一节管。将涂刷好冷底子油的管子按照设计要求稳定管子,在稳定第一节管子时,其承接口应朝向来水的方向。

5）填放接口下部油膏条。用喷灯将管子承接口内的冷底子油烤热，使冷底子油发黏，同时将油膏条也烤热发黏，在接口下部 135°范围内用油膏条垫好按平，其厚度应高出接口间隙 5mm 左右。

6）插入第二节管子。在以上工作完成后，将第二节管子插入垫好油膏条的承接口内，并与第一节管子的轴线对好，然后将管子稳定。

7）填塞接口上部油膏条。将细油膏条填入接口的上部，用錾子填捣密实，在油膏的搭接处要加强填捣。最后用錾子填捣，使接口表面平整。

（六）管道与检查井的连接

在管道铺设施工中，管道与检查井的连接应按照以下操作要求进行：

（1）室外排水管道与检查井的连接，应按照施工图进行施工。当采用承插管件与检查井井壁连接时，承插管件应由生产厂家配套提供。

（2）管件或管材与混凝土（或砖砌）浇筑的检查井连接，可采用中介层的做法，即在管材或管件与井壁相连接部位的外表面，预先用聚氯乙烯胶粘剂、粗砂做成中介层，然后用水泥砂浆砌入检查井的井壁内，如图 6-38（a）所示。

（3）当管道与检查井的连接采用柔性连接时，可用预制混凝土套环和橡胶密封圈接头，如图 6-38（b）所示。混凝土的套环应在管道安装前预制好，套环的内径按相应管径的承插口管材的承插口内径尺寸确定。套环的混凝土强度等级应不低于 C20，其最小壁厚不应小于 60mm，长度不应小于 240mm。套环的内壁必须平滑，无孔洞和鼓包现象。

在进行套环的安装时，可将橡胶密封圈先套在管材插口指定的部位，与管端一起端入套环内。橡胶密封圈的直径必须根据承插口间隙大小及管材外径确定。

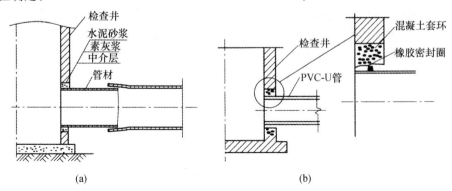

图 6-38　管道与检查井的连接方式

（4）预制混凝土检查井与管道连接的预留孔直径应大于管材或管件外径0.2m，在安装前预留孔环周的表面应凿毛处理，连接构造宜按上述第（2）条规定采用中介层方式。

（5）检查井的底板基底砂石垫层，应与管道基础垫层平缓顺接。管道位于软土地基或低洼、沼泽、地下水位高的地段时，检查井与管道的连接，宜先用长0.5～0.8m的短管（管道口应高出井壁50～100mm），按照上述第（2）条或第（3）条的要求与检查井连接，后面再接一根或多根（根据地质条件确定）长度不大于2m的短管，然后再与上、下游标准管长的管段连接，如图6-39所示。

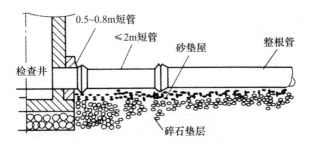

图 6-39　软土地基上管道与检查井的连接

（七）灌水试验和通水试验

灌水试验和通水试验是排水管道施工不可缺少的环节，是检验管道施工质量好坏的重要方法，对于排水管道的安全使用，有着非常重要的作用。

1. 排水管道的灌水试验

（1）管道密封性检验应当在管底部与基础腋角部用砂回填密实后进行。必要时，除管道接口处不进行回填，其他可在被检验管段的管顶回填到管顶以上一倍管径高度。

（2）灌水试验应按排水检查井的设置分段进行。将被试验的管段起点及终点检查井的管道两端用钢制堵塞板封堵严密。

（3）在起点检查井的管沟边设置一试验水箱，试验水箱的底应高出起点检查井管顶1m；如管道设在干燥型的土层内，试验水位高度宜高出起点检查井管顶4m；如地下水位高出管顶时，则应高出地下水位至少1m。

（4）将进水管接至起点检查井堵塞板的下侧，管道应十分严密；终点检查井内管道的堵塞板下侧应设置泄水管，上侧设置放气阀，并挖好排水沟。

（5）从水箱向管内进行充水，管道充满水30min后，对试验管道逐段进行检查，以管道接口处无渗漏为合格。

（6）为检验管道管体及接口的严密性、抗渗性，如设计、业主和监理有此项要求，或者作为承包方愿意提供更可靠的质量保证，可根据管道材质的不同将管道浸泡1～2天后再进行试验。

（7）定期进行接口处的外观检查，观察管口接头是否有渗漏现象。如果发现有漏水，应查明位置，及时进行返修；在检查中应及时进行补水，使水位保持规定值不变化。

（8）管道充分浸泡达到规定的时间后，立即检查水位是否符合要求，在规定的水位下连续观察30min。1000m长的管道在24h内水渗入和渗出量应不大于表6-15中的规定。

表6-15 1000m长的管道在24h内允许的水渗入和渗出量

公称管径 DN/mm	<150	200	250	300	350	400	450	500	600
钢筋混凝土管、混凝土管、石棉水泥管/m³	7	20	24	28	30	32	34	36	40
陶土管（缸瓦管）/m³	7	12	12	18	20	21	22	23	23

（9）在核对和确定管道渗水量时，可根据表6-15计算出在30min的允许渗水量，然后求出试验段下降水位的数值，即实际渗水量，两者进行对比确定渗水量。

（10）如果排水管道是排除有腐蚀性的水时，管道接口必须封闭严密，管子材质不得有渗出，整个管道不允许有任何渗漏。

（11）试验管段试验完成后，应及时将管内的水排出。

2. 排水管道的通水试验

排水管道的通水试验，是检验管道排水是否畅通，流水是正常。对此，应注意以下事项：

（1）管道在进行埋设前，必须进行通水试验。千万要避免埋设管道后再进行通水试验。

（2）为适应流水作业的需要，加快管道及其他工程的施工速度，一般应逐段进行通水试验，并且宜在灌水试验合格后进行。

（3）通水试验的水源可以用排入市政管网的水，流量应为此管道的设计流量。当下游出口流速均匀时开始进行观察，主要以进出水流量是否大致相同，确定管道排水是否畅通。经一定时间的观察，管道排水畅通、流速均匀、无堵塞，即为通水合格。

（4）为检验管道在回填土的过程中是否受动扰动，确保管道位置无发生变化，应当在回填土完成后再次进行观察，并再次进行通水试验，检查管道是否有堵塞现象。

（5）排水管道的通水试验，可按支管、干管、系统分别进行，有条件的宜在整个排水系统同时进行。

第七章　卫生洁具安装工艺

卫生洁具是建筑物室内给水排水系统中的重要组成部分，它是收集和排放建筑中废水的设备。室内建筑卫生洁具是指室内污水盆、洗脸（手）盆、盥洗槽、浴盆、淋浴器、大便器、小便器、大便冲洗槽、妇女卫生盆、化验盆、加热器、煮沸消毒器和饮水器等器具。

第一节　卫生洁具的概述

室内建筑卫生洁具按质量可分为高、中、低三个档次，应按不同对象和建筑级别进行选用。不论其档次高低，对卫生洁具的基本要求必须是内壁表面光滑、便于刷洗、经久耐用；具有良好的耐腐蚀、耐冷热、抗渗性好、不漏水、具有一定的强度等特点。

各种卫生洁具的功能、结构、材质各不相同，在选择器具时除了以卫生、噪声小、使用简便等，还应注重产品的款式、色彩，配件的配套水平，便于安装，易于维修等问题，更要特别注意符合节水标准。

一、建筑卫生洁具的分类方法

建筑室内常用的卫生洁具，按其用途不同可分为便溺用卫生洁具、洗涤用卫生洁具和淋浴用卫生洁具三类。另外，还有专用卫生洁具，如医疗、实验室等特殊需要的卫生洁具。

（一）便溺用卫生洁具

便溺用卫生洁具，是建筑室内不可缺少的卫生洁具。设置在厕所或卫生间，用来收集和排除粪便的污水。便溺用卫生洁具包括便器和冲洗设备。在建筑室内常见的有坐式大便器、蹲式大便器、大便槽、小便器和小便槽等。

（1）大便器卫生洁具。大便器的作用是把粪便和污物快速排入下水道，同时应具有防臭功能。大便器卫生洁具主要有坐式大便器和蹲式大便器两种形式。

1）坐式大便器。坐式大便器按冲洗的水力原理不同，可分为虹吸式和冲洗式两大类，其中，虹吸式坐便器又为喷射虹吸式和旋涡虹吸式。

冲洗式坐便器利用冲洗设备具有的水头进行冲洗。冲洗开始时，水由环绕在坐便器上口一圈开有很多小孔的冲洗槽沿着坐便器内表面冲出，坐便器内的水面迅速涌高，将粪便冲出存水弯边缘后排出。这种坐便器的特点是价格便宜、用水量较少，但产生噪声大、受污面积大、冲洗效果较差，每次不一定能把污物全部冲洗干净，一般用于装修档次要求不高的公共厕所。

虹吸式坐便器利用存水弯处建立的虹吸作用将污物吸走。坐便器内的存水弯是一个较高的虹吸管，虹吸管的断面略小于盆内出水口断面，当坐便器水位迅速升高到虹吸顶部并充满虹吸管时，则产生虹吸作用而将污物吸走。虹吸式坐便器的特点是清洁卫生、冲洗干净，但用水量比较大。这种坐便器一般用于普通民用住宅和建筑标准不高的旅馆公共卫间。

近几年，在普通虹吸式坐便器的基础上，又研制了两种新型的坐便器：一种为喷射虹吸式坐便器，另一种为旋涡虹吸式坐便器。这两种坐便器的特点是冲洗作用快、排污力强、噪声很小、节约用水，是值得推广的坐便器。

2）蹲式大便器。蹲式大便器按照冲洗方式不同，可分为高位水箱式、低位水箱式、延时冲洗阀、冲洗阀及空气隔断器式。蹲式大便器主要为陶瓷制品，适用于集体宿舍、公共建筑卫生间和公共厕所等。这种大便器多数采用高位水箱或冲洗阀冲洗，冲洗比较干净，但因存水比较浅，污物易高出水位而散发臭气，且冲洗噪声大。蹲式大便器本身没有水封，在安装时需要另设存水弯，一般都安装在地面以上平台中。

3）大便槽。大便槽是一个狭长开口的槽，一般用水磨石或砖砌外贴瓷砖建造。大便槽的设施非常简单，造价比较低廉，施工也很容易，常用于建筑标准不高的公共建筑或公共厕所内。其冲洗设备一般采用自动冲洗水箱定时冲洗，或采用红外线数控冲洗装置。

（2）小便器卫生洁具。建筑室内常用的是陶瓷小便器，可分为斗式小便器、挂式小便器、立式小便器、落地式小便器和小便槽等多种形式。其中，斗式小便器用于建筑标准较高的建筑，小便槽用于工业企业、公共建筑和集体宿舍等建筑。目前，最常用的是落地式小便器。

小便器可采用手动启闭截止阀冲洗，每次冲洗的耗水量约为 3～4L。随着科学技术的发展和节水的需要，小便器的冲洗方式也由普通角阀、按钮，发展到采用延时自闭式冲洗阀冲洗、红外线自动冲洗阀和光控冲洗阀等先进的冲洗方式。

（3）冲洗设备。冲洗设备是便溺用卫生洁具中重要的配套设备，一般有冲洗水箱和冲洗阀两种。冲洗水箱分为高水位水箱和低水位水箱，多采用虹吸式。高水位水箱用于蹲式大便器和大小便槽的冲洗。公共厕所宜采用自动式冲洗水箱，住宅和旅馆多用手动式冲洗水箱。低水位水箱用于坐式大便器，一般为手动式冲洗水箱。

（二）洗涤用卫生洁具

洗涤用的卫生洁具种类很多，常见的主要有洗涤盆、污水盆和化验盆等。这类卫生洁具具有不同的构造，分别用于不同的场合。

（1）洗涤盆。洗涤盆卫生洁具广泛应用于家庭厨房、医院、旅馆或公寓的配餐间，供洗涤碗碟、蔬菜之用。这类卫生洁具的分类方法很多，按照用途不同可分为家庭和公共食堂用；按照安装方式不同可分为托架式、立柱式和台式；按照形状不同可分为单格、双格、有隔板、无隔板或有靠背、无靠背等。这种卫生洁具不仅可以单个安装，而且可以成排安装。

（2）污水盆。污水盆（池）是一种洗刷专用的卫生洁具，一般多设置在厕所、盥洗间内，供打扫厕所、洗涤拖布或倾倒污水之用。污水盆（池）的深度一般为400～500mm，多用水磨石或水泥砂浆抹面的钢筋混凝土制品。

（3）化验盆。化验盆是一种试验室内专用的卫生洁具，主要设置在工厂、学校和科研单位的化学试验室，根据使用要求可设置单联、双联和三联龙头。

（三）淋浴用卫生洁具

盥洗、淋浴用的卫生洁具是现代建筑室内不可缺少的组成部分，主要包括洗脸盆、盥洗槽、浴盆（缸）和淋浴器等。

（1）洗脸盆。洗脸盆按照其安装方式不同，可分为托架式、立柱式和台式三大类。托架式洗脸盆一般用于宾馆、旅馆的普通客房和公共卫生间；立柱式洗脸盆一般用于别墅和高级客房的大型卫生间；台式洗脸盆一般用于高级宾馆的卫生间。台式洗脸盆型式多样，除一般的椭圆形、圆形、长圆形外，还有方形、三角形和六角形等。

（2）盥洗槽。盥洗槽是用水磨石、瓷砖等材料在现场建造的卫生设备。其特点是造价比较便宜，可以供多人同时使用，适用于集体宿舍、车站、工厂、学校等生活区。

盥洗槽有长条形和圆形两种，槽内靠边处设有泄水沟，污水由排水口排出。水嘴配件一般用普通水龙头。

（3）浴盆（缸）。浴盆一般设在住宅、宾馆、医院等卫生间及公共浴室内。浴盆配有冷热水嘴或混合水龙头，有的浴盆还配置有固定或软管活动式淋浴莲蓬头。

目前，我国研制的一种新型水力按摩浴盆（缸）已广泛用于宾馆和娱乐性场所。它是在浴盆的底部及四周布置若干个喷嘴，挟带空气的压力水流从喷嘴高速喷出作用于人体上，可促进人体血液循环，加速新陈代谢，并有治疗肌肉和关节疼痛的作用。喷嘴处的水流方向和冲力可以进行调节，池中可以产生多种不同方向的旋流效果，使人感到非常舒服。

（4）淋浴器。淋浴器是人们日常生活中重要的卫生器具，具有占地面积小、设备费用低、耗水量较小、清洁卫生等优点，广泛应用于集体宿舍、体育场馆和公共浴室等场所。

常见的淋浴器分为普通式、脚踏式和光电式三种。淋浴器一般为现场进行组装。目前，生产的成品淋浴器具有美观大方、安装方便、适用性强等特点，被广泛应用于建筑工程中。

（四）卫生器具附件

（1）室内地漏。室内地漏主要是排除地面积水。一般常用铸铁、塑料和不锈钢材料制成，在其排水口处盖有防止杂物落入排水管内的箅子。地漏应当设置在易于溢出水的器具附近或不透水地面的最低处，箅子的顶面应比地面低 5～10mm，水封深度不得小于 50mm。室内地面应有不小于 1% 的坡度倾向地漏。

目前，我国的室内地漏仍多采用钟罩式。钟罩式地漏排水时，水流须通过极狭小的环形缝隙流经下上两个 180° 的急转弯，将污水排出，水力条件极差，容易沉积污物，形成堵塞，清涂污物甚为困难，必须拿下钟罩，方能将积物取出。

钟罩式地漏这种旧产品，美国 NPC 早在 1957 年已明文禁用，我国也曾提出废弃，但由于当时地漏品种较少，仍然延续使用这种地漏。随着人们生活卫生水平的不断提高，新型地漏产品不断增多，弃旧更新、淘汰不合格老旧产品是设计人员义不容辞的责任。

（2）存水弯。存水弯是设置在卫生器具排水支管上及生产污（废）水受水器泄水口下方的排水附件，其构造有 S 形和 P 形两种。

在存水弯的弯曲段存有 50～100mm 高度的水柱，这个水柱称为水封。水封的作用是阻隔排水管道内的气体通过卫生器具进入室内而污染环境。水封的最小深度为 50mm，我国规定一般采用 50～100mm 作为水封深度。如果卫生器具的构造中已包含存水弯时，可不再另外设置存水弯。

二、卫生洁具材质性能介绍

（一）各种卫生洁具简介

在建筑工程中常用的卫生器具，根据材质不同主要有陶瓷卫生器具、搪瓷卫生器具、玻璃钢卫生器具、人造大理石卫生器具和塑料卫生器具等。

（1）陶瓷卫生器具。陶瓷卫生器具是采用黏土及其他天然矿物原料，经过制坯加工和高温烧制而成的。这种卫生洁具具有经久耐用、耐蚀性好、不会老化、表面有釉、光亮细腻、便于冲洗等特点。但是，陶瓷卫生器具质脆，在运输、装卸和保管中如果不小心，很容易出现损坏。

（2）搪瓷卫生器具。搪瓷卫生器具主要有浴缸、洗涤槽和洗脸等，其骨架多数为铸铁和钢板，内表面均用优质搪瓷进行涂瓷。搪瓷卫生洁具具有瓷质坚硬、表面光滑、机械强度高、耐冲击力强、不易污染、容易清洗、质量较轻、安装方便等特点，适用于宾馆、饭店等场所。

（3）玻璃钢卫生器具。玻璃钢卫生洁具主要有浴缸、大便器、小便器和洗脸盆等。玻璃钢成品具有强度高、质量轻、耐腐蚀、经久耐用、安装方便、维修简单等特点。适用于旅馆、住宅、车船的卫生间。但是，要特别注意在清洗时，不得用浓度较高的强酸、强碱或较粗颗粒物进行擦洗除污。

（4）人造大理石卫生器具。人造大理石卫生洁具是以不饱和聚酯树脂作为胶粘剂，以石粉、石渣作为填充材料加工研制而成白的形状复杂制品，如浴缸、洗脸盆和坐便器等。人造大理石卫生洁具具有造型美观、表面光洁、色泽鲜艳、变形很小、耐污染性好等优点，适用于宾馆、饭店、住宅和车站的卫生间。

（5）塑料卫生器具。塑料卫生洁具是近几年研制开发的一种新型卫生洁具，这种卫生洁具具有表面光滑、韧性较好、不易变形、耐化学性好、色彩柔和、外形美观、坚固耐用等特点。塑料卫生洁具的主要产品有浴盆、坐便器、高水箱和低水箱等。

（二）卫生器具给水配件

卫生器具给水配件主要包括洗脸盆配件、坐便器配件、蹲便器配件、小便器配件、洗涤槽配件、淋浴器配件等。配件的材质多为铜镀铬、镀镍等，高档豪华的卫生器具配件采用铜镀金工艺。对卫生器具的基本要求是：表面色泽光亮、耐腐蚀性较强、耐氧化性较高、使用方便灵活。卫生器具给水配件的种类，主要有水龙头、水嘴开关、冲洗设备等。

（1）水龙头。水龙头又称为水嘴，是卫生器具中不可缺少的给水配件，它与卫生器具组成给水设备。常用的水龙头多为不锈钢或镀铬、镀钛制品，最常选用的是铜制品。按使用功能不同，水龙头可分为单把水龙头和混合水龙头。近年来，我国大力推广的90°陶瓷阀芯水龙头、夹气水龙头等，对节约用水具有重要的意义。

（2）水嘴开关。水嘴开关即为控制水龙头的开关，开关的形式很多，可分为手动式开关、肘式开关、脚踏开关及在公共场合使用的红外线检测开关。

肘式开关常用于医疗或实验室的洗脸盆上，可以避免手对开关的触摸；脚踏式开关可用于公共浴室或不合适手动开关的洗涤盆、洗脸盆上。

（3）冲洗设备。冲洗设备是便溺用卫生洁具的重要配套设备，这种设备可分为冲洗水箱及冲洗阀。

1）冲洗水箱。按安装位置不同，可分为高水箱和低水箱；按启动方式不同，可分为手动水箱和自动水箱；按冲洗原理不同，可分为水力冲洗式水箱和虹吸式水箱。

目前，我国大力推广应用超薄节水型水箱，这种水箱设置两个按钮，使用时可根据实际进行选用，其冲洗量分为 3L/s 和 6L/s 两种。

在许多公共场所的便器冲洗，采用光控、声控及电脑程序操作，对于节水均起到了重要作用。在国外的许多便器冲洗水箱，与卫生间的墙体有机结合，装饰美观，操作便捷。

2）冲洗阀。冲洗阀是直接安装在大便器冲洗管上的一种冲洗设备，它可以取代高水箱和低水箱。目前，应用比较广泛的是延时自闭式大便器冲洗阀。这种冲洗设备可以延时自动关闭，设有真空断路器，可有效地防止污水回流而污染水质。冲洗阀适用于公共建筑内大便器的冲洗，主要规格有 $DN25$、$DN20$ 两种。

第二节 卫生洁具的安装

卫生洁具的使用功能是否符合设计要求，其使用年限是否符合产品的规定，关健在于安装质量的好坏。因此，在卫生洁具的安装过程中，一定按照现行的规范、规程和标准严格操作，确保卫生洁具的安装达到优良水平。

一、卫生洁具的安装要求

为了确保所采用的卫生洁具质量，卫生洁具在安装前应按照国家器材有关标准进行质量检验。

卫生洁具的质量检验主要包括：器具的外形尺寸是否正确、几何形状是否端正、洁具外表是否圆润、瓷质质地是否优良、色彩是否达到一致、有无损伤与裂纹等。卫生洁具的检验方法主要有眼看、耳听、手摸、尺测、通球等。

（1）眼看。通过人的眼睛，观测卫生洁具的尺寸、形状、色泽等方面是否符合要求，检查卫生洁具有无损伤、缺件和裂纹等。

（2）耳听。用质地比较坚硬的木棍敲击卫生洁具，如果卫生洁具发出清脆、坚硬、密实、悦耳的声音时，则表明卫生洁具烧制质量较好，并且未有受损现象；如果卫生洁具发出破裂、空虚、发闷的声音时，说明卫生洁具烧制质量较差，或者有受损现象。

（3）手摸。将手放在卫生洁具的表面上轻轻滑动，即可触摸感觉到卫生洁具表面是否平整、光洁，这是评价其表面质量最简易的方法之一。

（4）尺测。用角尺、钢尺和直尺等测量工具，实测卫生洁具的几何尺寸，检验其实际尺寸是否满足产品规定的尺寸。

（5）通球。对卫生洁具的孔洞应进行通球检验，检查孔洞尺寸是否符合要求和是否通畅，检验用球应采用质地较硬的木球或塑料球，球的直径应为孔洞直径的 0.8 倍。

二、卫生洁具的安装技术要求

满足卫生洁具的安装技术要点，是确保安装质量的关键。其具体的安装技术要求为：安装位置的正确性、洁具安装的美观性、洁具安装的严密性、洁具安装的可拆卸性、洁具安装的稳固性、铁与陶的柔性结合、安装后的防护与防堵、配件安装的规律性等。

（1）安装位置的正确性。卫生洁具的安装位置，一般是由设计人员根据建筑物的设计图、卫生洁具的使用功能等，具体进行确定的。在一些卫生洁具只有大体位置而无具体尺寸要求的设计中，常常在施工现场进行定位。不管卫生洁具怎样确定其位置，只有其位置安装正确，才能满足使用功能要求。

卫生洁具的安装位置，包括平面位置和立面位置。工程实践证明，合理的位置应满足使用舒适、方便、易于安装、便于检修等要求，并尽量做到与建筑布置的协调、美观。

（2）洁具安装的美观性。在现代建筑工程中，要求卫生洁具不仅具有设计的使用功能，而且还应当具有装饰功能。特别是在陶瓷技术快速发展的今天，陶瓷卫生洁具色彩斑斓、造型美观，富有很强的装饰性，更应当充分发挥其装饰特性，使建筑空间更加美观。因此，在满足位置正确、安装牢固的前提下，卫生洁具安装应尽量做到与建筑协调、端正、美观。

（3）洁具安装的严密性。卫生洁具在使用过程中始终与水分不开，为确保其使用功能和不产生外溢污染，安装必须达到要求的严密性。卫生洁具安装的严密性体现在器具和给水、排水管道的连接，以及与建筑结构连接两个方面。在安装的过程中，要确保器具与管道、器具与建筑结构的严密性、密封性，不得出现渗水、漏水现象。

（4）洁具安装的可拆卸性。由于卫生洁具多数是陶瓷材料，并且排除污水和污物，所以在使用的过程中难免会被损坏或堵塞，由此可见，卫生洁具安装时应考虑器具在使用中拆卸的可行性。卫生洁具与给水管道的连接处，必须装有可拆卸的活接头；坐式大便器、蹲式大便器、立式小便器与排水支管的连接处，均应采用便于拆除的油灰填塞；洗脸盆、洗手盆、洗涤盆等卫生洁具的存水弯与排水栓连接处，均应采用螺母连接。

（5）洁具安装的稳固性。目前，使用的卫生洁具大多数是陶瓷材料，如果安装不稳固，就很容易产生损坏。无论什么材质的卫生洁具，安装牢稳、可靠是最基本的要求，要使卫生洁具所用的各类支承都要生根在牢固的结构上，以确保卫生洁具安装的稳固和牢靠。

（6）铁与瓷的柔性结合。卫生洁具的安装一般是用规定的铁件，将洁具固定在设计位置，这就不可避免地遇到铁与瓷的结合，安装时需要采用软加力的方式。在实际安装中，硬质金属与陶瓷的结合处，均应加设橡胶垫等质地较软且耐腐蚀的柔性材料进行隔垫。

在与卫生洁具的连接件采用螺纹连接时，不得用管钳旋紧铜质、镀铬的金属配件，而应采用活络扳手或专用工具旋紧。在不得已采用管钳时，应在管钳和配件之间垫以旧布、棉花等材料，以保护铜质、镀铬配件不受损坏。

（7）安装后防护与防堵。卫生洁具的安装一般是安排在建筑安装工程的收尾阶段，卫生洁具安装好以后，应进行有效防护，如切断水源、拉出禁行线，用棉布将卫生洁具敞口处的孔洞予以堵塞，用草袋、纸袋等材料对器具加以覆盖。要特别注意，个别建筑安装工程需要返工时，必须将安装好的卫生洁具保护好。

（8）配件的安装规律性。需要装冷、热水龙头的卫生洁具，应按照有关规定和设计要求进行安装，千万不可安装相反。在一般情况下，应将冷水龙头安装在右手侧，热水龙头安装在左手侧。冷水与热水管道上下平行敷设时，热水管应在冷水管的上方；冷水与热水管道垂直平行敷设时，热水管应在冷水管的左侧。

三、卫生洁具的安装工艺

（一）卫生洁具安装的准备工作

卫生洁具安装的准备工作很多，其中主要包括安装材料准备、安装机具准备和作业条件准备等。

1. 安装材料准备

（1）卫生洁具的品种、规格、型号必须符合设计要求，并有出厂产品合格证。卫生洁具的外观规矩、造型端正，表面光滑、美观、无裂纹，边缘平滑，色调一致。

（2）卫生洁具的零件规格应标准，质量应可靠，外表光滑，电镀均匀，螺纹清晰，锁母松紧适度，无砂眼、裂纹等质量缺陷。

（3）卫生洁具的水箱容积满足要求，并应采用节水型水箱。

2. 安装机具准备

（1）机具。卫生洁具安装所用的机具主要包括套丝机、砂轮机、砂轮锯、手电钻、冲击钻等。

（2）工具。卫生洁具安装所用的工具主要包括管钳、手锯、剪刀、活口扳手、固定扳手、手锤、手铲、錾子、克丝钳、方锉、圆锉、螺丝刀、烙铁等。

（3）其他。卫生洁具安装所用的其他用具包括水平尺、钢尺、划规、线坠、盒尺等。

3. 作业条件准备

（1）所有与卫生洁具连接的管道，其压力试验和闭水试验已经完成，并已办好隐蔽工程预检手续。

（2）浴盆的安装应等待土建做完防水层及保护层后，再配合土建工程施工进行。

（3）其他的卫生洁具安装，应在室内装修工程基本完成后，经检查质量合格后再进行。

（4）卫生洁具安装施工图已经设计、监理和施工单位会审，安装施工方案已确定。

（二）卫生洁具安装的工艺流程

安装工艺流程是：安装准备工作→卫生洁具及配件检验→卫生洁具安装→卫生洁具配件预装→固定卫生洁具→卫生洁具与墙、地面缝隙处理→卫生洁具外观检查→通水试验。

（三）卫生洁具安装的操作程序

（1）按照施工图纸的要求和卫生洁具的安装尺寸，在安装处进行画线定位。

（2）制作梯形防腐木砖，用水泥砂浆将其嵌入墙内。梯形的大头放在里面，以防止产生松脱，并使木砖外露表面略低于墙面抹灰层。预埋木砖以备安装固定卫生洁具的螺钉用。对于大便器高低水箱安装，也可采用预埋螺栓的方法进行固定。

（3）安装好与卫生洁具连接的铜活或铁活。

（4）将卫生洁具安放在画线定位处，用木螺钉固定在已埋好的墙内木砖上或稳放在地面上，并进行固定。

（5）连接卫生洁具和给水及排水接口。

四、卫生洁具安装的一般规定

（1）木砖和支托架防腐一定要处理好，埋设要平整牢固，器具要放置平稳，并加橡胶垫紧固牢靠。

（2）排水栓和地漏安装应平整、牢固，低于排水地面，并且无渗漏现象。

（3）卫生洁具排水出口与排水管连接应严密，无任何渗漏现象，且均匀一致，不应有凹凸缺陷。

（4）卫生洁具应配置能满足使用要求的各种配水附件和冲洗设备，除大便器外均需在其排水口设置排水栓，以阻止较粗大的污物进入管道。每个器具（坐式大便器除外）的下面必须设存水弯。

（5）卫生洁具的安装，应在土建装修工程基本完工，室内排水管道敷设完毕后进行，以免因交叉施工而碰坏卫生洁具。

（6）卫生洁具安装位置的坐标、标高应正确，安装的允许偏差应符合表7-1中的规定。如设计无要求时，卫生洁具安装高度应符合表7-2中的要求。

（7）卫生器具的安装，应采用预埋螺栓或膨胀螺栓安装固定。

（8）卫生洁具安装应稳定、牢固，防止使用一段时间后，产生摇动而漏水。因此，在安装中应特别注意支撑洁具的底座、支架、支腿的安装必须平整、牢靠，与洁具接触应紧密、平稳。

表 7-1　卫生洁具安装的允许偏差和检验方法

项次	项目		允许偏差/mm	检验方法
1	坐标	单独器具	10	拉线、吊线和尺量检查
2	标高	成排器具	5	
		单独器具	±15	
		成排器具	±10	
3	器具水平度		2	用水平尺和尺量检查
4	器具垂直度		3	吊线和尺量检查

表 7-2 卫生洁具的安装高度

项次	卫生洁具名称		卫生洁具安装高度/mm		备 注
			居住和公共建筑	幼儿园	
1	污水盆（池）	架空式	800	800	至上边缘
		落地式	500	500	
2	洗涤盆（池）		800	800	
3	洗脸盆和洗手盆（有塞、无塞）		800	500	
4	盥洗槽		800	500	
5	浴盆		480	—	
	按摩浴盆		450	—	
	淋浴盆		100	—	
6	蹲式大便器	高水箱	1800	1800	自台阶至高水箱底
		低水箱	900	900	自台阶至低水箱底
7	坐式大便器	高水箱	1800	1800	自台阶至低水箱底
		低水箱 外露排出管式	510	—	
		低水箱 虹吸喷射式	470	370	
		低水箱 冲落式	510	—	
		低水箱 旋涡连体式	250	—	
8	小便器	立式	1000	—	至受水部分上边缘
		挂式	600	450	
9	小便槽		200	150	150
10	大便槽		≥2000	—	自台阶至水箱底
11	妇女卫生盆		360		至上边缘
12	化验盆		800	—	
13	饮水器		1000		

（9）卫生洁具和给水管道系统的连接处，如洗脸盆、冲洗水箱的设备孔洞和给水配件（水嘴浮球阀、角阀、淋浴器喷头等）进行连接时，应当设置橡胶片软垫，并将其挤压紧密，不使连接处出现漏水。

（10）有排水栓的器具，排水栓与器具底面的连接应平整，且略低于底面。地漏应安装在地面的最低处，其箅子顶面应低于设置处地面 5mm，水封高度不得小于 50mm。有饰面的浴盆，应留有通向浴盆排水口的检修门。

（11）卫生洁具在安装时应考虑其可拆卸性。卫生洁具和给水支管相连处（如便器的水箱、小便器等），给水支管必须在与洁具的最近处设置活接头或长丝管箍。

（12）小便槽冲洗管应采用镀锌钢管或硬质塑料管。冲洗孔应斜向下方安装，冲洗水流同墙面成 45°，镀锌钢管钻孔后应进行两次镀锌处理。

（13）如果设计中无具体要求时，卫生洁具给水配件的安装高度应符合表 7-3 的要求。

表 7-3　卫生洁具给水配件的安装高度

项次	给水配件名称		配件中心距地面高度/mm	冷热水龙头距离/mm
1	架空式污水盆（池）水龙头		1000	—
2	落地式污水盆（池）水龙头		800	—
3	洗涤盆（池）水龙头		1000	150
4	住宅集中给水龙头		1000	—
5	洗手盆水龙头		1000	—
6	洗脸盆	水龙头（上配水）	1000	150
		水龙头（下配水）	800	150
		角阀（下配水）	450	—
7	盥洗槽	水龙头	1000	150
		冷热水管上下并行其中热水龙头	1100	150
8	浴盆	水龙头（上配水）	670	150
9	淋浴器	截止阀	1150	95
		混合阀	1150	—
		莲蓬头下沿	2100	—
10	蹲式大便器	高位水箱角阀及截止阀	2040	—
		低水箱角阀	250	—
		手动式自闭冲洗阀	600	—
		脚踏式自闭冲洗阀	150	—
		拉管式冲洗阀（从地面算起）	1600	—
	坐式大便器	带防污助冲洗阀门（从地面算起）	900	—
11		高位水箱角阀及截止阀	2040	—
		低水箱角阀	250	—
12	大便槽冲洗水箱截止阀（从台阶面算起）		≥2400	—
13	立式小便器角阀		1130	—
14	挂式小便器角阀及截止阀		1050	—
15	小便槽多孔冲洗管		1100	—
16	实验室化验水龙头		1000	—
17	妇女卫生盆混合阀		350	—
18	饮水器喷嘴嘴口		1000	—

注：装设幼儿园内的洗手盆、洗脸盆和盥洗槽水龙头中心离地面安装高度应为 700mm，其他卫生洁具给水配件的安装高度，应按卫生洁具的实际尺寸相应减少。

（14）如设计中无具体要求时，浴盆软管淋浴器挂钩的高度应距地面 1.8m。

（15）卫生洁具给水配件安装标高的允许偏差应符合表 7-4 的规定。

表 7-4　卫生洁具给水配件安装标高的允许偏差和检验方法

项　目	允许偏差/mm	检验方法
大便器高、低水箱角阀及截止阀	±10	
水嘴	±10	尺量检查
淋浴器喷头下沿	±15	
浴盆软管淋浴器挂钩	±20	

（16）安装好的卫生洁具应采取有效措施，对成品进行很好的保护，以防损坏和堵塞。

（17）如果设计中无具体要求时，连接卫生洁具的排水管管径和最小坡度应符合表 7-5 的要求。

（18）卫生洁具的给水配件的安装应完好无损，接口严密，启闭灵活。

表 7-5　连接卫生洁的排水管管径和最小坡度

项次	卫生洁具名称		排水管管径/mm	管道的最小坡度/‰
1	污水盆（池）		50	25
2	单、双格洗涤盆（池）		50	25
3	洗手盆、洗脸盆		32~50	20
4	浴盆		50	20
5	淋浴器		50	20
6	大便器	高、低水箱	100	12
		自闭式冲洗阀	100	12
		拉管式冲洗阀	100	12
7	小便器	手动冲洗阀	40~50	20
		自闭式冲洗阀	40~50	20
8	妇女卫生盆		40~50	20
9	饮水器		20~50	10~20

注：成组洗脸盆接至共用水封的排水管的坡度为 10‰。

第三节　水表与水箱安装

在城市给水系统中，水表是一种累计测定用水量的仪表，它关系到整个给水系统以及供水和用水部门的经济核算、生产管理，也关系到对水资源的有效利用。

室内给水系统中，在需要增压、稳压、减压或需要储存一定的水量时，均可设置水箱。尤其是在供水不正常的城市和地区，水箱更能显示出它的重要作用。

一、水表安装

（一）水表的基本安装要求

（1）为了保证计量最准确，在水表进水口前安装截面与管道相同的至少 8 倍水表直径以上的直管段，水表出水口安装至少 2 倍表径以上的直管段。

（2）水表的上游和下游处的连接管道直径应相同，在此处不得缩径。

（3）在水表安装处应设置流量控制设备（如阀门）和过滤设备，以便水表的检修和更换。

（4）法兰密封圈不得突出伸入管道内或错位。

（5）在进行水表安装之前，必须认真彻底清洗管道中的杂物，避免管道中的碎片和杂物堵塞或损坏水表。

（6）水表水流方向要和管道水流方向一致，要特别注意不得装反。

（7）水表安装以后，要缓慢放水充满管道，防止高速气流冲坏水表。

（8）水表的安装位置应保证管道中充满水，气泡不会集中在水表内，应避免水表安装在管道的最高点。

（9）应保护水表免受水压冲击。

（10）小口径旋翼式水表必须水平安装，前后或左右倾斜都会导致灵敏度降低。

（二）水表的安装工艺

水表安装就是水表与管道的连接，其连接方法有法兰连接和螺纹连接两种，在引入管上一般要安装水表节点，水表的节点安装有设旁通管和不设旁通管两种安装形式。

1. 不设旁通管的水表节点连接

对于用水量不大，用水可以间断的建筑，水表节点的安装一般不设置旁通管，只需在水表前、后安装阀门即可，其接口根据所选用水表已有的接口形式确定，如图 7-1 所示。

安装螺翼式水表，注意表前与阀门之间的直管段长度应不小于 8～10 倍的水表直径；在安装其他种类的水表时，表前、后的直管段长度不应小于300mm。安装时，要确保水表的方向性，以免装反而损坏表件。

2. 设旁通管的水表节点连接

对于使用要求较高的建筑物，安装水表节点时应设置旁通管，旁通管由阀门两侧的三通引出，中间加阀门进行连接，如图7-2所示。

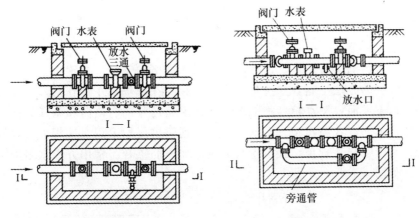

图7-1 不设旁通管的水表节点图　　图7-2 设旁通管的水表节点图

安装时，在水表下面应设置混凝土预制块，如果建筑物有两条引入管时，要求每条引入管上水表出口处均应设置止回阀。

（三）水表的维护

水表经常会受到外部环境的影响，如环境的污染、温度的异常、外部力的碰撞、地震力的作用等，常使得水表外部，甚至内部受到损坏。

水表有时处于不正常的运行状态。管道中水的流量超过水表所允许的过载流量值，水流速度过大，或管道中水质带有侵蚀性，或管道中含有杂质，甚至堵塞水表，所有这些都可能危及水表的运行状态。

水表受到内部损伤或者运行时间过长后，机件产生损伤或磨损，水表的灵敏度降低，造成计量不准。因此，《冷水水表检定规程》（JJG 162—2009）中规定，正常使用的水表应每两年检定一次；对于用水量少的水表可以适当延长检定周期，但一般不得超过三年。检修后仍不能正常使用的水表，需要及时更换。

水表受到环境污染、温度异常、外部力碰撞或过大水力作用，造成表壳破碎、表体腐蚀、机件严重损坏等情况，应进行突击性更换。

修理后的水表需经校验合格后方能使用，但检验方法与新制水表不同，修理后的水表应校验常用流量、分界流量和始动流量。

二、水箱安装

室内给水系统的水箱，按外形不同可分为圆形、方形和球形等；按材料不同有钢板、玻璃钢、热浸镀锌钢板和不锈钢板等。一般采用碳素钢板焊制而成，具有质量较轻、价格便宜、施工安装方便等优点，但容易锈蚀，维护工作量较大。

（一）水箱现场加工制作

按照水箱的设计要求，选择规定品种和规格的钢板。在钢板上画线，用剪切或气割的方法下料，并按规定进行焊接。在现场加工制作时，水箱应特别注意以下方面：按水箱容积的大小，在水箱的竖向、横向和箱顶焊接用角钢制作加强筋；水箱箱顶、箱壁、箱底的钢板拼接均采用对接焊缝，焊缝间不允许有十字交叉现象，且不得与筋条、加强筋重合。常用方形水箱加工示意图，如图7-3所示。

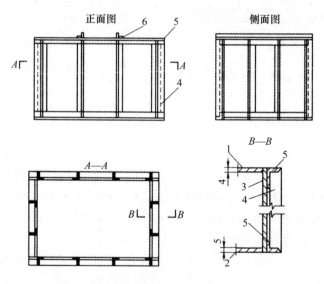

图7-3 常用方形水箱加工示意图
1—箱顶；2—箱底；3—箱壁；4—竖向加强筋；
5—横向加强筋；6—箱顶加强筋

现场制作的水箱，按设计要求制作成水箱后应进行盛水试验或煤油渗透试验，试验方法如下：

（1）盛水试验。将水箱完全充满水，经过2～3h后用锤（一般为0.5～1.5kg）沿焊缝两侧约150mm的部位轻轻敲击，不得有漏水现象；若发现漏水部位，必须铲去重新焊接，再进行盛水试验。

（2）煤油渗透试验。在水箱外表面的焊缝上，涂满白垩粉或白粉，晾干后在水箱内焊缝上涂煤油，在试验时间内涂两三次，使焊缝表面能得到充分浸润，如在白垩粉或白粉上没有发现油迹，则为合格。试验要求时间为：对垂直焊缝或煤油，由下往上渗透的水平焊缝为 35min；对煤油，由上往下渗透的水平焊缝为 25min。

（3）根据国家现行标准《建筑给水排水及采暖工程施工质量验收规范》（GB 50242—2002）中的规定，敞口箱、罐安装前，应做满水试验，以不漏为合格。密闭箱、罐，如无设计要求，应以工作压力的 1.5 倍做水压试验，但不得小于 0.4MPa。

（4）盛水试验后，内外表面除锈，刷丹红两遍。现场制作的水箱，按设计要求其内表面再刷汽包漆两遍，外表面如不做保温，则再刷油性调和漆两遍，水箱底部刷沥青漆两遍。

（二）水箱的安装工艺

水箱常安装在专设水箱间内。水箱附件有进水管、出水管、溢流管、信号管、泄水管以及排水管，如图 7-4 所示。水箱的安装顺序及方法如下：

（1）进水管的安装。水箱进水管一般从侧壁接入，也可以从底部或顶部接入。当水箱利用管网压力进水时，其进水管应设浮球阀。浮球阀直径与进水管直径相同，数量不少于 2 个。当水箱利用水泵压力进水，并采用水箱液位自动控制水泵启闭时，在进水管出口处可不设浮球阀或液压水位控制阀。

（2）泄水管的安装。泄水管又名排水管或污水管。自水箱底部最低处接出，以便排除箱底污泥及清洗水箱的污水。泄水管上安装阀门，如图 7-4 所示，可与溢流管连接，管径 32～40mm，经过溢流管将污水排至下水道，也可直接与建筑排水沟相连。

（3）出水管的安装。管口下缘应高出水箱 50～100mm，可从侧壁或底部接出，以防污水流入配水管网。出水管与进水管可分别与水箱连接，也可以合用一条管道，如合用时出水管上应设有止回阀。

（4）溢流管的安装。用以控制水箱的最高水位，溢流管口底应在允许最高水位以上 20mm，距箱顶不小于 150mm，管径应比进水管大 1 号或 2 号，可从侧壁或底部接出，但在水箱底以下可与进水管径相同。为了保护水箱中水质不被污染，溢流管不得与污水管道直接连接，必须经过断流水箱，如图 7-5 所示，并有水封装置才可接入。水箱装置在平屋顶上时，溢水可直接流在屋面上，但应设置滤网，防止污染水箱。溢流管上不允许装设阀门。

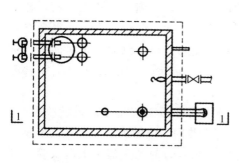

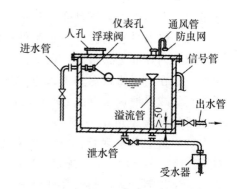

图 7-4　水箱配管示意图　　　　　图 7-5　溢流管的隔断箱示意

（5）水位信号管安装。水位信号管安装在水箱壁溢流管口标高以下 10mm 处，管径 15～20mm，信号管另一端通到经常有值班人员房间的污水池上，以便随时发现水箱浮球设备失灵而能及时修理。

（6）排出管的安装。为放空水箱和排出冲洗水箱里的污水，管口由水箱底部接出，连接在溢流管上，管径 40～50mm，在排水管上需装设阀门。

（7）通气管的安装。对生活饮用水的水箱应当设有密封箱盖，箱盖上设有维修人孔和通气管。通气管可伸至室外，但要伸到没有有害气体的地方，管口应设防止灰尘及昆虫的滤网，管口朝下。通气管上不得装设阀门、水封等妨碍通气的装置，也不得与排水系统和通风管道相连。

第八章 室内采暖系统安装工艺

室内采暖管道的安装，一般是从总管或入口装置开始，并按照总管→干管→立管→支管的施工顺序依次进行，同时应在每一部位的管道安装中或安装后使其保持相对稳定，以保证后一部位安装中量尺的准确以及连续施工。

对于一般建筑物内的采暖管道采用明装敷设，只有在卫生标准和装饰要求高及高层建筑物中才采用暗装敷设。

第一节 室内采暖系统安装的一般规定

为确保室内采暖系统的施工质量，达到设计要求的使用功能和寿命，在其安装过程中，应当遵循以下一般规定：

（1）本规定适用于饱和蒸汽压力不大于 0.7MPa，热水温度不超过 130℃的室内采暖系统安装工程的质量检验与验收。

（2）焊接钢管的连接，当管径小于或等于 32mm 时，应采用螺纹连接；当管径大于 32mm 时，应采用焊接连接。镀锌钢管的连接应符合《室内采暖系统安装施工工艺与质量标准》中的规定。

（3）管径小于或等于 100mm 的镀锌钢管应采用螺纹连接，套丝扣时破坏的镀锌层表面及外露螺纹部分应做防腐处理；管径大于 100mm 的镀锌钢管应采用法兰或卡套式专用管件连接，镀锌钢管与法兰的焊接处应二次镀锌。

（4）室内采暖系统的安装应当具备以下条件。

1）所用的管材和配件已全部备齐，并且经检查全部合格。

2）安装所用的施工机具（如工作台、套丝机、电焊气焊工具等）已备好待用，经检查处于良好状态；随手工具和量具已备齐。

3）主体结构施工已基本完成，预埋预留部分已按图纸施工，建筑上已提供准确的 50 线。

4）管道沟槽已按要求尺寸砌筑好，且沟的内壁已勾缝或抹灰。

第二节 室内采暖系统管道的安装

室内采暖管道系统的安装总是以管段的安装开始，又以管段的安装结束。因此，在管道安装中，应对照施工图纸，认真分析管段的组成情况，寻找其共性的部分，以标准化管段为基础，尽可能扩大预制加工范围，这对于实现施工的高速度、高质量、低成本是非常重要的。实现施工生产标准化、预制化、机械化和工厂化，是采暖管道安装的发展方向。

一、室内采暖管道安装的准备工作

（1）根据设计要求准备好各种规格的管材、阀门、散热器、管件、管卡、散热器钩子、各种垫片和管道保温材料等。

（2）检查各种管材、设备、管件的质量。

（3）检查散热器表面不应有砂眼、破损等缺陷。根据设计图纸，将要安装的散热器除锈刷漆。组装好的散热器组必须按设计或规范要求进行水压试验。

（4）加工预制各种管道支架、卡子，并将预制好的钢件刷一两遍防锈漆，并根据管段共性部分预制管段，并装好管件。

（5）根据设计图纸的要求，标出管道穿墙和楼板的位置，管道支架及散热器钩子的位置，然后打洞埋设预埋件。

（6）准备好施工机具，做好施工准备。

二、室内采暖管道安装的要求

（1）明装的立管应当垂直。固定立管的管卡要按规定数量和位置安装。立管上安装的法兰，应把拉紧螺栓的螺母置于法兰一方，但阀门处安装的法兰不受这一限制。立管同散热器支管及水平管相交的部位，弯曲要做在立管上并向室内方向弯曲。

（2）水平干管水平方向必须确保笔直，不能出现上下弯曲，不能存在空气滞留和积水的地段，穿过门窗或其他孔洞处必须上下弯曲时，应当设置排气、放水或疏水的装置。

（3）水平干管必须保持设计规定的坡度，方向不能相反。热水采暖管道中的供水干管坡度向排气装置方向升高，回水干管向放水点方向下降。蒸汽采暖管道中的蒸汽干管内蒸汽流向与同程凝结水一致，凝结水管的坡度向疏水装置方向下降。

（4）水平干管应按照规定的间距安装支架，过长的直线管段应安装补偿器。补偿器的两侧应有固定支架。采用弯曲补偿器，应同管道焊接连接，并同管道保持一致的坡度。水平干管穿越建筑物隔墙的管段应设有套管，以便管道受热后自由移动，避免破坏内墙表面和摩擦管壁。

（5）管道弯曲部分采用无缝钢管弯制或采用冲压弯头，并同管道焊接连接，尽量不采用螺纹连接的可锻铸铁弯头，以免系统运行后连接部位产生泄漏。

（6）水平干管上安装的所有阀门的阀杆，一般应垂直向上或向上倾斜，最低只能位于水平，严格禁止垂直向下或向下倾斜，特别应注意阀门方向不能装反。

（7）蒸汽采暖管道凝结水干管上的疏水阀应当水平安装。常用的浮桶式疏水阀必须严格垂直安装，以避免浮桶倾斜。法兰连接的疏水阀的入口法兰，应当始终高于出口法兰。

（8）散热器支管的坡度不能装反，以免在热水采暖系统的供水支管内形成"气囊"，在回水支管内形成"水袋"。供水支管应向立管方向升高，回水支管应向立管方向降低。蒸汽采暖系统散热器支管的坡度，尽量同管内热媒流向一致。

（9）管路上尽量少用活接头或长螺纹管接头，应采用卡套式接头。螺纹连接应当松紧适当，填料不能露出管外。法兰连接应当安装平正，螺栓拧紧应适度，螺栓和螺母应齐全，垫片不伸出法兰外。焊接部件的焊缝应当无明显可见的缺陷。

（10）固定管道所用的所有支架、托钩、卡箍等，在建筑结构上的固定应十分牢固，不得有松动现象，同时不妨碍管道的自由移动。

（11）散热器安装必须垂直。散热器一般安装在窗中央处，并同墙、窗台和地面保持规定的距离。圆翼型散热器安装应水平布置，纵翼垂直向上，散热器支管在热水采暖系统中应同散热器法兰偏心连接，在蒸汽采暖系统中不受此限制。长翼型散热器对丝连接的垫片不应伸出散热器外。

（12）安装散热器的托钩数量应符合设计要求。托钩安装要水平、牢固，挂上散热器后每个托钩都应起到支撑的作用。圆翼型散热器的托钩只能放在两头，不能位于翼片之间，否则，系统运行后散热器发生热膨胀，伸长将会损坏翼片。

（13）膨胀水箱是指在温度变化时，为冷却淡水提供压头，与抽出的空气共同吸收热膨胀量或补充淡水消耗量的水箱。膨胀水箱的各种附属管路应当齐全，溢流管、排污管和信号管应当引至适当的场所。膨胀管和溢流管上绝对不允许安装阀门。膨胀水箱位于寒冷房间内时应做保温层。

（14）管道和散热器应按要求进行涂漆，用户系统中的容器和部件也应按规定涂漆。穿过不采暖房间的管段应做好保温防寒。

三、室内热水采暖管道的安装

室内热水采暖是通过循环管道送至各房间暖气片，并通过暖气片散热达到提高室内的温度。这种采暖方式不但舒适、卫生、安全、节能、无噪声、管道寿命长，而且供暖范围大，锅炉设备、材料消耗和司炉维修人员都比蒸汽采暖少。因此，民用建筑应采用热水采暖，工业建筑也应优先采用热水采暖。

（一）室内热水采暖系统形式

室内热水采暖系统形式大体可分为两种：一种是传统方式，按用户的建筑或使用面积收费；另一种是按户设置热量表，按户计量收费的新形式。

1. 传统室内热水采暖系统的形式

2000 年以前我国主要采用传统方式，如图 8-1 所示。这种系统只能满足我国现行的供热收费体制需要，即按照用户的建筑或使用面积收费，由单位承担费用的福利制采暖形式，不满足按使用热量向用户收费的需要，必须加以改进。

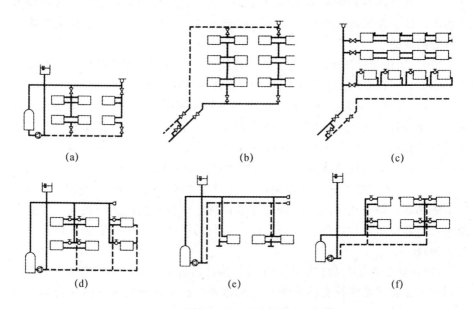

(a)   (b)   (c)

(d)   (e)   (f)

图 8-1　传统室内热水采暖系统示意图

（a）上供下回式单管顺流系统；（b）下供上回式单管倒流系统；（c）水平式单管串联系统
（d）上供下回式双管系统；（e）上供上回式双管倒流系统；（f）下供下回式双管系统

2. 按户设置热量表室内采暖系统

近几年来，国内许多部门在热量计量采暖系统及热量计量方法上，学习先进国家的经验，并取得了一定的成绩。按户设置热量表，通过测量流量和供、回水温差进行热量计量，进行热量分摊，这是一种科学、合理的计量方法。国内目前试点采用的适合按户计量收费的热水采暖系统，主要有以下三种，如图 8-2 所示。

（1）垂直单管加旁通管系统。也称为新单管系统。国内的很多住宅是采取公寓式的，已有建筑的室内采暖系统主要是垂直单管系统，单管系统无法实现用户自行调节室内温度，因此在试点中被改造成单管加旁通跨越管的新单管系统。旁通管通常比立管的管径小一档，与散热器并联，在散热器一侧安装适用单管系统的两通散热器恒温阀或直接安装三通的散热器恒温阀。

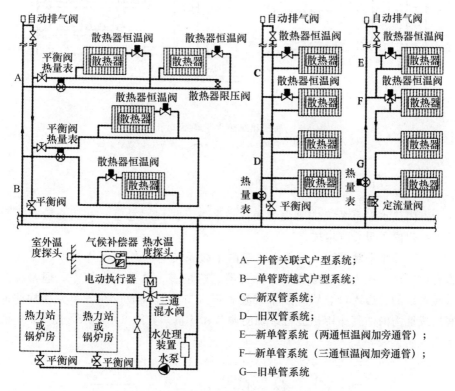

A—并管关联式户型系统；
B—单管跨越式户型系统；
C—新双管系统；
D—旧双管系统；
E—新单管系统（两通恒温阀加旁通管）；
F—新单管系统（三通恒温阀加旁通管）；
G—旧单管系统

图 8-2　适合热量计量与温度控制的动态采暖系统示意图

（2）垂直双管系统。垂直双管系统在国内应用也比较广泛，其特点是具有良好的调节稳定特性，供水和回水温差大，流量对散热量的影响较大，温度容易掌握。

（3）一户一表供暖系统。即在每个单元的楼梯间安装共用供水和回水立管，从供回水立管上引出各层每层的支管，立管采用垂直双管并联系统，水平支管采用单管串联或双管并联系统。温度控制采用散热器温控阀或集中温控。此外，还有高层建筑热水采暖系统，如图 8-3 所示。

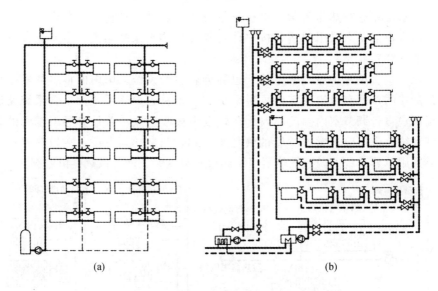

图 8-3　高层建筑热水采暖系统示意图

(a) 单一双管混合系统；(b) 上下分区二次换热新双管系统

（二）室内热水采暖系统组成

室内热水采暖系统主要由管道入口装置、供回水总管、共用立管、入户装置和户内采暖系统组成。

（1）热水采暖管道入口装置。室内采暖系统与室外热网连接所需要的设施有温度计、压力表、截止阀、除污器、热量表、总供回水管等，通常称为采暖系统的管道入口装置。热水采暖管道入口装置一般设在各单元楼梯间的底层或地沟内，其作用是进行系统的调节和计量，如图 8-4 所示，图 8-4 中的组成说明见表 8-1。

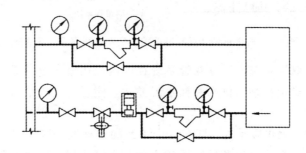

图 8-4　典型供暖管道入口装置示意图

表 8-1　图 8-4 中的组成说明

编号	说　明	备　注	编号	说　明	备　注
1	室外管网		6	过滤器	
2	热量表		7	阀门	
3	差压或流量控制装置	根据系统水压确定装于供水或回水管上	8	压力表	
4	室内供水管		9	温度计	
5	室内回水管		10	室内系统	

（2）共用立管。宜采用下分式双管系统，垂直装置在楼梯间可锁封的管井内，下端与入口装置的水平管连接。每层连接一个、两个或三个户内系统，立管的顶点应设置集气和排气装置，下部应设泄水装置。具有竖向压力分区的下分式共用立管如图 8-5 所示。

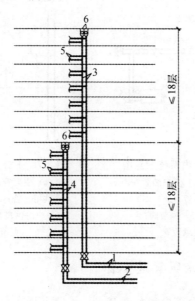

图 8-5　有竖向压力分区的下分式共用立管示意图
1—高区供回水干管；2—低区供回水干管；3—高区共用立管；
4—低区共用立管；5—户用供回水干管；6—自动排气阀

（3）入户装置和户内采暖系统。入户装置是指户内采暖系统与户外共同立管连接部分的进水阀、回水阀、锁闭阀、过滤器、热量表等的总称。

入户装置可以布置在安装供回水共用立管且带钢制检修门的管道井内。

户内采暖系统形式应当根据建筑平面、层高、装饰标准、使用要求、管材和施工技术条件等因素而确定，当采用散热器采暖方式时，可选择用以下户内采暖管道布置方式。

1）布置在本层的顶板下，采用上分双管式系统，如图 8-6 所示。

2）布置在本层的地面上或镶嵌在地板内，采用水平串联单管跨越式（图 8-8）或下分双管式系统（图 8-7）。

3）布置在本层地面下的垫层内，采用下分双管式（图 8-7），或水平串联单管跨越式（图 8-8），或放射双管式系统（图 8-9）。

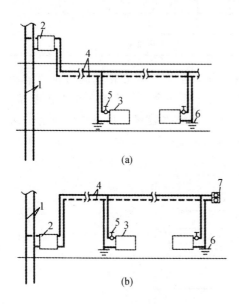

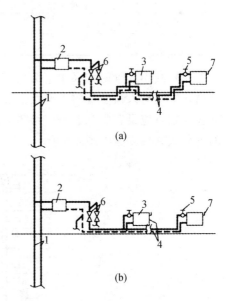

图 8-6　上分双管式户内系统示意图
（a）入户装置在上一层；（b）入户装置在本层
1—共用立管；2—入户装置；3—散热器；
4—户内供回水管；5—调节阀；
6—泄水；7—放风装置

图 8-7　下分双管式户内系统示意图
（a）主要管段埋设；（b）全部明装
1—共用立管；2—入户装置；3—散热器；
4—户内供暖管；5—调节阀；6—环路
调节阀；7—放风阀

（三）室内热水采暖管道安装

1. 室内热水采暖管道安装的程序

由于室内热水采暖管道安装的实际情况不同，所以其安装程序不能千篇一律，应当根据具体情况进行安排。在一般情况下，室内热水采暖管道安装的程序如下：支架的制作和安装；测绘管段的加工草图，并下料加工预制管段；阀件的拆检和试压；集气罐、膨胀水箱等设备的制作；散热器的组对、试压和安装；系统干管的安装；系统立管的安装；散热器支管的安装；阀门、仪表和设备的安装；室内热水采暖系统试压；涂刷油漆和设置保温；自检合格后进行验收交工。

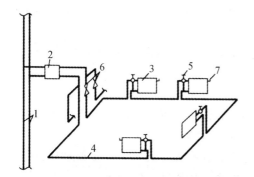

图 8-8　水平串联单管跨越式户内系统示意图
1—共用立管；2—入户装置；3—散热器；
4—户内供暖管；5—三通调节阀；
6—环路调节阀；7—放风阀

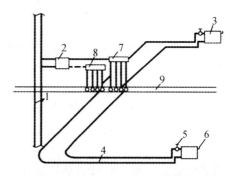

图 8-9　放射双管式立户内系统示意图
1—共用立管；2—入户装置；3—散热器；
4—户内供暖管；5—调节阀；6—放风阀
7—分水器；8—集水器；9—垫层

2. 室内热水采暖管道的安装方法与要求

（1）干管的安装方法与要求。

1）按照施工图纸要求在墙和柱上定出管道的走向、位置和标高，确定支架位置。

2）安装支架时应根据确定好的支架位置，把已经预制好的支架栽到墙上或焊接在预埋的铁件上。方法是：首先确定支架的位置、标高和间距，把栽入墙内的深度标在墙上，再进行打洞。打好的洞应清洗干净，并用水冲浸透，用1：3水泥砂浆把支架栽入洞中。有条件时也可用电锤打眼、埋膨胀螺栓或用射钉枪将射钉打入墙内、柱内、梁内或楼板内固定支架。

3）管道预制加工在建筑物墙体上，应依据施工图纸，按照测线方法，绘制各管段加工图，划分出加工管段，分段下料，并端好序号，打好坡口以备组对。

4）管道就位后把预制好的管段对号入座，摆放到栽好的支架上。根据管段的长度、质量，适当的选用各种机具吊装。注意摆在支架上的管道要采取临时固定措施，以防掉落。

5）将管道牢固地固定在支架上，把管段对好口，按要求焊接、丝接或其他连接，连成系统。

6）将干管连接成为系统后，应检查校对坡度及坡向。检查合格后，把干线固定在支架上。

7）横向干管的坡度和坡向，要按照设计图纸的要求和施工验收规范的规定，便于管道的排气和泄水。

8）干管的弯曲部位、有焊口的部位不允许接支管。设计上如要求接支管时，应注意按规范要求避开焊口规定的距离（不小于 1 个管径，且不小于100mm）。

9）热水管和冷水管上下重叠平行安装时，热水管应安装在冷水管的上方。

（2）立管的安装方法与要求。

1）首先核对各层立管的预留孔洞位置是否准确、垂直，然后吊线、剔眼、裁卡子。将预制好的管道按编号顺序运至安装地点。

2）安装立管前先卸下阀门盖，如有钢套管的先穿到管上，按编号从第一节开始安装，将立管丝口处涂抹铅油缠麻丝，对准接口转动入扣，一把管钳咬住管件，一把管钳拧立管，拧至松紧适度，以丝口外露 3 扣、预留口平正为宜。清除接口外露麻丝，然后再安装下一节，直至立管全部安装完毕。

3）检查立管的每个预留口标高、方向、半圆弯等是否准确、平正。将事先裁好的管卡松开，把管放入卡内拧紧螺栓，用吊杆、线坠从第一节管开始找好垂直度，扶正钢套管，最后填堵孔洞，预留口必须加好临时丝堵。

（3）支管的安装方法与要求

1）检查散热器安装位置及立管预留口是否准确，测量支管尺寸和灯叉弯（束回弯）的大小（散热器中心距墙与立管预留口中心距墙之差）。

2）配支管，按照量出支管的尺寸减去灯叉弯量，然后断管、套丝、炽灯叉弯和调直。将灯叉弯两头涂抹铅油缠麻丝，装好油任（活接头），连接好散热器，并把麻丝头清理干净。

3）暗装或半暗装的散热器灯叉弯必须与炉片槽角相适应，以达到美观的效果。

4）用钢尺、水平尺、线坠校正支管的坡度和平行距墙尺寸，并复查立管及散热器有无移动。按照设计或规定的压力进行系统试压及冲洗，打压合格后方可办理验收手续，并将水泄净。

5）立支管变径，不宜使用铸铁补芯，应使用变径管箍或采用焊接法。

（4）套管的安装方法与要求。

1）在管道穿过墙壁或楼板时，应设置金属或塑料套管。

2）套管安装在楼板内，其顶部应高出装饰地面 20mm；套管安装在卫生间及厨房内，其顶部应高出装饰地面 50mm，底部应与楼板底面相平；套管安装在墙壁内，其两端与饰面相平。穿过楼板的套管与管道之间的缝隙，应用阻燃密实材料和防水油膏填实；穿墙套管与管道之间的缝隙，应用阻燃密实材料填实，且端面应光滑。管道的接口不应设在套管内。

（5）管道连接的要求。

1）熔接连接管道的结合面应有一均匀的熔接圈，不得出现局部熔瘤或熔接圈凸凹不平现象。

2）法兰连接时垫片不得凸出或凹入管内，其外边缘以接近螺栓孔为宜，不得安放双垫或偏垫。

3）连接法兰的螺栓其直径和长度应符合标准，螺栓拧紧后螺母凸出大度不应大于螺杆直径的1/2。

4）螺纹连接管道安装后的管螺纹根部应有3扣的螺纹外露，并把麻丝头清理干净。

5）卡套式连接管口端部应平整、卡套沟槽应均匀，锁紧螺母后管道应平直，卡套安装方向应正确。

第三节 室内采暖系统散热器安装

采暖系统的散热器是家庭供暖的终端设备，其热源一般为城市集中供暖、小区自建锅炉房、家用壁挂炉等。散热器通过热传导、辐射、对流把热量散热出来，让居室的温度得到提升。

目前市场上销售的采暖散热器，从材质上基本上分为铜管铝翅对流散热器、钢制散热器、铝制散热器、铜制散热器、不锈钢散热器、铜铝复合散热器、铸铁散热器等。

一、散热器安装的施工准备

1. 散热器安装对材料的要求

（1）散热器：散热器的型号、规格、使用压力必须符合设计要求，并有出厂合格证；散热器不得有砂眼、对口面凹凸不平、偏口、裂缝和上下中心距不一致等现象；翼型散热器的翼片完好；钢串片的翼片不得松动、卷曲、碰损；钢制散热器应当造型美观、螺纹端正、松紧适宜、油漆完好，整组炉片不得有翘曲。

（2）散热器的组对零件：对丝、炉堵、炉补芯、螺纹圆翼法兰盘、弯头、弓形弯管、短丝、三通、螺栓螺母、活接头等应符合规定的质量要求，无偏扣、方扣、乱扣、断丝、螺纹端正、松紧适宜，石棉橡胶垫以1mm厚为宜，一般不超过1.5mm，并符合使用压力的要求。

（3）其他材料：圆钢、拉条垫、托钩、固定卡、膨胀螺栓、钢管、冷风门、机油、铅油、麻线、防锈漆及水泥，均应当符合设计和现行规范的要求。

2. 散热器安装的主要机具

（1）机具：主要有台钻、手电钻、冲击钻、电动试压泵、砂轮锯、套丝机等。

（2）工具：散热器组对架子、对丝钥匙、压力案子、管钳、铁刷子、锯条、手锤、活扳手、套丝板、自制扳手、錾子、钢锯、丝锥、煨管器、手动试压泵、气焊工具、运输车等。

（3）量具：水平尺、钢尺、线坠、压力表等。

3. 散热器安装的作业条件。

（1）散热器组在施工现场有水源和电源，以便于进行水压试验和焊接。

（2）铸铁散热片、托钩和卡子等钢铁构件，必须进行认真除锈，并全部涂刷一道防锈漆。

（3）室内墙面和地面抹灰工序已完成，并经检查其质量符合设计要求，达到安装散热器的标准。

（4）室内采暖干管和立管安装完毕，接往各散热器的支管预留管口的位置正确，标高符合设计要求。

（5）散热器安装的施工现场有利于操作，不得堆放其他施工材料或其他障碍物品。

二、散热器安装的操作工艺

（1）散热器安装的工艺流程。散热器安装的工艺流程为：编制组片统计表→散热器组对→对拉条预制与安装→散热器单组水压试验→散热器安装→散热器冷风门安装→支管安装→系统试压→刷漆。

（2）散热器安装的组对方法。

1）长翼型散热器的组对。

①设置工作平台。如果施工现场有工作平台，尽量利用原有的工作平台；如果施工现场没有工作平台，可用自制的组对支架或组对平板。

②选择散热器片。所有的散热器片都要进行外观检查。检查中发现散热器翼片缺损不符合要求，对口不平、有砂眼或气眼的应挑出来，不得用于工程。

③散热器组对。在进行组对时，一般应两人一组，将散热器片平放在操作台或组对架、操作平板上，使相邻两散热片之间"正丝口"与"反丝口"相对，中间放两个对丝，将其拧1～2扣在第一片的"正丝口"内，各套上一垫片，将第二片反丝口瞄准对丝找正后，两人各用一手扶住散热片，另一手将钥匙从第二片的"正丝口"插入，使钥匙的方头正好卡住对丝凸缘处。两人同时转动钥匙，使挂在对口上的对丝往外退，当听到"叭"的响声，说明对丝已入扣，立即停止向外退，改为向里旋进。这时对丝上的两散热片口的

正扣和反扣会同时向对丝中间拧入，直至将对丝上紧。使对丝的对口缝隙在2mm左右即可。发现对丝过紧时，不可强力拧，特别是听到对丝破裂的声音时，必须拆卸更换对丝，重新进行组装。

用以上方法按顺序进行组对，直到组对的片数满足需要为止。最后再根据进水和出水方向，为散热器装上补芯和堵头。进水（汽）端的补芯为正扣，回水端的补芯为反扣。如果进水和回水在同一端，则进水、回水口装两个正扣补芯，另一端装两个反扣丝堵。组对好后抬下工作台放在适当位置码好，每组之间要用木板隔开。

2）柱型散热器的组对。柱型散热器组对与长翼型散热器组对基本相同。

①按设计的散热器型号、规格和数量，进行核对、检查、鉴定其质量是否符合验收规范规定，做好检查记录。柱型散热器的组对，15片以内两片带腿，16～24片为三片带腿，25片以上为四片带腿。

②将散热器内的脏物、污垢，以及对口处的浮锈清除干净，防止出现堵塞现象。

③设置工作平台。如果施工现场有工作平台，尽量利用原有的工作平台；如果施工现场没有工作平台，可用自制组对支架或组对平板。

④按要求挑选散热片、试扣，选出合格的对丝、丝堵、补芯，然后进行组对。对口的间隙一般为2mm。进水（汽）端的补芯为正扣，回水端的补芯为反扣。

⑤在进行正式组对前，应根据热源分别选择好衬垫。

⑥在进行组对时，根据片数确定人的分组，由两人持钥匙同时进行。将散热片平放在组对架上。散热片的"正丝口"朝上，把经过试扣选好的对丝、正丝与散热片的正丝口对正，拧上2扣套上垫片，然后将另一散热片的反丝口朝下，对准对丝的反丝后轻轻落在对丝上。两人同时用钥匙向顺时针方向拧紧上下两散热片，以垫片挤出油为宜。如此循环，直至达到需要的片数为止，然后运至试压地点进行试压。

（3）对拉条的预制与安装。

1）根据散热器的片数和长度，计算出外拉条的长度尺寸，切断直径为8～10mm的圆钢并进行调直，两端收头套好螺纹，将螺母上好，除锈后刷防锈漆一道。

2）20片及以上的散热器加外拉条，在每根外拉条的端头套好一个骑码，从散热器上下两端外柱内穿入4根拉条，每根再套上一个骑码带上螺母；找顺直后用扳手均匀拧紧，螺纹外露不得超过一个螺母的厚度。

（4）散热器安装的水压试验。

1）将散热器抬到试压台上，用管钳上好临时"炉堵"和临时补芯，上好放气嘴，连接试压泵；各种成组散热器可以直接连接试压泵。

2）试压时打开进水截门，向散热器内充水，同时打开放气嘴，把散热器中的空气排干净，待水充满后关闭放气嘴。

3）加压到规定的试验压力值时，关闭进水截门，并持续 5min，观察每个接口是否有渗漏，以无任何渗漏为合理。

4）如果有渗漏，应用铅笔做出记号，将水全部放净，卸除"炉堵"或者炉补芯，用长杆钥匙从散热器外部比试，量测漏水接口的长度，并在钥匙杆上做标记，将钥匙从散热器对丝孔中伸入至标记处，按螺纹旋紧的方向拧动钥匙，使接口继续上紧或卸下换垫，如有损坏片，还需更换片。钢制散热器如有砂眼渗漏，可以补焊，返修好后再进行水压试验，直至合格为止。不能用的环散热片要做明显标记，防止再次混入好的散热片中。

5）打开泄水阀门，拆掉临时"丝堵"和临时补芯，泄干净水后将散热器运至集中地点，补焊部位要补刷两道防锈漆。

（5）散热器的安装固定。按照设计图纸的要求，利用组对时的统计表，将不同型号、规格和组对好并试压完毕的散热器运至安装的地点，根据安装位置及高度在墙上画出安装中心线，以便进行散热器的安装。

1）托钩和固定卡的安装。

①"带腿散热器"固定卡安装。从地面到散热器总高的 3/4 处画水平线，与散热器中心线交点画印记，此为 15 片以下的双数片散热器的固定卡位置。单数片向一侧错过半片。16 片以上的应当栽上两个固定卡，高度仍在散热器总高的 3/4 高度的水平线上，从散热器两端各进去 4～6 片的地方栽入。

②挂装柱型散热器托钩的高度，应当按设计要求并从散热器的距地高度上返 45mm 画水平线。托钩的水平位置采用画线尺来确定，画线尺横担上刻有散热片的刻度。画线时应根据片数和托钩的数量分布相应位置，画出托钩安装位置的中心线，挂装散热器的固定卡高度从托钩的中心上返散热器总高的 3/4 处画水平线，其位置与安装数量与"带腿散热器"的安装相同。

③用錾子或冲击钻等在墙上按画出的位置打孔洞。固定卡孔洞的深度不得少于 80mm，托钩孔洞的深度不得少于 120mm，现浇混凝土墙的深度为100mm（使用膨胀螺栓时按膨胀螺栓的要求深度打孔）。

④用水冲干净洞内的杂物，填入 M20 水泥砂浆达到洞深度的一半时，将固定卡和托钩插入洞内，并用砂浆塞紧，用画线尺或直径 70mm 钢管放在托钩上，用水平尺找平找正，最后将砂浆填满抹平。

⑤柱型散热器的固定卡和托钩，一般应按照图 8-10 所示进行加工。托钩及固定卡的数量和位置按 91SB1 暖气工程通用图集安装。

⑥柱型散热器卡子和托钩安装如图 8-11 所示。

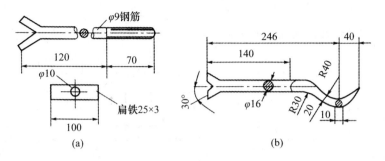

图 8-10　柱型散热器的固定卡和托钩的加工示意

（a）固定卡；（b）托钩

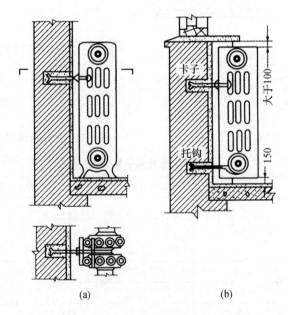

图 8-11　柱型散热器卡子托钩安装示意

（a）卡子安装；（b）托钩安装

⑦用上述同样的方法将各组散器全部卡子、托钩栽好。成排托钩、卡子需将两端托钩和卡子栽好，然后定点拉线，再将中间的钩和卡子按线依次栽好。

⑧圆翼型、长翼型及辐射对流散热器（FDS－Ⅰ型～FDS－Ⅲ型）的托钩，应当按图 8-12 所示进行加工。圆翼型每根用 2 个，托钩的位置应为法兰外口往里返 50mm 处。长翼型托钩的位置和数量应按图 8-13 所示进行安装。辐射对流散热器的安装方法同"柱型散热器"。固定卡的尺寸如图 8-14 所示，固定卡的高度为散热器上缺口中心。翼型散热器尺寸如图 8-15 所示，其安装

方法同"柱型散热器"。

⑨各种散热器的支托架安装数量，应当符合表8-2中的要求。

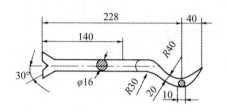

图 8-12　散热器托钩尺寸示意图

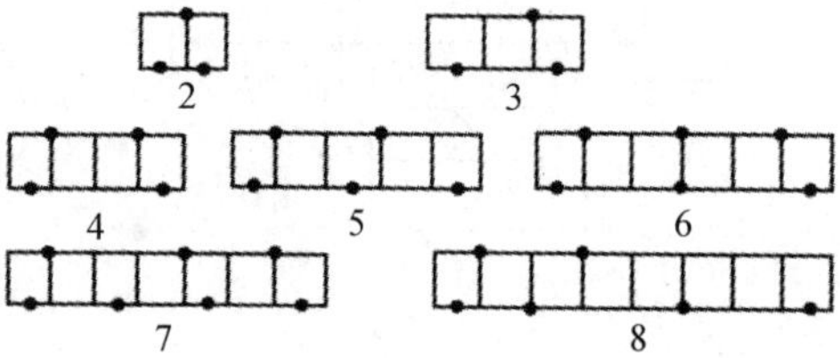

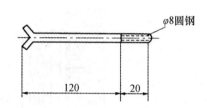

图 8-13　长翼型散热器托钩的位置示意图

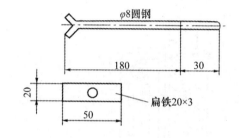

图 8-14　固定卡尺寸示意图

图 8-15　固定支架尺寸示意图

表 8-2　支托架安装数量

散热器	安装方式	每组片数/片	上部托钩或卡架数/个	下部托钩或卡架数/个	合计/个
长翼型	挂墙	2～4	1	2	3
		5	2	2	4
		6	2	3	5
		7	2	4	6
柱型 柱翼型	挂墙	3～8	1	2	3
		9～12	1	3	4
		13～16	2	4	6
		17～20	2	5	7
		21～25	2	6	8
柱型 柱翼型	带足落地	3～8	1	—	1
		9～12	1	—	1
		13～16	2	—	2
		17～20	2	—	2
		21～25	2	—	2

2）散热器的安装。

①将"柱型散热器"（包括铸铁和钢制）和辐射对流散热器的炉堵、炉补芯进行抹油，加上石棉橡胶垫后拧紧。

② 带腿散热器稳装。炉补心正扣一侧朝着立管方向，将固定卡里边螺母上至距离符合要求的位置，套上两块夹板，固定在里面的柱上，带上外螺母，把散热器推到固定的位置，再把固定卡的两块夹板横过来放平正，用自制管扳手拧紧螺母到一定程度后，将散热器找直、找正，垫牢后拧紧螺母。

③将挂装柱型散热器和辐射对流散热器轻轻抬起，放在托钩上立直，然后再将固定卡摆正拧紧。

④圆翼型散热器安装。将组装好的散热器抬起，轻放在托钩上找直、找正。多排串联时，先将法兰临时上好，量出尺寸后再配管连接。

⑤钢制闭式串片式和钢制板式散热器抬起挂在固定支架上，带上垫圈和螺母，紧到一定程度后找平、找正，再拧紧到位。

第四节　金属辐射板的安装

一、辐射板的水压试验

（一）质量验收要求

辐射板在安装前应进行水压试验，如设计无具体要求时，试验压力应为工作压力的 1.5 倍，但不得小于 0.6MPa。检验方法：在试验压力下 2～3min，压力不下降且不渗不漏。

（二）施工工艺与技术

1. 辐射板的制作

辐射板的制作比较简单，将几根 $DN15$、$DN20$ 等管径的钢管制成钢排管形式，然后嵌入预先压出与管壁弧度相同的薄钢板槽内，并用 U 形卡子进行固定；薄钢板厚度为 0.60～0.75mm 即可，板前可涂刷无光防锈漆，板后填保温材料，并用薄钢板包严。当嵌入钢板槽内的排管通入热媒后，很快就通过钢管把热量传递给贴紧它的钢板，使板面具有较高的温度，并形成辐射面向室内散热。辐射板散热以辐射热为主，还伴随一部分对流热。

2. 辐射板的水压试验

（1）辐射板散热器在安装前，必须进行水压试验。试验压力等于工作压力加 0.2MPa，但不得低于 0.4MPa。

（2）辐射板的组装一般应采用焊接和法兰连接，按设计要求进行施工。

二、辐射板的安装要求

（一）质量验收要求

（1）水平安装的辐射板应有不小于 5‰ 的坡度坡向回水管。检验方法：水平尺、拉线和尺量检查。

（2）辐射板管道及带状辐射板之间的连接，应使用法兰连接。检验方法：观察检查。

（二）施工工艺与技术

1. 辐射板支吊架的制作安装

按照设计要求，制作与安装辐射板的支吊架。一般支吊架的形式按其辐射板的安装形式分为三种，即垂直安装、倾斜安装和水平安装，如图 8-16 所示。带型辐射板的支吊架应保持 3m 一个。

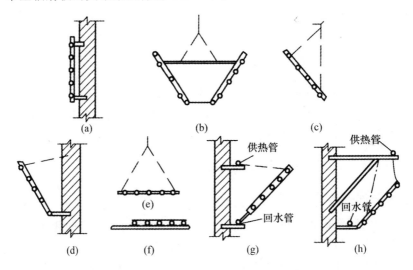

图 8-16　辐射板的支架与吊架
（a）垂直安装；（b）、（c）、（d）、（g）、（h）倾斜安装；（e）、（f）水平安装

（1）垂直安装。板面水平辐射，垂直安装在墙上、柱子上或两柱之间。安装在墙上和柱子上的，应采用单面辐射板，向室内一面辐射；安装在两柱之间的空隙处时，可采用双面辐射板，向两面辐射。

（2）倾斜安装。倾斜安装在墙上或柱子之间，倾斜一定角度向斜下方辐射。

（3）水平安装。板面朝下，热量向下侧辐射。辐射板应有不小于 0.005 的坡度坡向回水管，设置坡度的作用是：对于热媒为热水的系统，可以很快地排除空气；对于蒸汽，可以顺利地排除凝结水。

2. 辐射板安装的技术要求

（1）当辐射板用于全面采暖，如果设计中无具体要求时，其最低安装高度应符合表 8-3 中的要求。

表 8-3　辐射板最低安装高度　　　　　　　　　　　　（m）

热媒平均温度/℃	水平安装		倾斜安与垂直面所成角度			垂直安装（板中心）
	多管	单管	60°	45°	30°	
115	3.2	2.8	2.8	2.6	2.5	2.3
125	3.4	3.0	3.0	2.8	2.6	2.5
140	3.7	3.1	3.1	3.0	2.8	2.6
150	4.1	3.2	3.2	3.1	2.9	2.7
160	4.5	3.3	3.3	3.2	3.0	2.8
170	4.8	3.4	3.4	3.3	3.0	2.8

注：1. 本表适合于工作地点固定、站立操作人员的采暖；对于坐着或流动人员的采暖，应将表中数据降低 0.3m；

　　　2. 在车间外墙的边缘地带，安装高度可以适当降低。

（2）辐射板的安装可采用现场安装和预制装配的方法。块状辐射板宜采用预制装配法，每块辐射板的支管上可先配上法兰，以便于与干管连接。带状辐射板如果太长，可以采用分段安装。块状辐射板的支管与干管连接时，应当设置 2 个 90°的弯管。

（3）块状辐射板不需要在每块板上设置 1 个疏水器，可在一根管路的几个板后装设 1 个疏水器。每块辐射板的支管上也可以不装设阀门。

（4）接往辐射板的送水管、送蒸汽管和回水管，不宜与辐射板安装在同一高度上。送水管道、送蒸汽管道应当高于辐射板，回水管道应当低于辐射板，并且有不少于 0.005 的坡度坡向回水管。

（5）背面应做成保温的辐射板，保温应在防腐、试压完成后施工。保温层应紧贴在辐射板上，不得有空隙，保护壳应当进行防腐处理。安装在窗台下的散热板，在靠墙处应按设计要求设置保温层。

第五节　低温热水地板辐射供暖系统安装

散热器采暖是室内最常见的一种采暖形式。随着社会经济的不断发展，传统采暖方式已不能完全满足人民生活水平不断提高的需要。自 20 世纪 70 年代，地板采暖已在许多经济发达国家得到广泛应用。

低温热水地板辐射采暖是指用热水作为热媒，通过直接埋入建筑物地板内的盘管，辐射热量达到提高室内温度的一采先进采暖形式。

一、施工准备工作

（一）施工材料准备

1. 管材的要求

（1）敷设于地面填充层内的加热管，应当根据耐用年限要求、使用条件等级、热媒温度、工作压力、系统水质要求、材料供应条件、施工技术条件和投资费用高低等因素选择适宜的管材。

（2）与其他供暖系统共用同一集中热源水系统，且其他供暖系统采用钢制散热器等易腐蚀构件时，PB 管、PE-X 管和 PP-R 管，应当设置"阻氧层"，以便有效防止渗入氧而加速对系统的氧化腐蚀。

（3）所用管材的外径、最小壁厚及允许偏差应符合现行标准《地面辐射供暖技术规程》（JGJ 142—2004）中的有关要求。

（4）管材以盘管方式供货，长度不得小于 100m/盘。

2. 管件的要求

（1）管件与螺纹连接部分配件的本件材料，应为锻造黄铜。使用 PP-R 管作为加热管时，与 PP-R 管直接接触的连接件表面应镀镍处理。

（2）管件的外观应完整、无缺损、无变形、无开裂。

（3）管件的物理性能应符合现行标准《地面辐射供暖技术规程》（JGJ 142—2004）中的有关要求。

（4）管件的螺纹应符合国家标准《55°非密封管螺纹》（GB/T 7307—2001）中的规定。螺纹应完整，如有断螺纹、缺螺纹现象，不得大于螺纹扣数的 10%。

3. 绝热板材的要求

（1）加热管下部的绝热层应采用轻质、有一定承载力、吸湿率低和难燃或不燃的高效保温材料。

（2）绝热板材宜采用聚苯乙烯泡沫塑料，其物理性能应符合下列要求：① 密度应当不小于 $20kg/m^3$；②热导率不应大于 $0.05W/(m·K)$；③压缩应力不应小于 $100kPa$；④吸水率不应大于 4%；⑤氧指数不应小于 32。

（3）为增强绝热板材的整体强度，并便于安装和固定加热管，绝热板材表面可分别进行以下处理：①敷有真空镀铝聚酯薄膜面层；②敷有玻璃布基铝箔面层；③铺设低碳钢丝网。

4. 材料的外观质量、储运和检验

（1）管材和管件的颜色应一致，色泽均匀，无分解、变色缺陷。

（2）管材的内外表面应光滑、清洁，不允许有分层、针孔、裂纹、气泡、起皮、痕纹和夹杂等质量缺陷。

（3）管材和绝热板材在运输、装卸和搬运时，应当小心轻放，不得受到剧烈碰撞和尖锐物体的冲击，不得抛、摔、滚、拖，应避免油污及化学物品的污染。

（4）管材和绝热板材应当堆放在平整的场地上，材料的垫层高度要大于 $100mm$，防止泥土和杂物进入管内。

塑料类管材、铝塑复合管和绝热板材不得露天存放，应储存于环境温度不超过 $40℃$、通风良好和干净的仓库中，并要注意防火、避光，距热源的距离应不小于 $1m$。

（5）材料的抽样检验方法应符合国家标准《计数抽样检验程序 第 1 部分：按接收质量限（AQL）检索的逐批检验抽样计划》（GB/T 2828.1—2003）中的规定。

（二）施工机具准备

（1）施工机具。低温热水地板辐射采暖系统施工的机具主要有试压泵、电焊机、手电钻、热熔机械等。

（2）施工工具。低温热水地板辐射采暖系统施工的工具主要有管道安装成套工具、切割刀、钢锯、水平尺、钢卷尺、角尺、线板、铅笔、酒精等。

（三）施工作业条件

（1）施工现场必须具有供水和供电条件，有储存材料的临时设施。

（2）土建专业已完成墙面粉刷（不含面层），外窗和外门已安装完毕，并已将地面清理干净；厨房、卫生间应做完闭水试验并经过验收。

（3）相关的电气预埋等工程已经完成。

（4）施工的环境温度不宜低于 5℃；在低于 5℃ 的环境下施工时，施工现场应采取升温措施。

二、施工操作工艺

（一）施工工艺流程

低温热水地板辐射采暖系统施工工艺流程，如图 8-17 所示。

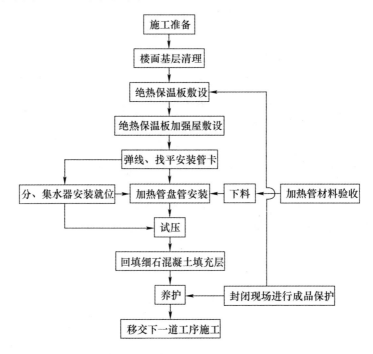

图 8-17　低温热水地板辐射采暖系统施工工艺流程图

（二）施工场地准备

（1）经认真检查，确认敷设低温热水地板辐射供暖区域内的隐蔽工程全部完成，并符合设计要求的质量标准。

（2）已经完成非敷设低温热水地板辐射供暖区域地面的施工，其施工质量必须符合设计要求。

（3）已经完成有防水要求的地面防水处理施工，其施工质量也应当符合设计要求。

（4）清理敷设低温热水地板辐射供暖的场地。要求地表面平整、干净，不允许有凹凸现象，不允许地表面有砂石、角砾和其他杂物。墙体与地面分界面应垂直、平整。

（三）楼地面基层清理

凡采用地辐射采暖的工程，在进行楼地面施工时，必须严格地控制表面的平整度，仔细加以压抹，其平整度的允许偏差应符合混凝土或水泥砂浆地面要求。在保温板敷设前，应认真清除楼地面上的垃圾、浮灰、附着物，特别对于涂料、油污等有机物，必须彻底清除干净，以防止对管道产生不良作用。

（四）地板采暖布置形式

低温地板辐射采暖系统的布置形式对采暖效果有很大影响。目前，地板辐射采暖系统比较常用的加热盘管布置形式有三种：直列型、旋转型和往复型。直列型布置方式最为简单，但这种系统的首尾温差较大，板面温度场不均匀。旋转型和往复型的布置形式虽然铺设复杂，但是地面的温度均匀，尤其是旋转型，经过其板面中心点的任一剖面，埋管均可保证高温管、低温管间隔布置，"均化效果"较好。室内地板采暖的布置形式，如图 8-18 所示。

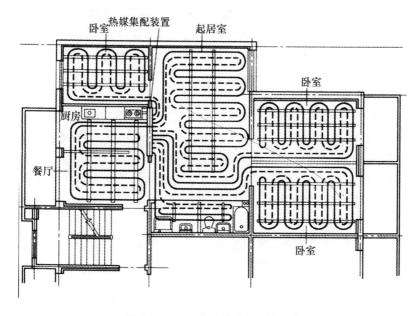

图 8-18　室内地板采暖的布置形式

（五）绝热板材的敷设

（1）绝热板应清洁、无破损，在楼地面敷设平整、搭接严密。绝热板拼接紧凑，间隙一般为 10mm，并且错缝铺设，板的接缝处全部应用胶带黏结，胶带宽度为 40mm。

（2）房间的周围边墙、柱的交接处，应设置绝热板保温带，其高度要高于细石混凝土回填层。

（3）当房间面积过大时，应以 6m×6m 为方格留伸缩缝，缝的宽度为 10mm。伸缩缝处用厚度 10mm 绝热板立放，高度与细石混凝土平齐。

（六）绝热板材加固层施工

绝热板材加固层一般常用低碳钢丝网，在施工中主要应注意以下事项：

（1）钢丝网的规格为方格不大于 200mm，在采暖房间要满布，拼接处应采取绑扎连接。

（2）钢丝网在伸缩缝处应当连续，不能将其断开，其敷设应当平整，无尖锐的刺及翘起的边角。

（七）加热盘管的敷设

（1）加热盘管在钢丝网的上面敷设，管的长度应根据工程上各回路长度的情况而定，一个回路尽可能用一盘整管，应最大限度地减少材料的损耗，在填充层内不允许有接头。

（2）按照设计图纸要求，事先将管的轴线位置用墨线弹在绝垫板上，抄标高、设置管卡，按管的弯曲半径大于或等于 $10D$（D 为管外径）计算管的下料长度，其尺寸误差控制在 ±5％ 以内。管子必须用专用剪刀切割，管口应垂直于断面处的管轴线，严禁用电焊、气焊、手工锯等工具分割加热管。

（3）按照测出的管轴线及标高垫好管卡，用尼龙扎带将加热管绑扎在绝热板加强层钢丝网上，或者用固定卡将加热管直接固定在覆有复合面层的绝热板上。同一通路的加热管应保持水平，确保管顶平整度误差在 ±5mm 范围内。

（4）加热管固定点的间距，弯头处间距不大于 300mm，直线段间距不大于 600mm。

（5）在过伸缩缝、沉降缝时应加装套管，套管长度应大于或等于 150mm。套管直径应比盘管大两个号，两管之间应填上保温边角余料。

（八）分水器和集水器的安装

（1）分水器和集水器可以在加热管敷设前安装，也可在敷设管道回填细石混凝土后与阀门、水表一起安装。安装必须平直、牢固，在细石混凝土回填前安装需进行水压试验。

（2）当分水器和集水器水平安装时，一般宜将分水器安装在上面，集水器安装在下面，中心距宜为 200mm，集水器安装距地面不小于 300mm。

（3）当分水器和集水器垂直安装时，两者的下端距地面不小于 150mm。

（4）加热管始、末端出地面至连接配件的管段，应设置在硬质套管内。加热管与分水器和集水器分路阀门的连接，应采用专用卡套式连接或插接式连接件。

（九）细石混凝土敷设层的施工

（1）在加热管系统试压合格后，方可进行细石混凝土回填层的施工。细石混凝土施工应遵照土建工程的施工规定，优化配合比设计，确定出强度符合要求、施工性能良好、体积收缩性稳定的配合比。在一般情况下，细石混凝土强度等级不小于 C15，粗骨料的粒径不大于 12mm，并掺入适量防止龟裂的外加剂。

（2）在浇筑细石混凝土前，必须将敷设完管道后的工作面上的杂物、灰尘清除干净。在过沉降缝处、过分格的缝隙部位，应当嵌入双玻璃条分格，玻璃条用厚 3mm 的玻璃，顶面要比细石混凝土面低 1～2mm，玻璃条的安装方法与水磨石相同。

（3）细石混凝土在盘管加压（工作压力或试验压力不小于 0.4MPa）状态下敷设，回填层凝固后方可泄压。在浇筑混凝土时应轻轻捣固，铺筑时和凝固前不得在盘管上行走、踩踏，不得有尖锐物体损伤盘管和保温层，要防止盘管出现上浮，在施工中要小心下料，注意拍实和抹平。

（4）细石混凝土接近初凝时，应在其表面进行二次拍实、压抹，以防止顺着管的轴线出现塑性沉降裂缝。混凝土的表面抹压后，应保持湿润养护 14 天以上。

三、施工质量标准

（一）保证项目

（1）地面下敷设的盘管埋地部分应为一个整根，不应有接头。检验方法：隐蔽前进行现场检查。

（2）盘管隐蔽前必须进行水压试验，水压试验的压力应为工作压力的 1.5 倍，且不应小于 0.6MPa。检验方法：稳压 1h 内，压力降不大于 0.05MPa。

（3）加热盘管弯曲区部分时，不得出现硬折弯的现象，曲率半径应符合下列规定：①塑料管：不应小于管道外径的 8 倍；②铝塑复合管：不应小于管道外径的 5 倍。检验方法：尺量检查。

（二）基本项目

（1）分水器和集水器型号、规格、公称压力、安装情况及分户热计量系统入户装置，均应符合设计要求。检验方法：对照图纸及产品说明书，尺量检查，现场观察。

（2）加热盘管管径、间距和长度应符合设计要求，间距偏差不应大于±10mm。检验方法：拉线和尺量检查。

（3）防潮层、防水层、隔热层及伸缩缝应符合设计要求。检验方法：填充层浇灌前观察检查。

（4）填充层强度等级应符合设计要求。检验方法：进行试块的抗压试验。

（三）允许偏差

管道安装工程施工技术要求及允许偏差应符合表 8-4 中的规定；原始地面、填充层、面层施工技术要求及允许偏差应符合表 8-5 中的规定。

表 8-4　管道安装工程施工技术要求及允许偏差

项　目	条　件	技术要求	允许偏差/mm
绝热层	接合	和无缝隙	—
	厚度	—	±10
加热管安装	间距	不宜大于300mm	±10
加热管弯曲半径	塑料管及铝塑管	不小于6倍管道外径	−5
	铜管	不小于5倍管道外径	−5
加热管固定点间距	直管	不大于700mm	±10
	弯管	不大于300mm	
分水器、集水器安装	垂直间距	200mm	±10

表 8-5　原始地面、填充层、面层施工技术要求及允许偏差

项　目	条　件	技术要求	允许偏差/mm
原始地面	铺设绝热层之前	平整	—
填充层	骨料	粒径应小于12mm	−2
	厚度	不宜小于50mm	±4
	面积大于30m² 或长度大于6m	留8mm伸缩缝	+2
	与内外墙、柱等垂直部件	留10mm伸缩缝	+2
面层	与内外墙、柱等垂直部件	留10mm伸缩缝	+2
		面层为木地板时，留大于或等于留14mm伸缩缝	+2

注：原始地面的允许偏差满足相应土建施工标准。

第六节　系统水压试验及调试

一、系统水压试验

（一）质量验收要求

采暖系统的安装完毕，管道保温之前应进行水压试验。试验压力应符合设计要求。当设计未注明时，应符合下列规定。

（1）蒸汽、热水采暖系统，应以系统顶点工作压力加 0.1MPa 做水压试验，同时在系统顶点的试验压力不小于 0.3MPa。

（2）高温热水采暖系统，试验压力应为系统顶点工作压力加 0.4MPa。

（3）使用塑料管及复合管的热水采暖系统，应以系统顶点工作压力加 0.2MPa 做水压试验，同时在系统顶点的试验压力不小于 0.4MPa。

（4）检验方法：

1）使用钢管及复合管的采暖系统，在试验压力下 10min 内压力降不大于 0.02MPa，降至工作压力后检查，不渗、不漏；

2）使用塑料管的采暖系统，应在试验压力下 1h 内压力降不大于 0.05MPa，然后降至工作压力的 1.15 倍，稳压 2h，压力降不大于 0.03MPa，同时各连接处不渗、不漏。

（5）采暖系统底点压力如大于散热器承受的最大试验压力，则应分区进行水压试验。

（二）施工工艺与技术

1. 室内采暖试压程序

室内采暖系统的试压包括两个方面，即一切需要隐蔽的管道及附件，在隐蔽前必须进行水压试验；系统安装完毕后，系统的所有组成部分必须进行系统水压试验。前者称为隐蔽性试验，后者称为最终试验。两种试验均应做好水压试验及隐蔽试验记录，经试验合格后方可进行工程验收。

室内采暖管道试验压力 P_s 进行强度试验，以系统工作压力 P 进行严密性试验，其试验压力要符合表 8-6 中的规定。系统工作压力按循环水泵扬程确定，试验压力由设计确定，以不超过散热器承压能力为原则。

表 8-6　室内采暖系统水压试验的试验压力

管道类别	工作压力 P /MPa	试验压力 P_s/MPa	
		P_s	同时要求
低压蒸汽管道		顶点工作压力的 2 倍	底部压力不小于 0.25
低温水及高压蒸汽管道	小于 0.43	顶点工作压力＋0.1	顶部压力不小于 0.30
高温热水管道	小于 0.43	$2P$	
	0.43～0.71	$1.3P+0.3$	

2. 水压试验管路的连接

(1) 根据水源的位置和工程系统情况，制订出水压试验程序和技术措施，再测量出各连接管的尺寸，并标注在连接图上。

(2) 进行断管、套螺纹、上管件及阀件等工序，准备进行管路的连接。

(3) 一般选择在系统进水入口供水管的甩头处，连接至加压泵的管路。

(4) 在试压管路的加压泵一端和系统的末端，安装上压力表及表弯管。

3. 灌水前的检查工作

(1) 首先检查全系统管路、设备、阀件、固定支架和套管等的安装状况，以上部件安装必须准确无误，各类连接处均无遗漏。

(2) 根据全系统试压或分系统试压的实际情况，检查系统上各类型阀门的开启和关闭状况，不得漏检。试压管道阀门全部打开，试验的管段与不进行试验的管段的连接处应予以隔断。

(3) 检查试压用的压力表灵敏度如何，不符合要求的压力表必须进行更换，以防止影响试验的精度。

(4) 水压试验系统中的阀门都处于全关闭状态，待试压中需要开启时再打开。

4. 室内采暖水压试验

(1) 在进行水压试验时，打开水压试验管路中的阀门开始向供暖系统注水。

(2) 开启系统上各高处的排气阀，使管道及供暖设备里的空气排除干净。待将水灌满后，关闭排气阀和进水阀，停止向系统注水。

(3) 打开连接加压泵的阀门，用电动打压泵或手动打压泵通过管路向系统加压，同时拧开压力表上的旋塞阀，观察压力逐渐升高的情况，一般 2～3min 升至试验压力。在此过程中，每加压至一定数值时，应停下来对管道进行全面检查，无异常现象方可再继续加压。

(4) 高层建筑其系统低点如果大于散热器所能承受的最大试验压力，则应分层进行水压试验。

（5）在试压过程中，采用试验压力对管道进行预先试压，其延续时间应不少于10min。然后将压力降低至工作压力，进行全面外观检查。在检查过程中，对漏水或渗水的接口应做上记号，以便进行返修。在5min内压力下降不大于0.02MPa为合格。

（6）系统试压达到合格验收标准后，放掉管道中的全部存水。不合格时应待补修后，再次按以上所述方法步骤进行二次试压。

（7）拆除试压连接管路，将入口处供水管用盲板临时封堵严实。

二、系统冲洗与调试

（一）质量验收要求

（1）系统试压完全合格后，应对系统进行冲洗并清扫过滤器及除污器。检验方法：现场观察，直至排出的水不含泥砂、铁屑等杂质，且水色不混浊为合格。

（2）系统冲洗完毕后，应立即充水和加热，进行试运行和调试。检验方法：观察、测量室温，应满足设计要求。

（二）施工工艺与技术

1. 管道的冲洗工作

为保证采暖管道系统内部的清洁，在投入使用前应对管道进行全面的冲洗或吹洗，以清除管道系统内部的灰尘、泥砂、焊渣等污物。此项工作是采暖施工过程不可缺少的工序，是施工规范规定必须认真实施的施工技术环节。

（1）清洗前的准备工作。

1）对照施工图纸，根据管道系统的具体情况，确定管道分段吹洗方案，对于暂不吹洗的管段，通过分支管线阀门将其关闭。

2）不允许用吹扫的附件，如孔板、调节阀、过滤器等，应暂时拆下以短管代替；对减压阀、疏水器等，应关闭进水阀，打开旁通阀，使其不参与清洗，以防止污物堵塞。

3）不允许用吹扫的设备和管道，应暂时用盲板隔开，以防止出现污物堵塞。

4）"吹出口"的设置：采用气体吹扫时，"吹出口"一般设置在阀门前，以保证污物不进入关闭的阀体内；采用清水冲洗时，清洗口设置于系统各低点泄水阀处。

（2）管道的清洗方法。管道清洗一般按照总管→干管→立管→支管的顺序依次进行。当支管数量较多时，可根据具体情况，关闭某些支管，逐根进行清洗，也可数根支管同时清洗。

在确定管道清洗方案时，应考虑所有需要清洗的管道都能清洗到，不得留有死角。清洗介质应具有足够的流量和压力，以保证冲洗速度；管道固定应确保牢固；排放时应安全可靠。为增加清洗效果，可用小锤敲击管子，特别是对焊口和转角处更应注意。

清洗或吹洗合格后，应及时填写清洗记录，封闭排放口，并将拆卸的仪表及阀件复位。

2. "通暖"运行及调试

（1）运行前的准备工作。

1）对采暖系统（包括锅炉或换热站、室外管网、室内采暖系统）进行全面检查，如工程项目是否全部完成，且工程质量是否符合设计要求；在试运行时各组成部分的设备、管道及其附件、热工测量仪表等是否完整无缺；各组成部分是否处于正常运行状态。

2）系统试运行之前，应制订可行性试运行方案，且要有统一指挥，明确分工，并对参与试运行人员进行详细技术交底。

3）根据试运行方案，做好试运行前的材料、机具和人员的准备工作。水源、电源应能保证正常运行。"通暖"一般在冬期进行，对于气温突变的影响，要有充分的估计，加之系统在不断升压、升温条件下，可能发生的突然事故，均应有可行的应急措施。

4）当冬季气温低于$-3℃$时，系统采暖应采取必要的防冻措施，如封闭门窗及洞口；设置临时性取暖措施，使室内温度保持在5℃以上；提高供水和回水温度等。如果室内采暖系统较大（如高层建筑），则在"通暖"过程中，应严密监视阀门、散热器以及管道的"通暖"运行工况，必要时采取局部辅助升温（如喷灯烘烤）的措施，以严防冻裂事故的发生；监视各手动排汽装置，一旦出现满水，应有专人负责关闭。

5）试运行的组织工作。在"通暖"试运行时，锅炉房内、各用户入口处应有专人负责操作与监控；室内采暖系统应分环路或分片包干负责。在试运行进入正常状态前，工作人员不得擅离岗位，且应不断进行巡视，发现问题应及时报告并迅速抢修。

为加强相互之间的联系，便于运行中统一指挥，在高层建筑进行"通暖"时，应配置必要的通信设备。

（2）"通暖"运行中的工作。

1）对于系统较大、分支路较多，并且管道比较复杂的采暖系统，应根据具体情况分系统通暖，"通暖"时应将其他支路的控制阀门关闭，及时打开放汽阀。

2）逐个检查"通暖"支路或系统的阀门是否打开，如试验人员较少可分立管进行通暖试验。

3）打开总入口处的回水管阀门，将外网的回水进入系统，这样便于系统的排汽，待排汽阀满水后，关闭放汽阀，打开总入口的供水管阀门，使热水在系统内形成系统，并检查有无渗漏之处。

4）在冬季"通暖"时，刚开始应将阀门开小一些，进水的速度慢一些，防止管道骤然受热而产生裂纹，管子预热后再将阀门开大。

5）如果散热器接头处有漏水，可以关闭立管阀门，待"通暖"后再进行修理。

（3）"通暖"运行后的调试。"通暖"运行后调试的主要目的是使每个房间内都达到设计温度，对系统远近的各个环路应达到阻力平衡，那每个小环的冷热度均匀，避免最近的环路过热，而末端环路不热。一般可利用立管阀门调整。

对于单管顺序式的采暖系统，如果顶层过热，底层不热或达不到设计温度，可调整顶层闭合管的阀门；如果各支路冷热不均匀，可用控制分支路的回水阀门进行调整，最终达到设计要求的温度。在调试的过程中，应测试热力入口处热媒的温度及压力是否符合设计要求。

第九章　室外供热管网安装工艺

区域供热是指以区域锅炉房、热电厂或热交换站为热源，将热媒经区域性供热管道输送给一个或几个区域以及整个城市的工业及民用的热能供应方式，这是一种大型的供热设施。

在一个供热系统里，除了有热源和用热的设备外，还需要把热媒从热源送到用户的供热管道部分，在热电合产或区域锅炉房供热系统里，供热管道的工程和造价都占有很大比重，而供热管道的施工质量和维修质量，对供热系统使用的经济性和安全性也都有重要的影响。

第一节　室外供热管网安装的一般规定

室外供热管网安装的一般规定，主要包括质量验收要求、供热管材要求、施工工艺要求。

一、质量验收要求

（1）本规定适用于厂区及民用建筑群（住宅小区）的饱和蒸汽压力不大于 0.7MPa，热水温度不超过 130℃ 的室内采暖系统安装工程的质量检验与验收。

（2）室外供热管网的管材应符合设计要求，当设计中未注明具体要求时，应符合下列规定：当管径小于或等于 40mm 时，应使用焊接钢管；当管径为 50～200mm 时，应使用焊接钢管或无缝钢管；当管径大于 200mm 时，应使用螺旋焊接钢管。

二、供热管材要求

（1）采暖管道应使用普通钢管，热水供热管道应使用镀锌钢管。

（2）低压流体用镀锌钢管和焊接钢管，管道材质为 A₂、A₃、A₄ 普通碳素钢；温度使用范围为 0～200℃；压力范围在 1.0MPa 以下。

（3）低压流体用无缝钢管，其质量应符合现行国家标准《输送流体用无缝钢管》（GB 8163—2008）的要求，一般可采用 10、20、09MnV 和 16Mn 钢；温度使用范围为 −40～475℃；压力范围在 1.4～6.4MPa。

（4）在管道输送介质的温度和压力不同时，所选用的管材也不同，一般在选择管材时，先应考虑管材的机械强度能否满足输送介质工作压力的要求。管材材质、管道壁厚均应按图纸要求施工，不可随意更换管材或用过薄或过厚的管子代替。另外，选择管材还应考虑介质的温度，往往管材随着被输送介质温度的升高而强度降低，所以管材的材质、壁厚与输送介质温度、压力有密切关系。

（5）室外供热管网的管道管材应符合设计要求：当设计中无具体规定时，管径小于或等于 40mm，应使用焊接钢管；管径为 50～200mm 时，应使用无缝钢管或焊接钢管；管径大于 200mm 时，应使用螺旋焊接钢管。

（6）管道焊接用焊条应根据母材材质选用。焊条、焊剂应有出厂合格证。焊条使用前应按出厂说明书的规定进行烘干，并在使用过程中保持干燥。焊条的外部药皮，应无脱落和显著裂缝。

三、施工工艺要求

为了确保供热管道的安全、压力和质量，室外供热管网的管道连接，均应采用焊接连接的方法，不得采用其他的连接方法。

第二节　室外供热管道安装与维修

室外供热管道是指由锅炉产生的蒸汽（或热水）送往用户的蒸汽（或热水）主干线。在国内多数地区设计中，从分汽缸控制阀出口端起至末端用户入口处控制阀出口处，属于室外供热管道范围。为确保室外供热管道的安装质量，必须按照规定的安装要求与程序进行。

一、室外供热管道的安装要求

室外供热管道常用的管材为焊接钢管或无缝钢管，其连接方式一般为焊接。对口焊接时，若焊接处缝隙过大，不允许在管端加拉力延伸使管口密合，应另加一段短管，短管长度应不小于其管径，但最短不得小于 100mm。

供热管道水平敷设的坡度要求：蒸汽管道汽水同向流动时，坡度不应小于 0.002；汽水逆向流动时，坡度不应小于 0.005，以利于系统的排水和放气；热水采暖管道的坡度一般为 0.003，但不得小于 0.002。

固定点间的管道中心应成直线，每 10m 的偏差不应超过 5mm。直线管道上两个固定点间的管段在水平方向的偏差不应超过 50mm，垂直方向的偏差不应超过 10mm。管道标高的允许误差为 0.001L（L 为管段长度），但最大不应超过±10mm。

二、室外供热管道的安装程序

地沟和支墩预埋件施工完毕,具备安装条件→下管→沟内拼接接长→安装活动支架→将管道放到"滑托"上→调整管中心和标高→焊接管接口和"滑托"→安装固定支架→水压试验→防腐保温→盖好盖板。

室外供热管道的安装,按其敷设形式有地沟敷设、架空敷设和地下直接敷设三种。

(1)在不通行地沟内管道安装。不通行地沟内的管道支架常用混凝土"垫块",先由土建按要求预制好,待砌好地沟并弹出地沟中心线后,再按规定的间距安放。管道安装前应对"垫块"的标高进行检查,不够高度或"垫块"不平时,在"垫块"上抹水泥砂浆到符合要求为止。

一般对于管径较小,管道数量较少,不需要经常进行维修的供热管道,可采用不通行地沟。管道在不通行地沟内一般采用单排水平布置。地沟的尺寸应使地沟内的管道保温外壁与沟壁保持100~150mm的距离,管道与管道之间应保持安装和维修操作所需要的距离。

(2)在半通行地沟内管道安装。半通行地沟和通行地沟基本相同,地沟净高通常情况为1.2~1.6m,通道净宽一般为0.5~0.7m,人孔间距不大于60m。以人能在沟里面半蹲半站进行一般维修管理工作为宜。当采用架空敷设不合理,或管子数量较多,采用不通行地沟单排水平布置地沟宽度受到限制时,可采用半通行地沟。管道敷设安装方法与通行地沟基本相同。

(3)在通行地沟内管道安装。在通行地沟内管道安装,主要在管路较多、管线较长,在沟内任何一侧管道排列高度均超过1.5m时采用。地沟内的人行通道高度不得低于1.8m,通道净宽一般为0.6~0.7m,人在地沟内可以较自由地进行安装和维修工作。通行地沟人孔间距不大于100m。整体浇筑而成的地沟,应每隔120~150m留出5~10m的安装孔,以满足管道安装及维修的要求。

供热管道均应敷设在支架上,支架应牢固地埋在地沟壁内。为了方便施工,在砌筑管道地沟时,安装人员应及时配合土建施工人员,预留出埋设支架的孔洞或预埋件的孔洞或预埋件的安装。所留孔洞和预埋件的高度,应根据设计图纸要求的管道坡向及坡度、端点给定的标高等资料进行确定。支架安装要平直牢固,支架不正或标高不符合要求都会影响管道系统的安装质量。

在通行地沟内安装管道,通常有整体式地沟和盖板式地沟两种。盖板式又分为先盖盖板后安装管道和先安装管道后盖盖板两种施工方法。

整体式地沟内的管道安装和先盖盖板地沟内的管道安装方法基本相同。其具体步骤是：将准备在地沟内搬运管子的小车，从安装口处运入地沟，然后把管子从安装口稳妥地装到小车上，然后用小车把管子运到预定的安装位置，再将管子滚到支座上，按要求固定好管子。接着进行第二层管道支架的安装。首先按设计要求测量支架标高，然后才能进行安装，支架一般采用槽钢、角钢做成。支架下端可以焊死在预先埋在沟底的预埋件上，支架水平的一端固定在沟壁上，其管道运输和安装方法同底层，依此方法进行各层管道的安装。这种施工方法的特点是：不影响交通和不受雨季影响。其缺点是：管道在地沟内的运输量大，工作面狭窄，光线不充足。

管道安装完毕后再盖盖板，这种施工方法的优点是：管子容易被运至地沟中，沟内的光线充足，操作比较方便，可逐层地安装管道和金属支架，施工工期可缩短。但这种方法适用于不致影响交通及少雨地区（或季节）的情况下采用。

在地沟内进行施工时，应有 36V 低压照明。地沟内应有良好的通风，并使地沟内温度不超过 40℃。供热管道的分支处装有阀门及仪表、疏水及排水装置、除污器等附件的，都应设置检查井或人孔。整体式地沟和先盖盖板后安装管道运输时，应用运管小车将管道运到距离洞口最远处。

（4）管道直接埋地安装。供热管道在土壤腐蚀性小，地下水位较低，土壤具有良好的渗水性，以及不受腐蚀性液体浸入的地区，可以采用直接埋地敷设。管道直接埋地安装时应符合下列要求：

1）供热管道保温层外壳底部距地下水的最高水位不宜小于 0.50m。

2）供热管道保温层外表面应有良好的防水层和防腐层，结构要符合设计和规范要求，直埋管道最好采用"管中管"的保温结构。

3）在管道的转弯处以及安装补偿器处，均应当设置可供管道热补偿的可渗水的补偿器穴（砖砌不通行地沟）。在补偿器穴的两端应当设置导向支架。

4）直接埋地管道在穿越铁路和公路时，交叉角不应小于 45°，管顶部距离铁路轨面不应小于 1.2m，距离道路路面不小于 0.7m，并应加设套管，套管伸出铁路路基和道路边缘不应小于 1.0m。

5）有关管道安装方法与室外给水管道安装基本相同，只是连接方法应采用焊接连接。

（5）架空管道的安装。架空管道的安装程序和方法，应当符合下列各项要求：

1）首先，应按设计规定的安装坐标和标高，测量出支架上的支座安装位置和高度，以便于管道的准确安装。

2）安装管道的支座，并对准施工图纸复测支座位置和标高是否符合设计要求。

3）根据施工吊装的条件，在地面上先将管件及附件组成组合管段，然后再进行吊装。

4）在管段安装之前，应安装管底部的滑托，并调整管道的中心和标高，使其符合设计的要求。

5）在空中进行对口焊接，搭接口处应在地面上焊好搭接板。

6）对安装好的管道进行试压和保温层施工，经自检合格后进行交工验收。

（6）管道分段预制。为了提高劳动效率，减少高空作业，提高配管的对口、焊接质量，一般在安装前对管道进行分段预制。管道分段预制时应注意以下几点：

1）管道分段预制的长短，应当根据吊装能力和方便施工而确定，段与段之间的固定口，应便于对口和焊接。

2）管道分段内的焊口应当避开支架，焊口离支座的距离不能少于100～200mm。

3）方向固定的管段有法兰连接时，应留一侧法兰为自由状态，在安装时再进行固定。

4）在容易产生安装误差（如管道改变方向、与其他设备碰头等）的部位，应当留出一定的调节余量。

5）当管道分段多、预制量大时，应对分段管道进行编号，以防止安装中出现错误。

（7）架空管道安装的注意事项。在进行架空管道安装时，应当注意以下几个方面：

1）架空管道在不妨碍交通的地段，宜采用低支架敷设，其保温层与地面的净空距离不宜小于0.30m。在人行交通频繁地段，宜采用中支架敷设，支架高一般不低于2.50m。在交通要道及跨越公路时，宜采用高支架敷设，支架高一般不低于4.50m。在跨越铁路时，支架的高度距离铁路不应低于6.0m。

2）架空管道沿建筑物或构筑物敷设时，应考虑建筑物或构筑物对管道荷载的支承能力。

3）架空管道沿建筑物或构筑物敷设时，管道的布置和排列应使支架负荷分布均匀，并使所有管道便于安装和维修，并不得靠近易受腐蚀的管道附近。

4）供热管道架设在大型煤气管道背上时，两管的补偿器宜布置在同一位置，以消除管道不同热胀冷缩造成的相互影响。

5）供热管道的变径，应采用"偏心异径管"。架空管道支架安装应在管道敷设前全部做好，钢筋混凝土支架要求达到一定的养护强度方可进行管道安装。对于支架的质量检查主要是：支架的稳定性、标高和坡度等是否符合设计要求，尤其是对中、高支架的每层支架面都要复测，防止因支架表面高低不一或支架坡度弄反，使管道安装后发生倒坡现象。

管子进行下料时，短管的长度不得小于该管的外径，同时也不得小于200mm。对于管径大于500mm的管子，短管长度可以小于管子外径，但不得小于500mm。管子焊接时，必须严格遵守焊接检验规范，必须达到合格标准，还要注意焊缝与支架间的距离不小于150mm。

架空管道的吊装，可采用汽车起重机或桅杆配合卷扬机等方法。钢丝绳绑扎管段的位置，要尽可能使管子不受弯曲或少受弯曲。吊上去已经就位但未焊接的管段，要及时用绳索加以固定，防止管子从支架上滚落下来发生安全事故。架空管道的敷设要统一指挥、相互配合与协作，严格按照安全操作规程进行施工。

(8) 室外供热管道系统的排水与放气。室外供热管道的输送介质，无论是蒸汽还是热水，都必须解决好管道的排水与放气问题，才能确保正常供热的要求。解决这一问题的方法，除了安装时严格按设计图纸要求及规范规定的坡向和坡度进行施工外，在蒸汽采暖管道中还应适当设置疏水装置。

三、室外供热管道的维修

(一) 供热管道的维修

室外供热管道经过长期运行之后，管道内部都会出现磨损、结垢、腐蚀，管道外表面会在保护层脱落后，受到侵蚀介质的侵害，管道对口焊接的焊缝会出现裂纹或裂缝，螺纹连接的管道填料会出现老化或变质，以致破坏螺纹连接的严密性，法兰连接会出现拉紧螺栓折断、螺母腐蚀或丢失，法兰连接中的垫片会出现陈旧变质，或被热媒冲刷破坏而造成漏水、漏汽等损坏。有时，也会由于管内水击或冻结，使某些管段产生开裂。

磨损或腐蚀而使管壁已经减薄或穿孔的管段，管壁某一部位已经出现开裂的管段，截面已经被水垢封死的管段，在维修中都应当将其切除，换上新管。新管换好后，应当进行防腐处理，并重新做保温层。

当供热管道的外壁腐蚀不严重时，维修中应当清理干净外管壁上的腐蚀物，重新涂刷油漆进行防腐处理。

结垢而使管道通流截面缩小而未堵死的管道，可以采用酸洗除垢的方法处理。酸洗时最好用泵使酸溶液在管内循环，以缩短酸洗的时间，取得更好的除垢效果。酸洗后用碱溶液进行中和处理，然后用清水对管道进行彻夜冲洗。进行酸洗时，酸液的浓度必须严格控制，并加入一定缓蚀剂。

管道螺纹连接中已老化变质的填料，法兰连接中已陈旧变质或被热媒冲刷坏的垫片，维修中应另换新填料和新垫片。

石棉橡胶垫片用剪刀做成带柄的垫片，以使安装调整垫片位置。垫片安装前应先用热水浸透，把它安装到法兰上时，应在垫片两面抹上石墨粉和机油的混合物，或涂抹干的银色石墨粉。如果只涂抹铅油，垫片黏结在法兰密封面上很难除掉。

管道焊缝出现裂纹时，可以在裂纹两端钻孔止裂，切除该段焊缝至露出管子金属，然后重新进行补焊。如果焊缝缺陷超过维修范围，应将此焊缝完全切除，然后另加短管连接，进行两道焊口的焊接。

（二）管道保温层的维修

管道保温层在长期使用中自然损坏或受自然灾害以及人为损坏后，维修中应重新做保温层。如果只换个别管段的保温层，保温材料、保温方式应尽量同原保温层一致。

更换大多数管道的保温层或重新更换整个供热管道的保温层（指地上架空管道），维修中应尽量采用最先进的保温材料，进行保温层的技术更新。保护层最好用铝皮或镀锌铁皮做保护层材料。禁止用混凝土、草绳和石棉绒等保温材料，不得再采用水泥抹面保护层。

维修保温层时，除管道外，阀门和法兰等凡表面温度超过 50℃ 的都必须采取保温措施。根据计算，长度 1m 和内径 200mm 及管内蒸汽温度为 200℃ 的管道，每小时的散热损失约为 7518kJ，一年的散热损失相当于 2t 标准煤，而一个不保温法兰的散热损失相当于长度 0.5～0.6m 相同直径的裸露管的散热损失，即 3759～4510kJ／（m·h），一个不保温阀门的散热损失相当于相同直径 1m 的长裸露管的散热损失。由此可见，法兰和阀门的保温是很重要的，保温所花的费用很快就会从热能的节省中收回。

当采取重新保温时，应先清除管道外壁的锈蚀和其他脏物，重新涂刷由 60％铅丹、30％清油和 10％松节油配制成的防锈漆两道。

如果采用涂抹法保温，只能在加热后的管子表面上涂抹，先涂抹厚度 5mm 比较稀的保温材料，然后再涂抹较稠的，每层的厚度约 10～15mm，待前一层干燥后再抹第二层。如果管子公称直径超过 150mm，应用铁丝骨架进行加固，并包裹上直径为 0.8～1.0mm 的铁丝，网孔尺寸为（50mm×50mm）～（100mm×100mm）的镀锌铁丝网。

在维修过程中要特别注意排除地表水和地下水，防止进入地沟和检查井内，破坏地下管道保温层。

（三）支撑结构的维修

管道支撑结构包括支架、吊架、托钩和卡箍等。工程实践充分证明，管道支架、吊架、托钩和卡箍在长期运行中的主要破坏形式是断裂、松动或脱落。

断裂的原因绝大多数是支撑本身的机械强度不够，在管道重量和热伸长推力的作用下产生破坏。例如，支架的支撑悬臂太细，吊架的拉杆强度不足，托钩和卡箍外伸过多，都是可能断裂的原因。有时，支撑结构也可能受到人为的破坏。已经遭到破坏的支撑结构应更换新的，再从建筑结构上取掉已经破坏的支架和吊架。去掉破坏了的支撑结构，可以从建筑结构上把它们连根部一起除掉，不可能拆除时沿建筑结构表面切除。新换的支撑结构，必须经过强度核算。为了解决支撑结构的强度问题，有时也可以采取安装支架和吊架的办法，缩小它们之间的间距。

支撑结构松动或脱落的原因主要有：在建筑结构上的固定强度不足，受到重力或热伸长推力作用后开始松动，并最终同建筑结构脱离。有时，支撑的悬臂太长或斜支撑的臂强度不够，在管道重量所产生的弯矩作用下，也会出现松动或脱落现象。松动或脱落的支架和吊架应当重新固定好，最好是添加一些支架和吊架，缩小它们之间的间距。

在重新安装管道支撑结构时应注意以下事项：

（1）支撑结构所用型钢应当牢固地固定在建筑结构上，埋设在墙壁内的部分至少应埋入墙内 240mm，并应在型钢尾部设置挡铁，或者将尾部向两边扳开，仔细地填塞水泥砂浆。

（2）支撑结构所用型钢在管道运行时，不能有影响正常运行的过度变形。

（3）活动支架不应妨碍管道热伸长时所引起的位移。

（4）固定支架上的管道要同支架型钢焊牢或用挡板固定在支架上，不让管道同支架型钢之间产生相对位移。

（5）有热伸长的管道吊架拉杆安装方向与位移方向相反，倾斜的位置尺寸应为该管道位移的一半。

（6）为了确保支架的使用寿命和减少维修次数及费用，安装好的支架应按规定进行防腐刷油处理。

（四）补偿器的维修

工程实践证明，方形或其他弯曲补偿器只要设计的尺寸正确，加工安装不留下缺陷，运行中很少出现损坏现象，不必要年年进行维修，一般间隔3～

4 年全面维修一次。供热管道中常用的填料函式补偿器不同，它在运行中时时都在移动，容易损坏填料和内筒，所以每年都应定期进行维修。

填料函式补偿器的内筒，只要温度稍有变化，就会改变自己的位置。由于受温度变化的影响，内筒在补偿器外筒中前后移动，致使填料逐渐磨损，最后引起补偿器漏水、漏汽。这种情况在运行期间是经常遇到的。为了消除泄漏和使填料盒中的填料密实，每次都要拉紧填料压盖上的双头螺栓，而到维修停止运行时，压盖往往已被拉紧到了极点。填料函式补偿器常规维修的主要任务，归结起来就是更换填料和损坏的螺栓、螺母。

更换已经磨损的填料时，先拧掉所有螺栓上的螺母，用专用工具逐一取出旧的填料。但是，旧填料在补偿器运行期间早已被压得非常紧，并且紧贴在外筒上，取出旧填料并不是很容易，所以最好是在拆开填料盒后，向填料中喷洒少量的煤油，这样就能比较方便地取出填料。清除掉所有的旧填料后，把补偿器外筒上的填料残渣清理干净，然后把浸过机油和石墨粉的新填料圈填装到外筒和内筒的间隙中，即填到填料盒中。

"填料圈"一定要逐层进行填装，每个填料圈的切口应做成斜口，每层填料圈的切口位置要互相错开。每填好两层填料圈后用填料压盖把填料压一下。填料装得越好，用浸过有机油和石墨粉的混合物的填料润滑得越好，填料盒的密封效果也越好。填料装填好一段后，拉紧压盖，然后去掉"压盖"再继续填，直至完成全部填料圈的装填。

维修中如果发现填料函式补偿器内筒在长期运行中已经腐蚀，应当立即进行修理。筒体内部最常见的腐蚀部位是压盖下面的内筒外壁，因这部分经常是潮湿的。加工内筒时如果选用管子的管壁太薄，或者加工切削掉的金属太多而使筒壁过薄，运行中只要受到腐蚀很快就会使筒壁穿孔。如果内筒壁已经腐蚀穿孔，应当重新加工内筒。当遭受腐蚀但对强度尚无影响时，应当清除腐蚀物，并把内筒外壁清理到露出金属光泽，然后进行防腐，刷防锈漆。

维修中发现填料函式补偿器安装不正时，应当认真检查管道状况。这种现象很可能是安装补偿器的管段下垂的结果，检查时要注意补偿器两侧的支架是否出现故障。如果属于支架故障，应当修理支架，矫正补偿器的安装不正。

如果由于补偿器的吸收能力不足而引起破坏，维修中应当核算补偿器的吸收能力，必要时应当安装补偿器。

第三节 系统水压试验及调试

一、室外供热管道水压试验

（一）管道水压试验要求

（1）室外供热管道的水压试验压力应为工作压力的 1.5 倍，但不小于 0.6 MPa。检验方法：在试验压力下 10min 内压力下降不大于 0.05MPa，然后降至工作压力下检查，不出现渗漏现象。

（2）室外供热管道进行水压试验时，试验管道上的阀门应开启，试验管道与非试验管道应隔断。检验方法：开启和关闭阀门检查。

（3）按照《城镇供热管网工程施工及验收规范》（CJJ 28—2004）中的规定，室外供热管道水压试验应符合下列要求。

1）室外供热管道水压试验，应以洁净水作为试验介质。

2）在水压试验充水时，应将管道及设备中的空气排除干净。

3）在进行水压试验时，环境温度不宜低于 5℃；当环境温度低于 5℃时，应当采取必要的防冻措施。

4）当运行管道与试压管道之间的温度差大于 100℃时，应采取相应的安全措施，确保运行管道和试压管道的安全。

5）对于高差较大的管道，应将试验介质的静压计入试验压力中。热水管道的试验压力应为最高点的压力，但最低点的压力不得超过管道及设备的承受压力。

（4）当在试验过程中发现渗漏时，严禁带压力进行处理。在消除缺陷后，应重新进行试验。

（5）水压试验结束后，应及时拆除试验用的临时加固装置，并排除管内的积水。排水时应防止形成负压，严禁随地进行排放。

（6）水压试验的检验内容及检验方法应符合表 9-1 中的规定。

表 9-1 水压试验的检验内容及检验方法

序号	项目	试验方法及质量标准		检验范围
1	强度试验	升压到试验压力稳压 10min 无渗漏、无压降，后降至设计压力，稳压 30min 无渗漏、无压降为合格		每个试验段
2	严密性试验	升压达到试验压力，并趋于稳定后，应详细检查管道、焊缝、管路附件及设备等无渗漏，固定支架无明显的变形等		全段
		一级管网及站内	稳压 1h 内压降不大于 0.05MPa，为合格	
		二级管网	稳压 30min 内压降不大于 0.05MPa，为合格	

注：强度试验和严密性试验为主控项目。

（7）水压试验合格后，应按照规定的表格形式填写强度和严密性试验记录。

（二）水压试验的施工工艺与技术

1. 水压试验的一般规定

（1）室外热力管网安装完毕后，应进行水压试验。水压试验主要包括强度试验和严密性试验。

（2）强度试验的压力为工作压力的 1.5 倍；严密性试验的压力为工作压力的 1.25 倍。

（3）室外热水管道试压前，应检查波纹补偿器的临时固定装置是否牢固，以避免波纹补偿器在水压试验时受损。

（4）在热水管道试压前，所有接口不得进行油漆和保温，以便在管道试压中进行外观检查；管道与设备间应加盲板，待试压结束后拆除。

（5）在管道试压时，焊缝如果有渗漏现象，应在泄压后将渗漏处剔除，清理干净后重新焊接；法兰连接处如果有渗漏，也应在泄压后更换垫片，重新将螺栓拧紧。

2. 水压试验的试压准备

（1）管道系统在进行水压试验前，应将管路中的阀门全部打开。不宜和管道一起试压的阀门及配件等应从管道上全部拆除。管道敞口处要进行严密封堵。

（2）不宜连同管道一起试压的设备或高压系统与中、低压系统之间应加装盲板隔断，试压管段与非试压管段连接处应加装盲板隔断，盲板处应有标记，待试压后拆除。

（3）与室内管道连接处，应从干线接出的支线上的第 1 个法兰中插入盲板，待试压合格后将盲板拆除，再把管道连通。

（4）系统的最高点应设置不小于公称直径 DN15 的排气阀，最高点应设置不小于公称直径 DN40 的泄水阀。

（5）试压前应安装 2 块经过校验合格的压力表，并应有铅封。压力表的满刻度应为被测压力最大值的 1.5～2 倍。压力表的精度等级不应低于 1.5 级，并安装在便于观察的位置。

3. 水压试验的工作要求

（1）注水。在往管道内注水时，应先打开系统中的排气阀，待管道内的空气全部排净后，关闭排气阀，全面检查试验管段有无漏水现象，如发现漏水时应修复。

（2）强度试验。注水工作完毕后可进行强度试验。加压应分阶段缓慢进行。先升压并达到试验压力的 1/2，全面检查管道是否有渗漏现象。如发现漏水时应降压后再进行修复。加压一般分 2 次或 3 次升到试验压力。当压力升至试验压力时保持 10min，如压力下降不大于 0.05MPa，为强度试验合格。

（3）严密性试验。强度试验合格后，降至工作压力进行严密性试验，检查管道焊缝及法兰连接处有无渗漏，完全无渗漏现象为管道严密性合格。

二、管道冲洗、试运行及调试

（一）管道冲洗、试运行及调试要求

按照《城镇供热管网工程施工及验收规范》（CJJ 28—2004）中的规定，室外供热管道水压试验应符合下列要求：

（1）管道水压试验合格后，应当对管道进行冲洗。检验方法：现场观察，以水色不浑浊为检验合格。

（2）管道冲洗完毕后应通水、加热，进行试运行和调试。当不具备加热条件时，应延期进行。检验方法：测量各建筑物热力入口处供回水温度及压力。

（3）室外热水管网的水力冲洗应符合下列规定：

1）冲洗应按主干线、支干线、支线分别进行，二级管网应单独进行冲洗。冲洗前应将管道充满水并浸泡，水流方向应与设计的介质流向一致。

2）未冲洗管道中的脏物，不应进入已冲洗合格的管道中。

3）冲洗应连续进行并宜加大管道内的流量，管道内的平均流速不应低于 1m/s。排水时，不得形成负压。

4）对大口径管道进行冲洗时，当冲洗水量不能满足冲洗要求，宜采用人工清洗或密闭循环的水力冲洗方式。采用密闭循环的水力冲洗时管内流速，应达到管道正常运行时的流速。当循环冲洗的水质较脏时，应更换循环水继续进行冲洗。

5）水力冲洗的合格标准应以排水水样中固形物的含量接近或等于冲洗用水中固形物的含量为合格。

6）冲洗时排放的污水不得污染环境，严禁随意排放。

7）水力清洗结束前应打开阀门用水清洗。清洗合格后，应及时对排污管、除污器等装置进行人工清除，以保证管道内的清洁。

（4）试运行应在单位工程验收合格，热源已具备供热条件后进行。

（5）试运行前应编制运行方案。在环境温度低于 5℃进行试运行时，应制订出可靠的防冻措施。试运行方案应由建设单位、设计单位进行审查同意并进行交底。

（6）室外热水管网的试运行应符合下列要求：

1）供热管线工程宜与热力站工程联合进行试运行。

2）供热管线的试运行时应有完善、灵敏、可靠的通信系统及其他安全保障措施。

3）在试运行期间，管道法兰、阀门、补偿器及仪表等处的螺栓应进行热拧紧。热拧紧时的运行压力应为 0.3 MPa 以下，温度应达到设计温度，螺栓应对称，均匀适度紧固。在热拧紧部位应采取保护操作人员安全的可靠措施。

4）试运行期间发现的问题，属于不影响试运行安全的，可待试运行结束后再处理。属于当时必须解决的，应停止试运行，当即进行处理。试运行的时间应从正常试运行状态的时间起计 72h。

5）供热工程应在建设单位、设计单位认可的参数下进行试运行，试运行的时间应当为连续的 72h。试运行中应缓慢地升温，升温的速度不应大于 10℃/h。在低温试运行期，应对管道、设备进行全面检查，支架的工作状况应做重点检查。在低温试运行正常后，可再缓慢升高温度，一直达到试运行参数下运行。

6）在试运行期间，管道和设备的工作状态应正常，并应做好检验和考核的各项工作及试运行资料的记录。

（7）蒸汽管网工程的试运行应带热负荷进行，试运行合格后，可直接转入正常的供热运行，不需继续运行的，应采取停止运行措施并妥善保护。试运行应符合下列规定：

1）试运行前，首先应进行暖管，"暖管"是指用缓慢加热的方法将蒸汽管道逐渐加热到接近其工作温度的过程，在"暖管"符合要求后，再缓慢提高蒸汽管的压力。待管道内蒸汽压力和温度达到设计规定的参数后，保持恒温时间不宜少于 1h，并应对管道、设备、支架及凝结水疏水系统进行全面检查。

2）在确认管网系统的各部位均符合要求后，应对用户用的蒸汽系统进行"暖管"和各部位的检查，确认用户用的蒸汽系统各部位均符合要求后，再缓慢地提高供蒸汽压力并进行适当的调整，供汽参数达到设计要求后，即可转入正常的供汽运行。

3）试运行开始后，应每隔 1h 对补偿器及其他设备和管路附件等进行检查，并做好检查记录。补偿器热伸长记录的内容和格式应符合有关规定。

（8）热水管网和热力站试运行应符合下列规定：

1）在进行热水管网和热力站试运行时，应关闭管网的所有泄水阀门。

2）在进行热水管网和热力站试运行时，应排气充水，水充满后关闭放气阀门。

3）整个管网充水全部满后，再逐个进行放气，确认管内无气体后，关闭放气阀并上丝堵。

4）试运行开始后，应每隔 1h 对补偿器及其他设备和管路附件等进行检查，并做好检查记录。补偿器热伸长记录的内容和格式应符合有关规定。

（9）试运行合格后，应按照规定的表格形式和内容填写试运行记录。

（二）冲洗与调试的施工工艺与技术

1. 管道冲洗的施工工艺与技术

在管道总体试压合格后，应进行管道的中洗。当管道内的介质为热水、补给水和凝结水时，管道采用水冲洗；当管道内的介质为蒸汽时，一般宜采用蒸汽吹洗。

（1）蒸汽管道的吹洗。

1）蒸汽管道在试压全部合格后，可用蒸汽进行吹洗。

2）蒸汽管道试压合格后，在吹洗的末端与管道垂直升高处设置吹洗口。吹洗口处的设置不应影响环境、设备及人员的安全。吹洗口处用钢管焊接在蒸汽管道的下侧，管的直径以保证将管中杂质冲出为宜，并装设阀门。吹洗口处的管道要加固，防止蒸汽喷射的反作用力将管道弹动。必要时，应将管道中的流量孔板、温度计、滤网及止回阀芯等拆除，疏水器无旁通管路时也要拆除。

3）送入蒸汽进行加热时，应缓慢开启总阀门，逐渐增大蒸汽的流量。在加热的过程中要不断地检查管道的严密性，以及补偿器、支架和疏水系统的工作状态，发现问题及时处理。加热开始时，大量凝结水会从吹洗口处排出，以后会逐渐减少，这时可逐渐关小吹洗口处的阀门，以保证所用的蒸汽量。当吹洗的末端蒸汽温度接近始端温度时，则加热完毕。

4）加热完成以后，即可开始管道吹洗。先将吹洗口处的阀门全部打开，然后逐渐开大总阀门，增加蒸汽量进行吹洗。吹洗的时间一般为 20～30min。当吹洗口处排出的蒸汽清洁时，才能停止吹洗。吹洗的质量可用刨光木板置于吹洗口处上检查，如果板上无污物为合格。

5）吹洗后自然降温至环境温度，如此反复进行，一般不少于 3 次。

（2）对管道系统调试。水压试验和吹（冲）洗合格后，还需要对系统进行调试，使其满足设计要求，并做好调试记录。对管道系统的调试应符合下列要求：

1）热水采暖系统试运行应当先进行充水。其方法是先开启进口的阀门，当系统最高点的集气罐上的阀门冒水时，系统充水完毕。也可以从回水管上给系统充水。当系统充满水后，可以启动水泵进行加热，使系统升温，便可启动运行。送热的顺序一般是从远到近，也可以从大管到小管，升温时应缓慢均匀进行。

2）当1个锅炉房同时给数个建筑物供暖时，可用各建筑物进口的调压装置进行配整，使各建筑物入口压力保持平衡，达到设计要求。室内一般用各立管上的阀门调节其流量，使其温度达到设计要求。

3）蒸汽采暖系统在正式送蒸汽前，应认真冲洗管子。通汽时应先打开疏水装置和放空阀，然后缓慢打开蒸汽阀门向用户送汽暖管，均匀地进行升温，用各建筑物进口的调压装置进行调压，使入口压力达到设计要求的压力。室内采暖系统是用立管及各支管的阀门来调节流量，使其温度达到设计要求。

三、采暖系统的质量通病与防治

采暖系统投入使用后，管道会产生堵塞或局部堵塞，影响蒸汽或热水流量的合理分配，使采暖系统不能正常运行，室内温度达不到设计要求，甚至使管道或锅炉片产生冻裂，严重影响使用。

（一）质量问题的原因分析

（1）在进行管道安装时，由于管口封堵不及时或封堵不严，使杂物进入管道而堵塞。

（2）在进行管道安装时，由于采用气割方式割口，熔渣落入管内未及时取出而堵塞。

（3）在进行管道焊接时，由于对口间隙过大，焊渣流入管道内，聚集在一起而堵塞管道。

（4）在管道加热弯管时，残留在管内的砂子未清理干净，使砂子集在一起而堵塞管道。

（5）铸铁炉片内的砂子未清理干净，通水后流入管道而产生堵塞。

（6）供热管道安装完毕后，系统没有按规定要求进行吹（冲）洗，管内污物没有排出。

（7）由于安装不合格，阀门的阀芯自阀杆上脱落，使管道堵塞。

（二）质量问题的防治措施

（1）在进行管道安装时，应随时将管口封堵，特别是立管，更应及时堵严，以防止交叉施工时异物落入管内。

（2）管道安装尽量不采用气焊割口，如必须采用这种方法时，必须及时将割下的熔渣清出管道。

（3）管道的焊接，无论采用电焊或气焊，均应保持合格的对口间隙。

（4）当管道采用灌入砂子的方法加热弯管时，弯管后必须彻底清除管内的砂子。

（5）铸铁的锅炉片在进行组对前，应经敲打清除锅炉片内在翻砂时的残留砂子，并认真检查是否清除干净。

（6）采暖系统安装完毕后，应按要求对系统用压缩空气吹污，或打开泄水阀用水冲洗，以清除系统内的杂物。

（7）在开启管道系统内的阀门时，应当通过手感判断阀芯是否旋启，如果发现阀芯脱落，应拆下修理或更换。

第十章　水暖工程施工方案实例

第一节　水暖工程施工的基本依据

本水暖工程施工方案编制的基本依据包括：设计与施工图纸，《建筑给水排水及采暖工程施工质量验收规范》（GB 50242— 2002），《建筑给水排水设计规范》（GB 50015—2003）（2009 年版）；《辐射供暖供冷技术规程》（JGJ 142—2012）。此外，设计技术交底及施工现场的实际情况也是方案编制的重要依据。

第二节　水暖工程的基本概况

本工程为土地资源所办公楼，分为采暖、给水和排水等几个分项。采暖系统为双管下供下回式的水平串联采暖系统，采暖采用 PPR 管；排水管材采用 UPVC 排水塑料管，排水立管每层都设伸缩节；雨水系统为重力流内排水系统，管材采用 UPVC 塑料管，生活给水管采用 PPR 管，热熔连接。

第三节　水暖工程施工准备与程序

一、水暖工程的施工准备

（1）施工技术员及班组长接到设计图纸后，认真学习图纸，将与建筑、电气等专业相关部位详细核对，解决不了的问题在图纸三方会审中提出。

（2）施工前由技术员编制施工方案，并进行技术、质量、安全和施工重点、难点的交底，提出备料计划。

（3）认真进行施工前的人员组织、材料进场、安全设施、施工机具等方面的准备工作。

二、水暖工程的施工程序

本水暖工程的施工程序为：预埋套管→预留孔洞→地下排水管道安装→

管道安装→管道间水暖管道安装→各系统水压试验和通水冲洗试验→竣工验收。

第四节 水暖工程的施工方法

（1）依据主体工程的施工，水暖工程按照"先地下后地上、先隐蔽后明设、先做主干管后做分支管"的顺序施工。并注意与各专业穿插施工，相互配合。

（2）依据主体工程的施工进度形象，安排专人配合土建施工人员，预留水暖工程所需要的各种孔洞。

（3）排水管道埋设：排水管道铺设前应先让放线工按图纸给定的坐标，确定好管道的铺设具体位置，然后进行管道沟槽的开挖，在挖到接近管底底部标高时应及时测量，严禁沟底深度超过标高，当出现超过时，应当进行回填夯实，并按规定找好坡度。

（4）直埋管道安装：为了使管道安装后符合设计及质量要求，安装时应先用小白线拉好，使管道有一定的坡度，并将管道的接口对好，不准将小管插入大管内，管道安装完毕后，保温前必须进行水压试验。

（5）室内排水立管安装：安装前应详细学习安装图纸说明及施工要求，管与管件对口时一定先将管件角度找好再连接，连接时先将插口和承口清洗干净，胶粘剂涂抹均匀后黏结。

（6）各种管道支管安装：支管安装应考虑坡度坡向，水平管过长时中间设管卡或托钩，穿墙处设塑料套管，并要做到位。

（7）卫生器具安装：安装的位置要选择适中，并与下水支管位置一致，然后预栽螺栓或膨胀螺栓，最好在抹灰之后进行（对膨胀螺栓）。预埋螺栓应在抹灰之前进行，器具安装完后应平整牢固，与管架接触紧密，器具无裂纹。满足使用要求安装完后，如有其他工程操作时，应采取保护措施以防止其他工程将器具打坏或丢失，大便器用木箱子扣好，壁挂器具用灰纸袋封严，下水口部分应当用灰袋纸封严，防止掉进杂物。

（8）其他附件安装。

1）阀门安装：为了拆卸方便，安装前必须放置可拆卸活接、法兰等，安装前应作耐压和密性试验，同一类阀门安装位置应统一。

2）排水碗安装：为了保证排水碗尺寸，安装前应与土建详细核对地面标高，然后才能安装，地漏一定不得高出地面，且应将排水碗周围用C20细石混凝土浇灌好。

3）扫除口安装：立管检查口，在作下水立管时，要控制好标高，选料应准确，规格符合要求，地面扫除口与地面齐平。

4）水嘴安装：水嘴安装标高应控制在一个水平线上，关键在于立管三通尺寸与地面标高尺寸，因此，要严格控制好立管与地面的关系。

（9）保温：管道保温前，应对保温材料合理选用，用管壳保温不得以大代小或以小代大，保温厚度合理、均匀，镀锌铁丝绑扎间距均匀，转弯处的保温处理一定要选择适当的材料，保温圆弧要光滑无皱纹，保证厚度，不空鼓。

（10）各种灌水试验和水压试验。

1）灌水试验：排水管铺设完后，对每个排水系统均进行灌水试验，试验时一层地面标高处往里灌水，水灌满后停 15min，水面下降后，再灌水 5min，以水面不下降为合格。

2）水压试验：各系统安装完毕后，都要对系统进行检查，直到压力下降不超过规范要求，超过时要对系统进行全面检查，直到压力下降不超过要求为止。

第五节　水暖工程的主要技术措施

（1）严格执行现行规范和质量验收评定标准、强制性条文，并按施工图进行施工。

（2）在进行主体工程施工时，应设专人配合建筑预留孔洞及预埋套管。

（3）建立完善的班组质量责任制，把各项质量责任落实到每个人，谁操作、谁负责，一包到底。

（4）严格贯彻执行班组自检、互检、交接检的"三检"制度，树立牢固的"百年大计、质量第一"的思想。

（5）对于隐蔽工程，严格执行监理制度，未经检验并合格者不得隐蔽，更不得进行下一道工序的施工。

（6）所有进料都带有符合要求的合格证，外观检察良好方可使用。并严格执行监理检查验收制度。

（7）管道支架制作与安装：按规范要求进行设置，安装时不影响主体结构安全，数量不漏设、少设，同一房间设置高度一致，螺栓孔用电钻钻孔，埋设深度不低于 150mm。

（8）阀门安装：按规范要求严格进行试验以检查各种阀门安装，按设计要求及使用性质、方向安装，安装位置应易于操作开关方便，阀杆与墙体表面应平行，不得垂直，手轮不得朝下，不得漏气、漏水，阀芯转动灵活。

（9）钢管、角钢、套管（防水柔性、刚性除外）等铁件，除锈防腐后再使用，焊接管不许与盐碱物放在一起，管壁不得有缺损，丝扣连接、丝扣长度、松紧度应与零件丝扣相适应，上好后剩余丝扣不得超过 2～3 扣，丝头麻线应清除干净，导管安装应拉线，找好坡度和位置，随时将管卡栽好，立管栽好管卡，水泥砂浆应低于墙表面，立管必须垂直。

（10）采暖管道转弯处采用煨制弯，弯曲半径不得小于 4 倍的管道直径。主干管及立管与支管连接采用角部弯管进行连接。

（11）埋设排水管道时，其管道基础找平夯实后再进行铺管，保证坡度符合设计要求，不得出现倒坡，敞口的地方要封好。

（12）管道黏结：其胶粘剂与管道应为同一厂家配套产品，要将接口用抹布擦干净，胶黏剂涂抹均匀后再黏结。

（13）PPR 管件安装：PPR 管件根据设计要求，并根据地面标高进行安装。PPR 管切断时要使用专业剪刀。立管安装前，根据立管的位置及支架结构，栽完立管支架并确定固定后，方可进行安装。横支管安装要根据其标高、规格、数量、朝向及尺寸等进行安装。

（14）水龙头安装：水嘴安装时，应统一控制在一个水平线上。

（15）水表安装：水表安装位置要正确，选用的规格、尺寸符合设计要求，安装要达到标高一致，距墙的距离要合理。

（16）地面扫除口、排水碗：安装位置正确，采用规格合理。

（17）管道保温：保温厚度要按图纸要求选择。施工完后，必须保证各长端厚度适宜，均匀一致、接口严密、绑扎牢固，并有 40～50mm 搭接长度，转角处应加细处理。

（18）管逆刷油：在刷油前应对金属表面进行除锈处理，符合要求后再刷油，刷油遍数要符合要求，选用良好的材质。

（19）埋设隐蔽工程及水压试验：隐蔽工程及水压试验，必须符合设计及现行规范要求，必须经甲方代表及监理工程师同意后方可回填土及撤除压力，同意后做隐蔽记录。

（20）消火栓安装：根据图纸设计型号选用，按其要求的标高进行安装，栓口朝向及安装在允许偏差范围内。

第六节　水暖工程的质量保证措施

（1）本工程根据（国家建筑工程质量检评优良标准），为达到该质量标准，必须把好质量关，严格执行《建筑给水排水及采暖工程施工质量验收规范》（GB 50242—2002）。

（2）建立质量监督检验机构，由项目经理、技术员、质检员共同组成，每道工序施工完成后要按标准认真检测，不符合标准之处坚决返工处理。

（3）加强施工班组的质量教育，提高作业人员素质及责任心，使施工人员自觉遵守质量标准规定。

（4）各分项工程施工前，由技术员、质检员向作业人员详细进行技术、质量交底，施工中按交底要求认真检查，监督施工过程，使每个分项工程的施工质量达到标准要求。

（5）严格按设计要求使用材料设备，所有进场材料在施工前必须检验与设计要求是否相符、型号、规格一致后，再检验是否是国家或省级的合格产品，强检项目必须检验合格后方可投入使用。在施工中不可使用残次品。

（6）合理安装工序，杜绝倒插工序现象，并与其他专业密切配合，与各专业冲突之处，提前发现并及时处理，减少返工现象。

第七节　水暖工程施工环保和成品保护措施

一、水暖工程施工环保措施

（1）在使用电焊机、无齿锯等机具时，其产生的噪声应低于城市对噪声规定的标准。

（2）施工班组应加强对材料管理，注意施工周边卫生状况，做好建筑成品保护，材料堆放要合理。

（3）使用油漆等易挥发材料时，应注意具有良好的通风条件，剩余物不能随意倾倒。

（4）对于有噪声机具的施工，应预先张贴安民告示，在操作中不得影响周围机关和居民的正常工作、休息。

二、水暖工程成品保护措施

（1）在刷油防腐作业时，注意不要污染已建成的墙面，剩余或废弃的油漆要按规定地点处理，不能随便倾倒而污染环境。

（2）施工中注意保护已装饰完墙面和地面，搬运工具等不能在地面上拖滑行走，并要注意轻拿轻放。

（3）对于安装好的管道要派专人严加看护，防止其他作业人员做脚手架支撑，并做好工序间的交接防护。

（4）塑料管安装完后，应缠裹塑料布加以防护，防止表面产生污染，破坏其光洁度。

（5）在土建工程进行抹灰前，将散热器遮盖保护好，不准踩踏散热器，不准在散热器上搭跳板。

（6）在器具的安装过程中，一定要注意轻拿轻放，保证原始质量、状态就位，安装要确实牢固。

（7）防止人为损坏器具，明确规定下道工序的施工人员不准乱踩器具。

第八节 水暖工程的安全防火措施

（1）按照国家技术安全操作规程的规定，进入施工现场必须戴安全帽，经常对班组进行安全教育，分阶段、施工重点部位，严格进行安全交底。

（2）电焊工和特殊工种要持证上岗。高空作业要绑扎安全带，并有多人配合，防止坠落物伤人。搭设脚手架，要用架子搭设。

（3）电焊机要有接地零线，防止雨淋，电焊瓶要搭设专用棚，防止日晒。电锯在不使用时，要卸下锯片，切断电源，防止其他人员误用。

（4）教育水暖工人不准随意使用其他机电设备，如升降机和起重机，必须使用时，需有关人员同意后方可允许使用。

（5）在工作时间内严禁喝酒、吸烟，严禁饮酒后登高操作，严禁在工地上打闹戏耍，严禁在现场进行与施工无关的作业。

（6）抬管材设备时要注意相互之间的配合，防止掉落伤人。上下楼层采用穿管安装时，要设专人监护指挥。

（7）在进行刷油、防腐、保温施工过程中，绝对不允许明火作业和吸烟，以避免发生火灾。如果确实吸烟，应到指定的地点。

（8）在进行焊接施工前，应当认真检查周边环境是否有易燃、易爆物品，排除隐患后方可施工焊接。

（9）为了确保施工安全，当遇有雷雨天气、大雾天气或五级以上大风时，要立即停止露天作业。

（10）焊接工作结束后必须切断电源、氧气瓶，乙炔瓶阀门要关好；当离开工作现场时，必须确认无着火点后方可离。

主要参考文献

[1] 龚晓海 . 建筑设备 . 北京：中国环境科学出版社，2007.

[2] 本书编委会 . 简明建筑给水排水及采暖工程施工验收技术手册 . 北京：地震出版社，2005.

[3] 田会杰 . 建筑给水排水采暖安装工程实用手册 . 北京：金盾出版社，2006.

[4] 张金和 . 图解给水排水管道安装 . 北京：中国电力出版社，2006.

[5] 徐乐中 . 建筑设备工程设计与安装 . 北京：化学工业出版社，2008.

[6] 刘东辉 . 建筑水暖电施工技术与实例 . 北京：化学工业出版社，2009.

[7] 胡忆为 . 水暖工必读 . 北京：化学工业出版社，2007.

[8] 王志鑫 . 水暖工操作技术要领图解 . 济南：山东科学技术出版社，2007.

[9] 刘源全、张国军 . 建筑设备 . 北京：北京大学出版社，2006.

[10] 本书编委会 . 建筑给水排水及采暖工程 . 北京：知识产权出版社，2007.

[11] 柳金海 . 建筑给水排水、采暖、供冷、燃气工程便携手册 . 北京：机械工业出版社，2005.

[12] 中华人民共和国国家标准 . GB 50268—2008 给水排水管道工程施工及验收规范 . 北京：中国标准出版社，2008.

[13] 中华人民共和国国家标准 . GB 50015—2003 建筑给水排水设计规范（2009 年版）. 北京：中国建筑工业出版社，2010.

[14] 中华人民共和国行业标准 . JGJ 142—2004 地面辐射供暖技术规程 . 北京：中国建筑工业出版社，2004.

[15] 李继业 . 建筑工程施工实用技术手册 . 北京：中国建材工业出版社，2007.

[16] 中华人民共和国国家标准 . GB 50242—2002 建筑给水排水及采暖工程施工质量验收规范 . 北京：中国建筑工业出版社，2002.

[17] 中华人民共和国国家标准 . GB/T 50106—2010 建筑给水排水制图标准 . 北京：光明日报出版社，2010.